HZ BOOKS

华 章 图 书

一本打开的书，一扇开启的门，
通向科学殿堂的阶梯，托起一流人才的基石。

www.hzbook.com

Java
核心技术
系列

GraalVM与
Java静态编译

原理与应用

Static Compilation for Java in GraalVM
The Principles and Practice

林子熠 著

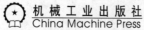机械工业出版社
China Machine Press

图书在版编目（CIP）数据

GraalVM 与 Java 静态编译：原理与应用 / 林子熠著 . -- 北京：机械工业出版社，2022.1
（Java 核心技术系列）
ISBN 978-7-111-69639-1

I. ① G… II. ①林… III. ① JAVA 语言 - 程序设计 IV. ① TP312.8

中国版本图书馆 CIP 数据核字 (2021) 第 249961 号

GraalVM 与 Java 静态编译：原理与应用

出版发行：机械工业出版社（北京市西城区百万庄大街 22 号 邮政编码：100037）

责任编辑：陈 洁　　　　　　　　　　　　　　责任校对：马荣敏

印　　刷：三河市宏达印刷有限公司　　　　　版　　次：2022 年 1 月第 1 版第 1 次印刷

开　　本：186mm×240mm　1/16　　　　　　印　　张：13.25

书　　号：ISBN 978-7-111-69639-1　　　　　定　　价：89.00 元

客服电话：(010) 88361066　88379833　68326294　　　投稿热线：(010) 88379604
华章网站：www.hzbook.com　　　　　　　　　　　读者信箱：hzjsj@hzbook.com

Preface 序

通常意义上的计算机编程语言已经有几十年历史了，各种不同特点的语言百花齐放，工业界也从不同的角度提出过许多分类标准。从根本上讲，编程语言是随着应用算法的发展而演进的。如今，随着生活水平的提高以及通信网络技术的飞速发展，应用软件也呈现出众多截然不同的特点，新的编程语言如雨后春笋般竞相冒出，已有的语言也在不断改进。于是，编程语言开始支持越来越丰富的特性，无论是高效性、安全性，还是表达能力。不过，纵观历史，有几门语言像常青树一样始终占据编程语言的主导地位，比如 C、C++ 和 Java。因此，研究 Java 的优化实现是非常有意义的。

一般来说，编程语言的实现分为两种：一是解释执行，也可以称为虚拟机执行，Java 是最典型的代表；二是编译成二进制代码直接执行，即静态编译，C/C++ 是典型代表。现在这种分类的边界越来越模糊，虚拟机不断增强编译的能力，静态编译类里面也提供了更多的动态特性，这些都是应用的发展所推动的语言及其实现方法的变革。从研究的现状来看，虚拟机领域的研究仍旧十分活跃，因为仍然存在很多优化的机会，当然这也反映出虚拟机领域的问题还不少。而静态编译相对来说已经过了活跃期，目前更多的是针对 AI 算法的优化。两种不同语言实现的内存管理方式也有着显著的差异。虚拟机执行采用自动内存管理，而静态编译语言更多是由程序员手动管理内存。如今，引用计数的方法也在不少静态编译技术中有所应用。

围绕 Java 语言的实现和优化一直是热门话题，也是重要的话题，它们基本上覆盖了编程系统从上到下的完整软件栈。如果对它深入研究，一定获益匪浅。

华为的方舟编译器曾面临巨大的挑战，试图用静态编译的方法来执行 Java 程序，其中涉及的技术问题非常多，核心在于如何静态解决 Java 的动态特性以及内存管理。如今，方舟编译器已经逐步朝着完整编程体系的方向发展。

子熠是我在华为编译器实验室的同事，从方舟编译器项目启动之初他就是主力成员。子熠在方舟项目中如鱼得水，后来加入阿里继续在 Java 静态编译领域深造，这时采用的系统就是 GraalVM，即本书的主题。子熠在这个领域已经耕耘多年，深入研究了业界两个成熟的产品化的 Java 静态编译项目，并有自己独到的体会。本书是其部分思想的结晶，我认真读过后获益匪浅。

编译体系包括了编程语言、编译器、虚拟机和工具链等从上到下的完整软件栈，是最基本的系统软件体系，也是信息技术的基础。建立自主的编译体系是构建软件工业自主能力的基础，需要更多人做出努力。感谢子熠的新书。

叶寒栋，华为方舟编译器总架构师

2021 年 8 月 28 日，圣地亚哥

Preface 前　言

为什么写作本书

　　Java 语言可谓程序语言界的常青藤，自 1996 年诞生以来，长期在最受欢迎的编程语言排行榜中占据领先地位。除了语言本身的优秀特性之外，Java 语言持续演进、不断发展也是它能够保持长盛不衰的重要原因。

　　近年来，随着云原生浪潮的兴起，越来越多的应用被部署在了云厂商的云服务环境中，以计算资源的形式为用户提供服务。在这种趋势下，应用本身越来越小，对跨平台的需求越来越弱（因为平台问题已经由云厂商解决了），但是对应用快速启动、即起即用和高性能执行的需求越来越强。Java 程序的冷启动问题在这种场景下就显得格外突出，成为开发人员在选择编程语言时的主要减分项。根据著名的 TIOBE 编程语言流行趋势索引统计，Java语言的市场占有率从 2016 年 1 月的 21.4% 跌至 2021 年 8 月的 10%[⊖]，在 C 和 Python 之后，排名第三。

　　难道使用 Java 语言就只能忍受冷启动问题吗？ Java 社区和工业界一直在探索冷启动问题的解决之道，希望使用 Java 的用户在享受 Java 丰富生态的同时，还能获得良好的启动性能。比如 OpenJDK 提出的 AppCDS（Application Class Data Sharing）技术，可以将已经加载的类的元数据导出到文件，在下次启动时直接从文件导入这些数据，无须再次经过类的解析和加载等过程，由此削减启动时的类加载开销。但是，因为 Java 的冷启动问题的根源在于 JVM 本身，所以在 JVM 之上做的各种优化的效果都是有限的，难以实现质的飞跃。

　　从根本上审视 Java 冷启动问题可以发现，启动一个 Java 程序并让它达到性能的峰值需要经过 VM 初始化→应用程序初始化→字节码解释执行→ JIT 编译热点函数→执行 JIT 编译后的本地代码（native code）等环节，且不论在这些环节上能够做出何种优化，单这么长的一条链路已足以说明冷启动问题之复杂、难解。如果不能打破这条链路，而只是在各个环

　　⊖　参见 https://www.tiobe.com/tiobe-index/java/。

节上进行优化，恐怕很难达到理想的效果。那么是否能够打破这条长链，越过中间环节直达最后一步，像 C 语言一样直接将 Java 代码编译为本地代码执行呢？

答案是肯定的，这就是本书要为读者展现的 Java 静态编译技术。Oracle 公司推出的开源高性能多语言运行平台项目 GraalVM，打造了一个包括静态编译器和轻量级运行时的 Java 静态编译框架，可以将 Java 程序从字节码直接编译为本地可执行应用程序。与在 JVM 下执行相比，静态编译后的 Java 程序的启动速度最高能够提升两个数量级，完全解决了冷启动问题，实现了 Java 应用程序启动性能的质的突破。目前关于 GraalVM 静态编译的大多数资料都是开发团队发布的技术文档、博客和 GitHub 上的开发相关问题讨论，而缺少系统全面性的资料介绍，尤其缺乏中文资料。因此国内的广大程序开发者和技术爱好者对其并不了解。本书旨在填补这方面的空白，使读者能够系统性了解并掌握 GraalVM 静态编译技术。

本书特色

本书将为读者详细解释 GraalVM 中的 Java 静态编译技术，不仅带你了解 GraalVM 的静态编译框架的使用方法，更重要的是向你介绍其背后的实现原理。有兴趣的读者在阅读完本书后可以独立阅读甚至修改 GraalVM 中的源码，并向社区提出自己的功能改进建议或 Bug 修复的补丁，帮助 GraalVM 更好地发展。本书侧重介绍 GraalVM 静态编译框架和运行时的应用与原理，而不太涉及编译部分。原因如下：其一，GraalVM 的静态编译中使用的编译器并不专用于 Java 静态编译，如可用于代替 HotSpot 的 C2 编译器，其内容博大精深，足以单独成书，所以不会过多阐述；其二，Java 静态编译的难点并不在于编译本身，而是在于确定编译的范围以及对 JVM 原本动态运行时的改造适配等，因为 JVM 的实时编译器早已实现对 Java 字节码的编译。

如何阅读本书

本书分为三部分，分别从应用、实现原理和具体实例三个方面进行阐述。

第一部分（第 1～4 章）从整体上介绍 GraalVM 项目及其静态编译子项目 Substrate VM[⊖]。

第 1 章向读者介绍 Java 静态编译产生的技术原因——Java 冷启动问题的产生和由来。

第 2 章首先对 GraalVM 做概要介绍，然后分别介绍 Substrate VM 和方舟编译器这两种实现方案，并对比它们的技术特点。

第 3 章向读者介绍 Oracle GraalVM 项目的整体结构。

⊖ Oracle 和华为两家公司走在开发、实现 Java 静态编译技术的前列，它们各自推出了自己的 Java 静态编译技术方案——GraalVM 的 Substrate VM 和方舟编译器。本书的主角就是 Substrate VM。

第 4 章介绍使用 GraalVM 静态编译 Java 应用的详细步骤。

第二部分（第 5~12 章）主要介绍 GraalVM 中静态编译框架子项目 Substrate VM 的实现原理。

第 5 章介绍 Substrate VM 静态编译框架的实现与总体流程。

第 6 章介绍 Substrate VM 中的功能扩展机制——Feature 机制，框架中的各个具体功能点都是通过该机制实现的。

第 7 章介绍编译时的程序元素替换功能——Substitution 机制，该机制实现了无侵入性的程序元素替换能力，在静态编译框架的运行时实现中有基础性的地位。

第 8 章介绍 Substrate VM 的类提前初始化优化技术，该技术将符合条件的类在编译时初始化，不但节省了运行时初始化的开销，而且无须分析已经运行过的类初始化函数，因此降低了编译时的静态分析开销。

第 9 章和第 10 章分别介绍两种具有代表性的 Java 动态特性——反射和序列化的静态化实现过程。

第 11 章和第 12 章介绍 Substrate VM 的跨语言编程能力。

第三部分（第 13~15 章）通过两个实例介绍 Java 静态编译技术的实践，并在最后介绍程序在静态编译后的产物 native image 的调试方法。

第 13 章介绍云原生应用的静态编译和部署实例，侧重云服务平台的部署和性能比较。

第 14 章介绍用 Java 实现 JVMTI Agent 的实例，侧重 Substrate VM 框架对 JVMTI 编程的支持。

第 15 章介绍对 native image 的调试支持，静态编译后的 Java 程序已经是本地程序，不再支持原先的 Java 调试方式，而只能通过 GDB 调试。本章介绍如何用 GDB 调试 native image 程序。

勘误与支持

因为时间仓促，加上笔者水平有限，书中难免有错误之处，敬请读者不吝赐教。如果你有更多的宝贵意见，欢迎发送邮件至 lin.ziyi@hotmail.com，期待能得到你的真挚反馈。

致谢

本书献给我的母亲朱桂智，没有她的辛勤养育就没有我的今天。还要感谢我的家人、老师和同事们的鼓励、鞭策和支持。

目 录 *Contents*

第一部分 *Part 1*

从解释执行到静态编译：
Java 的编译发展之路

第一部分是对 GraalVM 静态编译的背景知识和应用的介绍。

本部分先回顾了 Java 语言的编译发展之路，描述了 Java 静态编译技术产生的技术背景，以及要解决的痛点问题。在当今云原生应用发展潮流的推动下，Java 的冷启动问题对 Serverless 应用的性能和可用性的影响越来越突出。越来越多的开发者在开发 Serverless 应用时转向了 Go 等不存在冷启动问题的语言，Java 语言的地位正在被不断撼动。而 Java 的静态编译技术可以从根本上解决冷启动问题，其核心在于提前将 Java 代码编译为本地代码并且以轻量级的运行时代替了 JVM，实现将启动性能最高提升两个数量级的效果。

之后本部分介绍了目前业界相对完整成熟的实现方案——Oracle 的 GraalVM 和华为的方舟编译器。在描述了静态编译的整体概念和产业现状后，本部分详细介绍 GraalVM 的项目结构、组成方式等内容，涵盖使用 GraalVM 静态编译框架编译出一个 Java 应用程序所需的全部知识。

阅读完第一部分后，读者对 GraalVM 和 Java 静态编译技术会有一个全面的认识，并且能够静态编译简单的 Java 应用程序。

Chapter 1　第 1 章

Java 静态编译技术的诞生

经过多年的演进，Java 语言的功能和性能都在不断地发展和提高，但是冷启动开销较大的问题长期存在，难以从根本上解决。在传统的单机或者服务器部署的场景中，冷启动的问题并不明显，但是在云原生应用的场景中，其负面影响尤为突出。如果应用的冷启动时间超过了其实际执行的时间，还要用户为"不必要"的启动耗时付出费用，用户是难以有良好的使用体验的。Java 语言也因此在 Serverless 场景下无法与 Node.js、Go 等快速启动的语言竞争，落于下风。在这种背景下，作为能够从根本上解决冷启动问题的 Java 静态编译技术有了用武之地，开始在业界崭露头角，为 Java 语言注入了新的竞争力。

本章首先讨论启动 JVM 和 Java 程序从解释执行到实时编译执行的过程，并结合实例介绍冷启动问题在 Serverless 应用场景下的问题严重性；接下来通过启动性能的对比引出静态编译技术，并详细介绍静态编译的概念、基本原则、整体优势和局限性。阅读本章后读者会对 Java 的静态编译技术建立整体认识，从宏观上了解这种新技术的能力和局限性。

本章在讨论中会使用的样例程序如下。

❑ Serverless 场景的样例：由 micronaut 框架[注]官方提供的名为 greeting-service 的 spring-boot 应用样例：该应用默认在启动后监听本地 8080 端口，接受名为 greeting 的请求，然后返回一个包含了计数值和字符串的响应。这个样例程序的源码位于 https://github.com/micronaut-projects/micronaut-spring/tree/master/examples/greeting-service。

❑ javac 编译器：JDK 中用纯 Java 编写的，负责将 Java 源码编译为字节码的编译器。

❑ 简单的 HelloWorld 程序。

1.1 Java 程序的运行生命周期

Java 可执行应用程序的入口是主函数，当我们执行一个 Java 应用程序时，看似是从主函数开始的，但实际需要在 JVM 初始化后才会调用 Java 主函数开始执行应用程序。

整个 Java 程序的执行生命周期如图 1-1 所示，可以分为 VM 初始化、应用初始化、应用预热、应用稳定和关闭这 5 个阶段。图的横坐标代表应用执行的时间顺序，纵坐标代表 CPU 利用率，各个区域代表该行为的 CPU 使用率，VM 区域代表 JVM，CL 区域代表类载入，JIT（Just In Time）区域代表实时编译，GC 区域代表垃圾回收（以下简称 GC），GC 右上方区域代表解释执行应用程序，最右边的区域代表执行经过 JIT 编译的应用代码。从图中可以看到各个阶段中花费时间最多的行为是什么，但这里的使用情况并不是按实际比例绘制的，而是只反映整体趋势的示意，因为具体的数据会随应用的不同而变化。

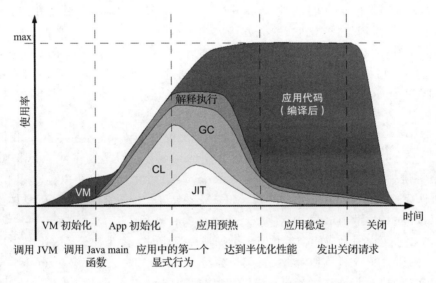

图 1-1　Java 应用程序的运行声明周期示意图[一]

从图 1-1 可以看到 Java 程序的总体运行生命周期如下。

1）启动 JVM，执行各种 VM 的初始化动作。

2）调用 Java 程序的主函数进入应用初始化，此时才会开始通过解释执行方式运行 Java 代码，随着 Java 代码运行而同时开始的还有 GC，JIT 编译会在出现热点函数时才开始；

3）当程序初始化完成后，开始执行应用程序的业务代码，此时才算进入了程序执行的预热阶段，这个阶段会有大量的类载入和 JIT 编译行为。

4）当程序充分预热后，就进入了运行时性能最好的稳定阶段，此时的理想状态是只有

　　㊀　图片来源 https://shipilev.net/talks/j1-Oct2011-21682-benchmarking.pdf。

应用本身和 GC 操作在运行，其他行为都已渐渐退出。

5）关闭应用，各个行为次第结束。

下面我们会分两节详细介绍 Java 程序执行生命周期的前 3 个阶段，解释 Java 程序是如何启动并逐渐达到性能巅峰的。

1.1.1　初始化

我们将图 1-1 中的前两个阶段——**VM 初始化**和**应用初始化**合称为初始化，它们负责启动并初始化 JVM 虚拟机和执行 Java 主函数所必需的基础 JDK 类，为主函数的运行做好准备。

VM 初始化会首先调用 JVM 的主函数，也就是我们平时熟悉的 JDK 里的本地可执行文件 $JAVA_HOME/bin/java，以启动 JVM。然后依次在 VM 中执行解析送入的参数、为 JVM 申请内存、创建 Java 主线程、寻找并加载系统类和应用类，以及通过 JNI 调用 Java 程序的主函数等过程。这些步执行的都是 JVM 中的本地程序。

应用初始化是指从 JVM 调用程序主函数的时刻到开始执行应用程序的实际业务代码的时刻之间的各种应用程序内初始化准备工作。比较典型的例子是 Spring 应用，在执行业务代码之前会先初始化 Spring 框架。这个阶段已经开始运行 Java 程序了，会有执行类初始化、GC 和 JIT 等行为。

通过观察一个空程序的执行时间可以直观地感受到 VM 初始化的耗时。我们创建一个名为 Empty 的类，其中仅包含一个内容为空的主函数。以笔者在 Windows 10 内嵌的 Ubuntu 子系统中运行为例，通过执行命令 time java -cp bin Empty，可以看到耗时为 63ms，基本可以认为这就是 VM 初始化的时间。如果需要更进一步了解启动时间的具体分布，就需要使用 debug 版本的 JDK 的 -XX:+TraceStartupTime 选项。

从图 1-1 中可以看到应用初始化时，类加载最为耗时，因为加载类时需要先从磁盘上读取 jar 文件和 class 文件，然后将文件解析为类。而 jar 文件实际上就是 zip 压缩文件，解压并读取文件的 I/O 操作较为耗时。应用程序越是复杂，初始化时载入类的数量就越多，相应的 JVM 启动时间越长。

JVM 的选项 -XX:DumpLoadedClassList= 可以将 Java 程序载入的所有类都打印到指定文件，我们打开这个选项，分别执行 java -version、Empty 应用和 greeting-service 服务，对比它们的启动时间和加载的类数量可以得到表 1-1。

表 1-1　Java 应用启动时间和加载类数量对比

应用名	时间（ms）	加载类数量	说　　明
Java -version	173	347	仅启动 JVM
Empty	185	409	简单的空应用
greeting-service	1615	1647	简单的 Spring Boot demo 应用

Java -version 输出当前 JDK 的版本信息，会执行大部分的 VM 初始化流程；Empty 会

执行完整的 VM 初始化流程，但是没有任何应用初始化和业务逻辑，这两项的时间统计使用了 Linux 的 time 命令；因为 greeting-service 项因为需要启动 Spring Boot 框架，所以有稍微复杂一些的应用初始化过程，这一项的启动时间是从 Spring Boot 框架输出的日志中获取的，是完成初始化并达到可以接受用户请求的状态的耗时。

这三项的加载类数量是从 -XX:DumpLoadedClassList= 选项打印出的文件中统计出来的。从表 1-1 中可以明显看出，启动时间随加载类的数量增加而上升。

1.1.2　程序预热

Java 语言最初被认为是一种解释型语言，因为 Java 源代码并非被先编译为与机器平台相关的汇编代码再执行，而是先编译为与平台无关的字节码（bytecode），然后由 JVM 解释执行。解释执行是由 JVM 将字节码逐条翻译为汇编代码，然后再执行。比如，对于一个简单的加法操作：

```
b + c;
```

其对应的字节码大致为：

```
0: iload_0
1: iload_1
2: iadd
```

JVM 按照取数据、执行操作、保存数据三段式结构，为每条字节码指令都提前准备好了汇编代码模板，然后在运行时将具体数据填入模板执行。由于这样的代码缺少编译优化，只是简单地将模板中的指令堆积在一起，因此运行时性能较低。

解释执行具有平台无关和灵活性两大特点。JVM 解释器输入的是与平台无关的字节码，其指令行为是由 JVM 规范（JVM specification）定义的，从而保证了 JVM 在不同平台上对每个字节码指令的解释总是一致的，因此可以预期解释执行的结果不会随平台变化而产生差异。其灵活性在于可以通过解释执行支持诸如动态类加载这样的动态特性。Java 可以在运行时解释执行一段在编译时尚不存在的代码，这种特性对于编译执行类型的语言来说是难以想象的。

为了解决运行时性能低的问题，Java 引入了实时编译技术，即在运行时将热点函数编译为汇编代码，当程序再次运行到经过实时编译的函数时，就可以执行经过编译和优化的汇编代码，而不再需要解释执行了。由于编译是在运行时进行的，因此 JIT 编译器可以获得程序的运行时状态，比如路径、热点和变量值。基于这些信息，JIT 编译器可以做出非常激进的编译优化，从而获得执行效率更高的代码。比如程序中有两个分支，仅静态地看代码无法分辨哪个分支被执行的概率更大，但是如果在运行时发现程序总是只执行其中某一个分支，而不执行另一个分支，那么 JIT 编译器就可以将总是执行的分支放到条件判断的 fallthrough 下，从而节省一次跳转，甚至可以把另一个不执行的分支删除。万一出错了也没有关系，还可以回退到解释执行。这种有保底的激进优化在一些场景下甚至可以将 Java 程序运行时的性能提高到超越 C++ 程序的程度。

现在的 Java 程序基本都是采用解释执行加 JIT 执行的混合模式，当函数执行次数较少时解释执行，而当函数执行次数超过一定阈值后 JIT 执行，从而实现了热点函数 JIT 执行、非热点函数解释执行的效果。不过既然 JIT 带来了非常显著的性能优势，为什么不全部采用 JIT 方式呢？因为编译优化本身是需要占用系统资源的资源密集型运算，它会影响应用程序的运行时性能，在实践中甚至可能出现过 JIT 线程占用过多资源，导致应用程序不能执行的状况。此外，如果代码执行的次数较少，编译优化代码造成的性能损失可能会大于编译执行带来的性能提升。

我们以代码清单 1-1 中的程序为例进行简单的性能测试。

代码清单1-1 不同执行模式下的性能对比样例程序

```java
package org.book;

public class SimpleDemo {

    private static int limit;
    public static void main(String[] args) {
        limit = Integer.valueOf(args[0]);
        long start = System.nanoTime();
        int i = 0;
        while( i < limit ){
            long total = test();
            i++;
        }
        long end = System.nanoTime();
        System.out.println((end - start));
    }

    private static long test(){
        final int factor = 5;
        int i = 0;
        long total = 0;
        while( i < limit ) {
            int ret = add( factor * limit / 100, i);
            total+=ret;
            i++;
        }
        return total;
    }

    private static int add(int a, int b) {
        return a + b;
    }
}
```

将**加粗**的 limit 变量设置为 1，代表测试的主体代码只运行一次。然后在解释执行模式（使用 -Xint 参数开启）、JIT 编译执行模式（使用 -XX:CompileThreshold=1 参数将 JVM 启动编译的函数执行次数阈值设为 1）和混合执行模式（无须参数，默认模式）下各运行 100 次 main 函数，取平均值得到表 1-2 第二行的数据。然后将 limit 改为 1000，实际测试代码循环 100 万次时,分别在 3 种不同模式下各执行 100 次 main 函数后取平均值得到表 1-2 第三行的数据。

表 1-2　解释执行模式与 JIT 编译执行模式性能简单对比

	解释执行模式	JIT 编译执行模式	混合执行模式
执行命令	java -cp bin -Xint org. book.SimpleDemo	java -cp bin -XX:CompileThreshold=1 org.book.SimpleDemo	java -cp bin org. book.SimpleDemo
单次执行平均时间(ns)	3774	4421	4291
多次执行平均时间(ns)	66 455 991	8 431 653	8 581 029

　　这个测试并不严格,数据只对测试的这段特定代码和测试时的机器配置有效负责,但是从中已足以看出 3 种执行模式的性能差异。当测试主体循环只执行一次时,编译带来的性能损失要高于获得的性能提升,因此其性能要低于解释执行;而当测试主体循环被执行次数较多时,编译后的运行性能相比解释执行会有一个数量级的提升。可见,解释执行和编译执行各有所长,并不能相互取代。而混合模式的性能总是介于解释执行性能和编译执行性能之间,因此默认使用的混合执行模式具有更加广泛的适用性。

　　我们可以再通过一个简单的实验进一步了解从解释执行到 JIT 执行的过程中应用程序的性能变化情况。对代码清单 1-1 中的代码稍做修改,把 main 函数中的计时代码放到 while 循环中,以输出 test 函数每次执行的时间花销,然后将 limit 设为 1000,即得到 1000 次 test 函数的执行时间。为了消除抖动,执行 10 轮独立的测试并取平均值,得到如图 1-2 所示的 test 函数执行时间随调用次数的变化图。图中纵坐标是 test 函数的执行时间,单位是 ns,横坐标是调用次数,因为自 500 次后执行时间基本稳定不变,所以这里只截取了前 500 次以便于展示。

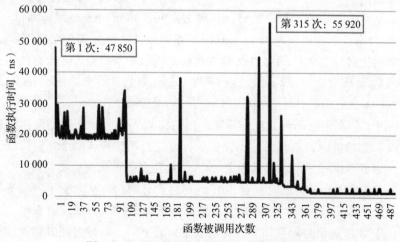

图 1-2　test 函数执行时间和调用次数关系图

从图 1-2 中可以明显看到,程序的性能经过了 4 个阶段的变化:第 1 阶段大约是从开始到第 100 次，test 函数的执行时间在 20 000ns 上下波动；第 2 个阶段大约是从 101 次到第 330 次，test 函数的执行时间在 4900ns 左右；第 3 个阶段大约从第 330 次到第 370 次，函数的执行时间从 4900ns 逐渐下降到了 1450ns 左右；第 4 个阶段大约从 370 次到结束，函数的执行时间稳定在 1450ns 左右。当然这里描述的都是执行时间的大体趋势，可以看到在各个阶段实际上都还存在很多波动毛刺，这些是由收集优化数据、编译以及其他 JVM 事件引起的。

我们可以认为前 3 个阶段对应了图 1-1 中的程序预热，最后一个阶段对应了图 1-1 中的程序稳定执行。应用程序的性能在预热时并不稳定，甚至会出现短暂的劣化，比如图 1-2 中第 315 次执行花费的时间（55 920ns）甚至远超过了解释执行阶段的最大值（47 850ns），因此一个应用程序只有经过"充分"的预热后才能达到其运行时的最佳性能。但是在一般情况下，并非所有的代码都会经过 JIT 编译执行，只有一部分高频使用的热点函数才会被 JIT 编译执行，所以"充分"二字实际是很难实现的。我们可以看到在图 1-1 的稳定阶段中依然会有少量的解释执行，所以 Java 程序很难在其理论上可能的最佳性能状态下执行。

1.2 冷启动问题

冷启动，即全新启动一个 Java 应用程序。由 1.1 节介绍可知，Java 程序从启动到抵达性能峰值需要经过 VM 初始化、应用初始化、应用预热 3 个阶段，会耗费一定的时间，我们可以将这 3 个阶段的耗时统称为冷启动的开销。

JVM 初始化对应用的启动有多大影响呢？ javac 程序可以作为一个良好的实验对象。javac 程序把 Java 源码编译到字节码的编译器，其本身就是一个纯 Java 应用，所以我们可以将它作为 Java 应用的典型代表。

javac 有两种运行方式：一是通过本地启动器程序（也就是我们平时常见的 $JAVA_HOME/bin/javac）启动编译器独立运行，这种方式每次执行 javac 时都会启动一个独立的 JVM；二是作为库函数通过 API 被其他 Java 程序调用，这种方式会在调用方已有的 JVM 中执行，无须再次启动 JVM。通过这两种方式启动的编译在功能性上没有任何区别，只有是否需要另外启动 JVM 的区别，所以我们只要分别通过这两种方式使用 javac 编译同一段 Java 程序，然后对比它们的性能数据就可以看到 JVM 初始化开销了。

图 1-3 给出了分别用这两种方式编译同一段 HelloWorld 程序源码的耗时对比，左侧条柱为通过 API 调用的耗时，右侧条柱为独立执行方式的耗时。从图中我们可以看到这两者之间有近 200ms 的差距——可以将其视为 JVM 初始化开销。从这个实验对比中，我们可以说在使用 javac 编译 HelloWorld 时有近 50% 的冷启动开销。当然对于不同的应用，或者同一个应用的不同工作负载而言，冷启动的开销并不是固定的 200ms 或者 50%。应用和工作负载的不同，JVM 初始化时需要加载的类的数量也会不同，类越多耗时越长。工作负载越大，工作本身的耗时越长，冷启动开销所占的比重就越小；工作负载本身的耗时越小，冷启动开销的问题就越突出。

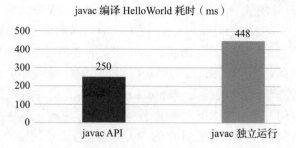

图 1-3　javac 的两种调用方式编译 HelloWorld 程序的执行性能对比

由于一般的 Serverless 应用自身的工作负载较小，因此冷启动的开销问题就显得尤为突出。而除了 JVM 初始化外，Serverless 应用的冷启动中一般还包含服务框架的初始化，这也会对冷启动造成更显著的影响。我们可以通过 greeting-service 的例子直观地了解冷启动开销对应用程序的影响。

当 greeting-service 服务启动后，该服务会接受用户发来的 greeting 请求并返回计数值和一个固定的字符串，具体返回值如下所示。

```
{
    "id":1,
    "content":"Hola, World!"
}
```

我们将这个服务部署到阿里云的函数计算平台（具体部署方法可以参考第 13 章的介绍，也可以通过函数计算的官方文档了解），然后在函数计算平台的控制台上执行函数调用，以消除从本地到阿里云的网络延迟影响，依次执行两次函数调用可以得到如图 1-4 所示的 RT（response time，响应时间）对比图。这里的 RT 取自函数计算平台的执行日志，指从发起请求到接收到结果的全部时间。

从图 1-4 可以看到，第一次请求和第二次请求之间存在着十几倍的巨大差异，除了 VM 初始化的冷启动开销外，时间主要消耗在应用初始化，即初始化 Spring Boot 框架上。在用户发起第一次请求之前，计算函数平台上并没有可用的 greeting-service 服务。当收到用户的首次请求时，函数计算平台才会初始化 JVM，启动 greeting-service 的 Spring Boot 框架和应用服务，然后才能响应用户的 greeting 请求。当 greeting-service 的服务经过冷启动准备后，对第二次及以后的请求的响应就会非常快。

上述的冷启动问题在传统的将应用部署在自建服务器场景下同样存在，但是影响并不明显，因为应用服务提供商可以在自己的服务器上提前启动好应用程序，为其做好充分的预热并保持其时刻处于待命的状态，以便当客户的访问请求到来时提供最好的服务响应。

○　参见 https://www.aliyun.com/product/fc。

○　参见 https://help.aliyun.com/document_detail/51783.html。

但是在 Serverless 云计算场景下，由于以下几点原因，冷启动问题会表现得格外突出。

❑ Serverless 服务本身执行时间短。Serverless 应用强调微服务架构，服务的粒度小，耗时短。与短暂的应用执行时间相比，冷启动的开销耗时所占比重增大，甚至可能比程序执行时间还要长，因此冷启动对应用的影响也到了不可忽视的程度。

❑ Spring Boot 等框架启动时间长。Spring Boot 应用在启动时要扫描所有代码并注册 bean，启动时间与代码量成正比。

❑ Serverless 服务会变"冷"。云计算的一大特点是按需使用，当不再有新的使用需求时，云服务会在执行完用户的最后一次请求后的一段时间关闭，此后的第一次服务请求会再次遭遇冷启动问题。

❑ 预热需要额外的费用花销。当前各个云服务提供商对冷启动问题的解决方案是提供付费预热，应用服务提供商可以购买预热服务提前将自己的服务启动起来，或者通过在服务变冷后定时唤起的方式，让自己的应用保持一定的热度。这就要求应用服务提供商对其用户的使用模式有较为准确的预测，能够在恰到好处的时候预热程序，否则就会多付出不必要的费用。

❑ 服务扩容时又会面临冷启动。当服务请求数量激增时，云服务提供商会为服务进行弹性扩容，但是新扩容的服务还是会冷启动，被分流到冷启动应用上的请求的响应时间就会上升，从而不能为用户提供最佳的体验。

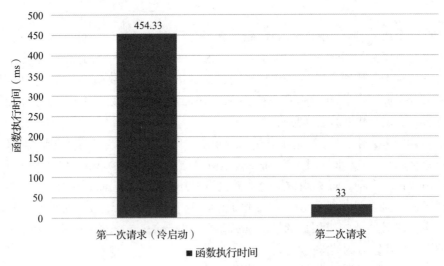

图 1-4　greeting-service 服务冷启动执行时间对比图

由此可见，冷启动问题已经是 Serverless 云原生应用必须面对的重大挑战，业界也提出了多种提高 Java 启动速度、降低冷启动开销的方案，比如将通用类的数据保存下来并在不同 Java 进程之间共享，以提高启动速度的 AppCDS（Application Class Data Sharing⊖）技术，

⊖ 参见 https://openjdk.java.net/jeps/310。

就是 OpenJDK 社区提出的一个解决方案。但是由于冷启动问题的本质是由 JVM 初始化、启动时的类加载、程序的解释执行以及 JIT 编译开销等 Java 基础性技术综合造成的，所以在传统 Java 的体系下无法彻底解决。

1.3　初识 Java 静态编译技术

虽然冷启动问题在传统 Java 的框架内无法被彻底解决，但并不意味着使用 Java 语言就只能选择忍受冷启动问题，也不是说为了解决冷启动问题就只能放弃 Java 语言而转投诸如 Go 等不存在冷启动问题的语言。近年兴起的 Java 静态编译技术就彻底解决了 Java 语言的冷启动问题，还因为打破了 Java 语言与本地代码（native code）之间的界限，为 Java 世界解锁了更多的特性。

1.3.1　什么是 Java 静态编译

Java 静态编译是指将 Java 程序的字节码在单独的离线阶段编译为汇编代码，其输入为 Java 的字节码，输出为 native image，即二进制 native 程序。"静态"是相对传统 Java 程序的动态性而言的，因为传统 Java 程序是在运行时动态地解释执行和实时编译，所以静态编译需要在执行前就完成程序的编译。

静态编译的基本原则是封闭性假设（closed world assumption），要求编译器在编译时必须掌握运行时所需的全部信息，换句话说，就是运行时不能出现任何编译时未知的内容。这是因为应用程序的可达范围在静态编译时被限定了，因为没有了类加载器、解释器等组件，不能在运行时解析和执行任何动态引入的类。

Java 静态编译执行模型和传统执行模型的对比如图 1-5 所示。

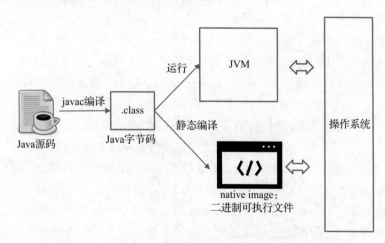

图 1-5　Java 静态编译与传统 Java 执行模型对比图

首先将 Java 源码用 javac 编译为字节码表示的 class 文件，无论传统的执行方式还是静态编译都需要以字节码作为输入。从字节码开始，传统的 Java 执行模型就会按图 1-5 中的右上部分进行，直接在 JVM 中执行 Java 的字节码，由面向不同平台的 JVM 负责与操作系统的具体交互过程。而静态编译执行模型则按图 1-5 的右下部分进行，该部分增加了编译阶段，先由静态编译器将应用程序字节码以及运行时支持代码编译为平台相关的本地二进制可执行文件，然后执行。

使用本书要介绍的主角 GraalVM 静态编译后得到的本地文件被称为 native image，它是一个自举的可执行文件。"自举"是指执行 native image 时除了操作系统的库文件之外，不需要其他任何库文件和运行时的支持，因为 native image 中已经包含了应用程序、依赖库程序及运行时支持程序（如多线程支持、GC 等）。由于 native image 在执行时会直接与操作系统交互，因此是与平台相关的。

静态编译后的 native image 最突出的特点就是摒弃了 JVM，这是成就它所有优点的根本原因。

1.3.2　静态编译的优势

与传统 Java 运行模型相比，静态编译运行模型有两大特点。

一是执行的程序是与平台相关的经过编译优化的本地代码。执行本地代码不再需要经过解释执行和 JIT 编译，既避免了解释执行的低效，也避免了 JIT 编译的 CPU 开销，还解决了传统 Java 执行模型中无法充分预热，始终存在解释执行的问题，因此可以保证应用程序始终以稳定的性能执行，不会出现如图 1-2 所示的性能波动。

二是静态编译后的可执行程序自包含了轻量级运行时支持，不再额外需要 JVM 的支持。没有了 JVM，自然也就消除了图 1-1 中第一个阶段 VM 初始化的开销，使得应用程序可以实现"启动即峰值"的特点。另外，因为 JVM 的运行也需要消耗一部分内存，去掉 JVM 后应用程序的内存占用也大幅降低。

这两个基本特点解决了 Java 程序冷启动问题——JVM 初始化的开销和从解释执行到 JIT 编译执行的开销，因此静态编译后的 Java 程序可以获得极速启动的效果。

我们用 GraalVM 静态编译 1.2 节的 greeting-service 应用，将得到的二进制可执行文件部署到阿里云函数计算平台（部署方法参见第 13 章），然后与 1.2 节的函数调用耗时对比得到图 1-6。其中，实心柱体是图 1-4 中的传统 Java 程序的函数执行时间，斜线柱体代表静态编译版本的函数执行时间。纵坐标经过对数变形处理，以便将差异巨大的数值展示在同一图中。

从图 1-6 中可以看到，greeting-service 的静态编译版本已经不再受冷启动的影响，其首次请求的响应时间（4.27ms）相比传统 JDK 方式有百倍提升，而静态编译版本的第二次请求的响应时间则降到了 2ms，达到了传统 Java 版本经过充分预热后的峰值性能，可见静态编译为 greeting-service 的首次启动在速度上带来了两个数量级的提升。如此具有革命性的突破为 Java 语言带来了更多的优势。

❑ 解决冷启动问题，实现应用程序的极速启动，因此不再需要预热，降低了用户维持
应用热度的成本。

❑ 实现程序自举，无须 JVM，降低了应用程序自身所需的内存。

❑ 打破了 Java 程序与本地代码之间的边界，JNI 调用的开销减少。

❑ Java 程序可以被静态编译为本地共享库文件，然后被其他 native 程序（C/C++ 程序）
直接调用，这就意味着可以用 Java 语言编写 C 程序的库文件。

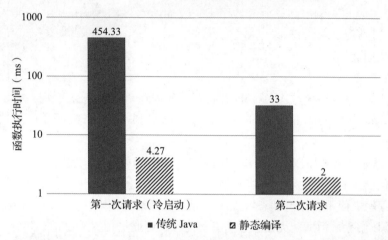

图 1-6　greeting-service 在 Serverless 场景下的函数执行时间（纵坐标已做取对数处理）

　　虽然静态编译技术有以上诸多优点，但是任何技术都难以兼得鱼与熊掌，只能在其中
权衡取舍。传统 Java 语言模型在程序执行的动态性和静态性之间选择了动态性，获得了程
序运行时的灵活性和可移植性；而静态编译技术选择了静态性，在获得以上各优势的同时
也不可避免地带来了局限性。

1.3.3　静态编译的局限性

1. 封闭性

对于 C/C++ 等静态语言而言，封闭性假设似乎是天经地义的，但是对 Java 语言则未
必。Java 程序中存在很多无法静态确认，而只有在运行时才能确定的内容，最典型例子就是
反射。

```
java.lang.Class.forName(someClassName);
```

　　上边这个简单的 forName 反射调用会从默认的 classloader 里找到并返回由 someClass-
Name 变量指定的类。但是 someClassName 中到底是什么内容呢？当程序执行到这个反射调
用时，我们会很容易知道答案。但是在尚未运行程序时，仅静态地分析代码则很难得到答
案。比如当 someClassName 是当前类的域（field）变量时，需要全局地分析所有对该域的可
能写操作，而有些写操作的数据源可能会依赖运行时的输入，那么在静态时就无法分析出

someClassName 到底是什么。事实上反射分析一直以来都是软件工程领域的一项研究难点。

我们可以说这种反射调用是不满足封闭性假设的，但是否所有的反射调用都不符合该假设呢？那也未必，还是以 forName 反射为例，如果 someClassName 是一个字符串常量如 "a.b.C"，那么编译器在编译时即可确定反射的目标类是 a.b.C。此时可以认为该反射调用是满足封闭性假设的。

由此可见，虽然反射会违反封闭性假设，但是在一定条件下可以实现从违反假设到满足假设的转换，这也是静态编译能够适用于一般 Java 程序的理论基础。违反了封闭性假设的 Java 动态特性有：

- 动态类加载；
- 反射；
- 动态代理，将对原始方法的访问在运行时代理到动态生成的代理类中；
- JCA（Java Cryptography Architecture），Java 的加密机制依赖反射，所以也违反了封闭性；
- JNI，从本地函数中以 JNI 方式调用和访问 Java 中的类、变量和方法等；
- 序列化，将内存中的对象内容转换为字节流，用于数据交换。

当 Java 程序中使用到以上动态特性时，静态编译是不能直接支持的，而需要通过额外的适配工作予以解决。但适配无法覆盖所有可能性，因此这种支持也是有限的。

2. 平台相关性

另一个局限是静态编译后的程序是平台相关的，不再具有 Java 程序平台无关的特性。但是从云原生 Serverless 应用的现实需求角度来看，Java 的平台无关特性已不再重要。

在提出"平台无关"概念的年代，面向服务端的 Java 应用要部署在各个企业和厂商自己的服务器上，目标机器可能是 Windows 服务器，也有可能是 Linux 服务器，考虑到硬件 CPU 的差异，环境就更加复杂了。面向客户端的 Java 应用会部署在终端用户的个人电脑上，包括 Windows、Linux、Mac 系统，还有移动端，甚至嵌入式版本。开发人员面临了异常纷繁复杂的部署平台场景，同一套业务逻辑往往需要开发多个版本以用于不同的终端。Java 的平台无关特性使得将一份代码部署到多个平台运行变为可能，把开发人员从繁重的多平台适配工作中解放出来。

时至今日，虽然平台无关特性在很多场景下依然有着旺盛的需求，但是从云原生 Serverless 应用的场景下看已经不再重要了。由于将应用程序部署到物理硬件的工作已由云服务提供商接管，应用程序的开发人员不需要关心具体的部署事宜。从开发人员的角度来看，云服务就是一个屏蔽了各种平台差异的巨大虚拟机，自己只需要将程序的字节码部署到云上即可，而云服务提供商也不会直接把应用程序直接部署到物理硬件上去，而是将其部署在完全自主可控的虚拟机平台上。虚拟机平台的虚拟硬件系统的组成越单调，技术实现就越容易，维护成本就越低，因此云服务提供商会倾向于单调的平台系统，导致云服务提供商对平台无关性的需求在降低。

3. 生态变化

第三个局限是面向传统 Java 程序的调试、监控、Agent 扩展等功能不再适用，因为运行时执行的是本地程序，而不再是 Java 程序。比如在 Java 程序运行时监控方面，JVM 状态监控工具 jstat、Java 程序内存使用状况导出工具 jmap、Java 线程状态查看工具 jstack 等都不再适用；Java 的 Agent 机制也不再适用；甚至连代码调试方式也不再相同，从原先相对简便的 IDE 调试变成了相对复杂的 GDB（GNU project debugger）汇编调试。一方面因为传统 Java 的调试、监控、Agent 扩展等能力都是由 JVM 提供的，静态编译去掉了 JVM，所以这些 Java 开发人员熟悉的调试和监控的工具都不再适用。另一方面因为静态编译时不再有字节码，这些工具也失去了可工作的对象。

可以说，Java 静态编译除了写代码的环境没变，其他的生态都完全不同了。在静态编译的环境下，开发人员以往基于 Java 应用积累起的开发、监控和调试这一整套工具生态都发生了变化，这是其推广使用的一大限制和阻碍。

1.4   小结

Java 经过从解释执行到 JIT 编译执行的发展演进，虽然其运行时峰值性能在极限情况下已经能够达到比肩 C 程序的程度，但是在现今云原生的浪潮下，Java 与生俱来的冷启动问题越来越突出。小的云原生应用可能在尚未触发 JIT 编译时就结束退出了，使得 JIT 编译没有了用武之地，而冷启动的开销却不可避免地影响了云原生应用的响应速度。

Java 静态编译技术是一个既兼顾了 Java 已有生态，又可以彻底解决冷启动问题的技术方案，总结如下。

1）基本思想：将 Java 程序从字节码在单独的编译阶段编译为自举的本地二进制可执行（或库）文件。

2）核心原则：封闭性假设，所有运行时的内容必须在编译时可见，并被编译到 native image 中。

3）主要优点如下：

❑ 启动性能好，较传统 Java 应用最高可达到两个数量级的启动性能提升；
❑ 占用内存少，一般只需要占用传统 Java 应用一半的内存；
❑ 多语言支持，可以用 Java 语言编写 C/C++ 程序的库文件。

4）主要缺点如下：

❑ 不能完全支持 Java 的动态特性；
❑ 不再具有平台无关的特性；
❑ 调试、监控等工具生态发生变化，不能使用传统的 Java 工具。

本书接下来会首先介绍分别由 Oracle 和华为实现的 Java 静态编译技术的概况与特点，然后详细介绍 Oracle 的静态编译技术的具体应用和技术实现原理。

Java 静态编译的业界实现

世界上并没有尽善尽美的技术方案，所有技术都是在代价和收益之间寻找平衡点。尽管具有动态特性支持方面的局限性，但是 Java 静态编译技术为 Java 应用程序带来的极速启动、运行时低内存消耗等优势，对开发人员具有强烈的吸引力，因此也有国内外厂商投入大量资源研究可行的技术方案。目前相对成熟的 Java 静态编译技术方案主要有 Oracle GraalVM 的 Substrate VM 和华为方舟编译器两种。

GraalVM 的 Substrate VM 静态编译框架主要面向服务器端应用和桌面应用，遵循 JVM Specification JavaSE 8 和 11 两个版本的规范；而方舟编译器则面向移动端应用，遵循 Google 的 ART（Android RunTime）规范。ART 中的 JDK 可以视作 JDK 的一个特别分支，总体上依然使用了 Java 的语法和特性，但在很多具体的实现上则结合了移动端的特点做了改造。

本章主要对 GraalVM 做了概要介绍，并说明了其实现的静态编译技术方案的优缺点；然后简要介绍华为方舟编译器，并对比了两种技术方案的基本异同点。阅读完本章后，读者会对这两种 Java 静态编译的实现技术有整体上的认识。

2.1 Oracle GraalVM

Oracle 实验室的研究人员最早希望用 Java 开发出一款新的实时编译器以取代 OpenJDK HotSpot 中晦涩难懂、无法重构的 C1 编译器，这款新型的编译器就逐渐发展成为现在的 GraalVM 编译器。后来 Oracle 数据库产品又提出了在数据库中直接执行某种程序的代码片段的需求，由此拉开了基于 GraalVM 编译器的多语言支持的大幕，并逐渐演化成为现在的项目。

2.1.1   GraalVM 是什么

GraalVM 是 Oracle 推出的基于 Java 开发的开源高性能多语言运行时平台，其目标是打破不同语言之间的藩篱，在统一的运行时平台上实现跨语言的程序交互。图 2-1 展示了 GraalVM 开放的生态，上方是目前 GraalVM 支持的所有语言，包括基于 JVM 的语言 Kotlin、Scala 和 Java（图 2-1 左上），JavaScript、Ruby、R、Python 以及可以通过 LLVM 中转的 C、C++ 和 Rust（图 2-1 右上）。

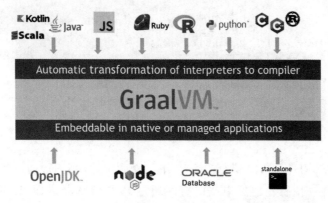

图 2-1   GraalVM 开放平台示意图[一]

这些语言可以作为客座语言（guest language）运行在主语言（host language）也就是 Java 的平台上，客座语言程序与主语言程序共享同一个运行时，在同一个内存空间里交互数据。图 2-1 的下方列出了 GraalVM 的适用场景，可以看到其既可以作为组件嵌入 OpenJDK（用 GraalVM 编译器代替 OpenJDK 的 C2 编译器做 JIT 编译）和 Node.js，也可以在 Oracle 数据库中支持直接运行内嵌的 JavaScript 代码（自 Oracle 21c 版本[二]），或者作为独立的应用程序运行（Java 静态编译程序）。

GraalVM 分为免费的社区版（Community Edition，CE）和收费的企业版（Enterprise Edition，EE），两者的基本功能是相同的，但是 EE 版的性能和安全性更高，并为用户提供不间断的 24 小时支持服务。Oracle 云服务的客户可以免费获得 EE 版。

图 2-2 展示了 GraalVM 实现多语言支持的框架结构示意图。Truffle 是 GraalVM 里的解释器实现框架，开发人员可以使用 Truffle 提供的 API 快速用 Java 实现一种语言的解释器，从而实现了在 JVM 平台上运行其他语言的效果。更进一步，Truffle 中还给出了指导 JIT 编译的 Profiling 接口和编译优化接口，使得用 Truffle 实现的解释器还能将频繁执行的热点函数送入 JVM 的 GraalVM 编译器执行运行时的实时编译。Truffle 为用户提供了在 GraalVM 上快速实现新语言支持的能力，无论是 GraalVM 社区还是个人开发者都可以在 Truffle 框架

[一]   图片来自 GraalVM 官方网站：https://www.GraalVM.org/docs/introduction/。

[二]   参见 https://blogs.oracle.com/database/introducing-oracle-database-21c。

的支持下为 GraalVM 平台实现新语言扩展。

目前 GraalVM 已经基于 Truffle 实现了多种语言的解释器，如 WA（即 wasm，WebAssembly）、JS、Python、R、Ruby 等，见图 2-2 顶部靠右。图 2-2 右上的 C++ 和 C 语言通过 LLVM 编译为 LLVM 的中间语言 bitcode，然后由 GraalVM 的 Sulong 解释器解释执行 bitcode。

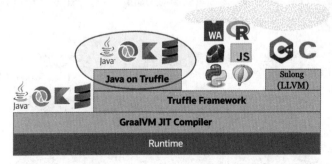

图 2-2　GraalVM 多语言支持示意图[○]

自 GraalVM 21.0 开始，JVM 类型的语言（图 2-2 圈中的）既可以通过名为 Java on Truffle 的组件由 Truffle 统一执行，也可以按旧有的通过 JVM 解释器进而 JIT 编译的方式执行。Java on Truffle 是基于 Truffle 实现的完全遵循 JVM 8 和 11 规范的 Java 字节码解释器。因为 Truffle 是用 Java 实现的，所以可以认为它实现了纯 Java 的自举。Java on Truffle 目前的性能还不够好，但它为 Java 世界带来了更多更有想象力的可能性，例如混用 JDK 新旧版本的能力。Java on Truffle 自己遵循 JDK8，但是能够在其上运行遵循 JDK11 的程序，或者反过来。这样通过 Java on Truffle 就可以直接在 JDK8 的旧环境上使用 JDK11 才有的库或者特性，而不需要承担整体升级的风险和成本。

各种支持语言在 GraalVM 平台上的性能表现并不一致，图 2-3 引用自 GraalVM 官方在 2017 年程序语言和程序系统研究领域的国际顶级会议 PLDI（Programming Language Design and Implementation）发表的学术报告，其中列出了几种语言在 GraalVM 平台上和原生平台上执行的性能对比。纵坐标是 GraalVM 对原生的加速比：1 表示性能相当；大于 1 表示 GraalVM 更好；小于 1 表示 GraalVM 更差。从图中可以看到，Java 和 Scala 比原生的略好，这里参与对比的是图 2-2 最左边的 GraalVM 支持 JVM 类型语言的方式，而不是 Java on Truffle，因此实际对比的是 GraalVM 编译器和 OpenJDK 的 C2 JIT 编译器的性能。Ruby 和 R 语言的性能有大幅提高，这是因为它们原生只有解释执行而没有 JIT 编译。Native 使用的是 LLVM 的提前编译（AOT）器，JavaScript 是 JS V8 编译器，GraalVM 比它们的性能要差。

在目前多语言运行时性能不一的情况下，GraalVM 在多语言支持方面体现出的最大优势就是统一的运行时环境。基于 GraalVM 开发的应用程序可以在 Java 运行时环境内执行各

○　图片引用自 https://medium.com/Graal VM/java-on-truffle-going-fully-metacircular-215531e3f840。

种其他语言，减小了多语言交互的开销，扩大了 Java 语言的应用范围。

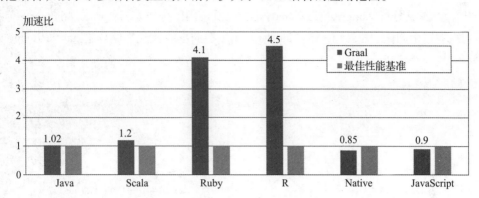

图 2-3　GraalVM 多语言运行时性能加速比[⊖]

2.1.2　GraalVM 静态编译优点

除多语言支持以外，GraalVM 的最大特性就是本书的主角——Java 静态编译。GraalVM 实现了 Java 静态编译的编译器、编译框架和运行时等一整套完整的工具链。GraalVM 的 Java 静态编译器就是图 2-2 中位于 GraalVM 架构底层的 GraalVM JIT Compiler，这意味着 GraalVM 统一了 JIT 和 AOT 编译器，而这个编译器已经在 Twitter 和 Facebook 公司的生产环境中用于 Java 程序的 JIT 编译了，其可靠性和性能都已经过了实践的检验。GraalVM 编译器目前已经支持 x86 64 位平台和 AArch64 平台。静态编译框架和运行时是由 Substrate VM 子项目实现的，目前的运行时兼容 OpenJDK 的运行时实现。

GraalVM 的静态编译方案的基本实现思路是由用户指定编译入口（比如 main 函数），然后编译框架从入口开始静态分析程序的可达范围，编译器将分析出的可达函数和 SubstrateVM 中的运行时支持代码一起编译为一个被称为 native image 的二进制本地代码文件。根据用户的参数设置，这个本地代码文件既可以是 ELF 可执行文件，也可以是动态共享库文件。

这种方案有效地控制了编译的范围，从而控制了编译后的代码膨胀问题。当语言的抽象程度减弱时，描述同一件事情所需的代码量就会增大，所以当一段 Java 的字节码被编译为本地代码时，代码行数会大幅增加，造成代码量的膨胀，因此控制代码的膨胀程度是静态编译必须考虑的问题。虽然编译器会通过各种优化技术减少符号数量，降低代码行数，但最有效的方法是从源头上控制拟编译的代码范围。图 2-4 给出了这种方案的示意图，图中 App 块代表了应用程序，JDK 块代表了 JDK 的类库，Libs 代表了第三方库，一般 Java 程序用到的代码都可以分为这三个部分。但是 Java 应用程序其实并不会用到这三者中的全部代码，而只会用到其中的一个子集。如图中所示，从 App 的入口函数进入后，各个点代表了可达的函数，箭头代表了调用方向，云形图代表了多个函数组成的模块。显而易见，

⊖　图片引用自 http://lafo.ssw.uni-linz.ac.at/papers/2017_PLDI_GraalTutorial.pdf。

从入口函数可达的代码只是总体的一个子集。GraalVM 通过静态分析的指向分析（points-to analysis）、控制流分析（control flow analysis）以及调用图分析（call graph analysis）等技术找到可达的代码范围。图 2-4 中指向 native image 框的虚线就代表编译进 native image 的可达函数。

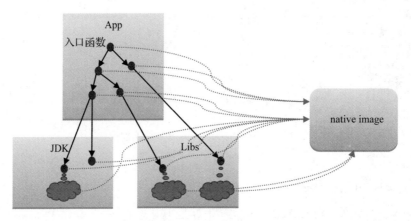

图 2-4　GraalVM 编译内容示意图

GraalVM 静态编译方案还实现了多种运行时优化，典型的有对 Java 静态初始化过程的优化。传统 Java 模型中的类是在第一次被用到时初始化的，之后每次用到时还要再检查是否已经被初始化过。GraalVM 则将其优化为在编译时初始化，只要编译时初始化成功，就无须在运行时做初始化检查，由此可以带来 2 倍左右的性能提升。但并不是所有的类都可以在编译时初始化，假如一个类的初始化函数里启动了一个线程或者获取了当前的时间，那么这种运行时行为就不能在编译时初始化。GraalVM 设计了一套判定类的初始化时机的规则，以指导初始化优化。本书会在后续章节详细介绍这些运行时的实现和优化。

2.1.3　GraalVM 静态编译缺点

任何技术优点都有其相应的代价，GraalVM 静态编译拥有上述优点的同时，也不可避免地有着多个缺点。

第一，静态分析是资源密集型计算，需要消耗大量的内存、CPU 和时间。GraalVM 早期版本的静态分析的时间复杂度与大致程序规模的平方成正比。经过不懈改进，现在 GraalVM 通过并发处理，充分调用硬件的 CPU 资源，在性能较高的服务器上可以大幅降低静态分析时间。一般来说，人们对离线编译的资源消耗的容忍度较高，但过长的时间会给用户带来开发、测试、验证和部署等过程的效率方面的顾虑，从而限制了可能的应用场景。

第二，静态分析对反射的分析能力非常有限，目前的学术研究领域往往会在静态分析中略过反射，或者通过反射的输入字符串做有限的分析。对于实际中存在的大量反射，

GraalVM 只能通过额外配置的方式加以解决。但是当代码发生变化时，反射信息就有可能发生变化，配置也需要随之改变，由此增加了维护成本和适配难度。而且配置难以覆盖全部可能性，如有遗漏则会造成运行时错误，这对静态编译的广泛应用也是一大阻碍。

第三，静态编译后程序的运行时性能低于传统 Java 经过 JIT 编译后的峰值性能。这主要是由两方面的原因造成的。

1）编译方面：虽然启动性能非常好，而且静态编译器也依据静态分析的结果执行了各种编译优化，但是因为缺少运行时的程序动态执行画像数据，不能执行更有针对性的 JIT 编译优化，因此虽然静态编译程序的性能表现稳定，但是没有 JIT 编译后的 Java 程序的峰值性能高。

2）垃圾回收方面：传统 Java 有更完善的 GC（垃圾回收）机制，可以针对不同的场景选择性能更佳的 GC 策略，但是 GraalVM 的垃圾回收机制较简单，其企业版提供了性能较好的 G1GC，但是社区版只提供了最简单的顺序 GC（serial GC），在运行内存使用情况较复杂的程序时，GC 的性能与传统 Java 有明显差距。

这三点是 GraalVM 静态编译特有的缺点，此外 Java 静态编译技术共有的缺点已经在 1.3.3 节介绍，在此就不再重复。

2.1.4　GraalVM 发展分析

总体而言，Oracle GraalVM 是目前国际上成熟度最高的 Java 静态编译技术，已经在行业中产生了较大的影响，包括 Facebook、Twitter、RedHat、ARM、Spring、亚马逊和阿里巴巴等在内的国内外大型厂商均对其具有浓厚的兴趣，并从各个方面积极参与并推动其技术发展。比如 GraalVM 社区成立了用于讨论 GraalVM 发展方向的顾问委员会，囊括了来自 Oracle、亚马逊、Twitter、RedHat、ARM 和阿里巴巴的委员代表。

一些主流开源 Java 框架社区（如 Spring、Tomcat 等）也纷纷探索向 GraalVM 静态编译靠拢的静态化支持方案，如开始在它们的代码中尽量支持 GraalVM 静态编译特性，按 GraalVM 的规范开发静态编译适配框架等。Spring 社区推出了面向 GraalVM 的静态编译的 spring-native 项目[一]，用于适配 Spring 中的静态编译不友好内容，以降低用户将 Spring 项目静态编译的适配难度。与之类似，Tomcat 则推出了 Tomcat Stuffed 组件[二]。

就 GraalVM 静态编译技术的现状而言，该技术非常适合快起快停、不会长时间运行的 Java Serverless 应用。亚马逊已经在其 AWS Java SDK[三]中增加了对 GraalVM 静态编译技术的支持，AWS 用户可以在 AWS Java SDK 上静态编译自己的 Java 应用。

可以预见，GraalVM 会在开源社区的广泛支持下继续发扬其优点并逐步改正其缺点，进一步实现静态编译技术的实用化。

○　参见 https://github.com/spring-projects-experimental/spring-native。

◎　参见 https://github.com/apache/tomcat/tree/master/modules/stuffed。

◉　参见 https://aws.amazon.com/cn/sdk-for-java。

2.2 华为方舟编译器

华为编译器实验室在 Java 静态编译方面经过多年深耕，于 2019 年 4 月推出方舟编译器，并于 2019 年 8 月底正式开源。方舟编译器是用 C++ 语言编写的 Java 静态编译框架，包括编译器、工具链和支持静态编译后的代码运行的轻量级运行时环境三大部分。方舟编程平台体系如图 2-5 所示，方舟静态编译器是其中的核心组件。该平台旨在打造多种编程语言、多种芯片平台的联合编译/运行的统一平台，支持将多种语言的前端统一到方舟的中间语言，由其强大的编译器对中间语言进行编译优化，最后输出高质量的本地代码。

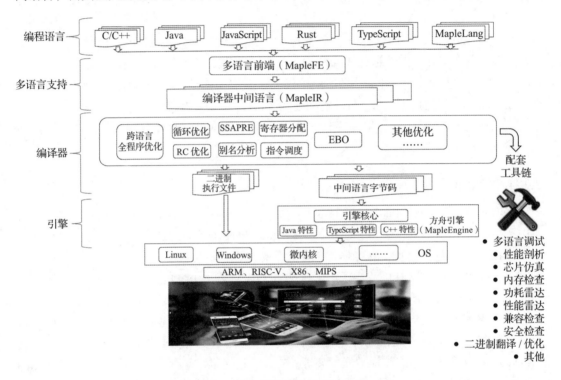

图 2-5　方舟编程平台体系结构图

由于华为的产业布局特点，方舟率先支持了移动端的安卓 Java 静态编译。安卓 Java 是谷歌面向移动端的定制化的 JDK，其部分核心类库被改造得更适合移动场景，字节码是经过优化的基于寄存器的 dex 代码，运行时环境则是谷歌的 ART（Android Runtime）。与这些改变相对应的是，方舟编译器接受的输入是 dex 文件，输出是 AArch64 平台的本地代码，运行时行为与 ART 保持一致。

方舟的核心是名为 Maple IR⊖的中间语言。方舟的编译行为可以按照与 Maple IR 的关系划分为前端、中端、后端。前端是指将输入的其他语言编译为 Maple IR，中端是指对

⊖　参见 https://gitee.com/openarkcompiler/OpenArkCompiler/blob/master/doc/en/MapleIRDesign.md。

Maple IR 进行优化，后端是指将优化后的 Maple IR 编译为目标平台的汇编代码。可以说方舟编译器的各项编译活动就是围绕 Maple IR 展开的，而该语言的特点又决定了方舟在静态编译时选择了不同于 GraalVM 的技术方向。

方舟在静态编译时依然遵循封闭性原则，也同样会遇到代码膨胀问题，但方舟的解决方案是模块化编译加动态链接。Maple IR 将代码分为声明部分的 mplt 文件和实现部分的 mpl 文件。在这种语言设计下，方舟可以将目标程序和所需的依赖分开编译。方舟编译器的模块化编译如图 2-6 所示，其中 App 框代表应用程序，JDK 框代表安卓的核心库 lib-core，Lib1 和 Lib2 框代表应用程序依赖的第三方库。在静态编译时，各个模块都可以独立编译，比如编译 App 时只需自身代码和 JDK、Lib1 以及 Lib2 的声明头文件即可，JDK、Lib1 和 Lib2 则可以提前编译准备好，在运行时由方舟编译器提供的 Maple Linker（链接器）将各个模块链接起来即可运行。由此，一方面将编译范围限制在了模块级别，控制了单次编译的代码量，进而降低了单次编译的资源消耗和时间开销，单个模块的更新也不会导致整个应用的重新编译（公开的 API 更新除外）；另一方面也加大了代码的复用程度，如 lib-core 这种核心 JDK 库，只需编译一次即可被其他各个 Java 应用程序和第三方库复用。这种方式的缺点是无法减小最终部署时的程序大小，各个全编译的模块的总大小并不会变化。

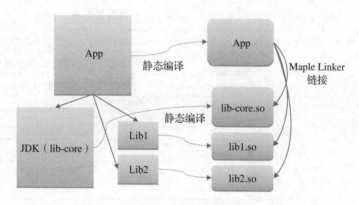

图 2-6　方舟编译器模块化编译示意图

在运行时支持方面，方舟也进行了大胆的探索。Java 原有的标记与回收（Mark and Swap）垃圾回收方案需要在后台常驻垃圾回收线程，长期占用一部分系统资源，而且在回收资源时会暂停其他所有线程，给用户造成系统卡顿的感觉。考虑到以上情况，从移动端设备的实际特点和需求出发，方舟尝试了引用计数（Reference Counting，RC）的垃圾回收策略，为每个实例增加一个引用计数器，每多一次引用，引用计数器就加 1，每减少一次引用则减 1，当一个实例的引用数降低到 0 时，就被立即回收。这种方式无须额外的垃圾回收线程常驻，资源也可以被及时回收。

但是由于 Java 语言从设计上是反 RC 的，会产生 RC 难以处理的循环引用。虽然循环引用的内存回收可以采用纯 RC 的算法解决，但仍然会造成性能损伤。所以方舟编译器最终采用的垃圾回收方案包括了两个部分，一是针对特定的程序范围采用了循环引用标记来回收绝大多数的循环引用垃圾，二是采用传统的标记与回收策略作为最后的兜底方案。传统的 GC 策略被设置为在特定时刻启动，在平均负载下，24 小时内只需要个位数的调用次数。

方舟编译器在华为的手机产品 P30 上投入商用，证明了 Java 静态编译技术在稳定性和性能上已经达到了可用的状态。目前方舟编译器已经迭代到了 3.0 版本，实现了对 Java Script、Java 的多语言的支持，并且正在开发对 C/C++ 的支持。

2.3 小结

Oracle 和华为两家国内外顶级企业在 Java 静态编译领域投入了大量资源进行研究开发，希望能够在各自的生态环境中推广应用它们。Oracle 侧重于服务器端，希望 Java 语言能够在当今云原生服务的浪潮里继续挺立潮头，引领发展；华为则努力打造移动端生态，希望突破安卓应用的固有局限，为用户带来更好的使用体验，也能进一步服务未来的自研操作系统和语言。GraalVM 的 Substrate VM 静态编译框架和方舟编译器在静态编译技术上的总体对比如表 2-1 所示。

表 2-1　GraalVM 的 Substrare VM 与方舟编译器的对比

对比项		Oracle GraalVM 的 Substrate VM	华为的方舟编译器
编译器	输入指令	OpenJDK 字节码	Dalvik 字节码（dex）
	中间语言	Graal IR（Sea of Nodes 形式的中间语言）	Maple IR（类似 C 语言加面向对象）
	输出指令	AMD64、AArch64	AArch64
	支持平台	Linux、Mac、Windows	Linux
运行时	替换的运行时	OpenJDK HotSpot	Google ART
	垃圾回收策略	企业版：G1GC 社区版：serial GC	RC + GC
编译成品		可执行程序 动态共享库文件 musl 静态可执行程序	可执行程序 共享库文件
开发语言		Java	C++

从技术的角度来看，这两种实现方案具有相似的目标和愿景，只是在具体的解决方案和侧重点上有所不同。所谓"一花独放不是春，百花齐放春满园"，只有更多的厂商和优秀人才投入 Java 静态编译的生态中，才能促进这项技术的更大发展和广泛应用。

GraalVM 整体结构

作为一个开放性多语言运行时平台，GraalVM 由众多的子项目和组件构成。当首次将 GraalVM 项目从 GitHub 上下载到本地时，读者可能会被其繁杂的内容搞得一头雾水，不知应该从何开始。本章为读者梳理 GraalVM 的项目组成结构，帮助读者快速了解 GraalVM 的项目构成逻辑和各子项目的主要功能。

GraalVM 项目根目录下的顶层目录结构按照子项目划分，即每个子项目都存放在一个子目录中。本章首先按目录名的字母顺序依次介绍保存在 compiler、espresso、regex、sdk、substratevm、sulong、truffle、vm 和 wasm 等目录中的各个子项目组件。

子项目按照 Graal 社区开发的 mx 编译工具定义的文件来组织结构，所以本章接下来会介绍 mx 工具的功能、使用 mx 工具需要遵循的开发规范等内容。当读者了解了 GraalVM 项目的整体结构和组织方式后，就可以开始尝试阅读源码了。

阅读和开发 GraalVM 这样的大型项目时，单靠网页或文本编辑器是不够的，最好借助功能强大的集成开发环境（IDE）工具，如 Eclipse、Intellij 等。所以，本章最后介绍如何通过 mx 为 GraalVM 的源码生成各种 IDE 配置文件，从而将 GraalVM 的源码方便地导入 IDE 的工程中。

3.1 子项目与组件

打开 GraalVM 在 GitHub 上的主页（https://github.com/oracle/graal）可以看到如图 3-1 所示的目录结构，其中的 compiler、espresso、substratevm、sulong、truffle 和 wasm 等目录对应各个子项目，其他目录则保存了辅助性的内容。这些子项目相互配合，构建出了 GraalVM 的各项功能。本节会简要介绍各个子项目。

⑂ master ▾		⑂ 21 branches	◯ 167 tags		Go to file	Add file ▾	⬇ Code ▾

iamstolis [GR-23997] Periodic update of the graal import (2021-02-26). … ✕ 315d6d6 19 hours ago ◷ 54,540 commits

📁 .github	[CI] Update Quarkus nightly builds to work with Quarkus 1.10.0.Final	3 months ago
📁 ci_includes	Get url from mx urlrewrite	3 months ago
📁 compiler	[GR-6000] Add hooks to add DeoptEntryNodes within graph plugins.	yesterday
📁 docs	Add compiler related publications	3 months ago
📁 espresso	change type of scopeName to Symbol and only require a host string con...	2 days ago
📁 examples	remove SPARC and solaris from CI (GR-29068)	25 days ago
📁 java-benchmarks	[GR-29385] [GR-29287] Add support for command mapper hooks and co...	2 days ago
📁 regex	TRegex: Tighten conditions for zeroWidth assertions and rubyEscape tr...	4 days ago
📁 sdk	[GR-28769] Adding support for latency measurements with Wrk2.	3 days ago
📁 substratevm	[GR-6000] Add hooks to add DeoptEntryNodes within graph plugins.	yesterday
📁 sulong	mx.sulong: move custom mx project classes to	2 days ago
📁 tools	[GR-29023] Update visualvm to build 944.	4 days ago
📁 truffle	Clean up comments	3 days ago
📁 vm	[GR-23997] Periodic update of the graal import (2021-02-26).	19 hours ago
📁 vscode	Remove obsolete directory	26 days ago
📁 wasm	Merge branch 'master' into mb/GR-26859-truffle-truncate-intrinsic.	11 days ago
📄 .gitattributes	Enable merge UNION for SDK and Truffle changelog.	3 years ago
📄 .gitignore	[GR-20624] Add an mx command to regenerate the LS protocol classes.	10 months ago

图 3-1　GraalVM 目录结构

（1）Compiler

Compiler 子项目全称 GraalVM 编译器，是用 Java 语言编写的 Java 编译器。它可以运用于多个场合，具体如下。

❑ 集成到 OpenJDK 的 HotSpot JVM 中取代现有的 C2 编译器，既可以在运行时进行
JIT 编译，也可以在运行前提供 AOT 编译。这是 GraalVM 项目诞生的最初目的之
一。因为 C2 编译器具有结构复杂、不易理解、难以调试等缺点，Oracle 实验室尝
试开发一款结构更加清晰，代码更易阅读理解的新编译器以取代 C2，所以有了现
在的 GraalVM 编译器。目前 Twitter 和 Facebook 等企业已经在部分服务器上使用
GraalVM 编译器作为它们的 JVM JIT 编译器，并正在致力于进一步大规模推广，最
终在全部机器上使用 GraalVM 编译器。

❑ 作为由 Truffle 框架实现的解释器的编译器。Truffle 框架在解释执行之外，依然依赖

于 GraalVM 编译器为其提供底层的 JIT 编译。

❑ 作为 Substrate VM 静态编译框架的编译器。Substrate VM 使用 GraalVM 编译器作为其静态编译器，在离线状态下将 Java 程序的字节码编译为本地代码。

人们会对用 Java 语言编写的编译器性能产生怀疑，但是 GraalVM 编译器与 C2 相比并没有在 JIT 编译时使用更多的系统资源，产生的代码质量总体上也与 C2 相当，甚至更优（根据 Facebook 的报告，GraalVM 编译器在 Spark 的场景中相比 C2 有 5% 的性能提升[⊖]）。因为 GraalVM 编译器本身也是一个 Java 程序，所以它可以被 Substrate VM 静态编译为本地库文件（称为 libgraal），从而进一步提升运行时性能，降低运行时内存使用，减小对主体程序的影响。

（2）Truffle

Truffle 是一个解释器实现框架。它提供了解释器的开发框架接口，可以帮助开发人员用 Java 为自己感兴趣的语言快速开发出语言解释器，进而可以使用 GraalVM 编译器进行 JIT 编译优化，从而得到高效的运行时性能。在图 2-2 右侧，Truffle Framework 对其上的那些多语言的支持都是由 Truffle 实现的。

（3）Espresso

Espresso 是从 GraalVM 21.0 开始引入的子项目，对应于图 2-2 中用圈标出的 Java on Truffle 部分。Espresso 子项目是一个基于 Truffle 框架开发的，符合 Java 8 和 Java 11 规范的 Java 字节码解释器，可以对热点函数开启 GraalVM 编译器的 JIT 编译。目前 Espresso 已经具备运行 Java 应用程序的能力，而且通过了 Java 8 和 Java 11 的运行时兼容性测试。我们将 Espresso 本身运行所需的 JVM 称为基础 JVM，将通过 Espresso 执行的 Java 程序称为客体程序，那么基础 JVM 与客体程序的 Java 版本不必相同。比如在 JDK8 的基础 JVM 上运行 Java 11 客体程序，或者在 JDK11 的基础 JVM 上运行 Java 8 的客体程序都是可行的。由此可以实现无须升级 JDK 而可以在旧版本 JDK 上执行高版本程序的能力，这对很多出于稳定性考虑而不敢轻易升级 JDK 的应用场景是一个福音。更进一步来说，用基础 JVM 的 Espresso 解释一个客体的 Espresso 也是可行的，因为 Espresso 自己也是 Java 程序。理论上这样就可以实现无限层的 Java 程序嵌套，只是每套一层性能会大幅降低，在嵌套了三层的 Espresso 上执行 HelloWorld 程序需要花 15 分钟左右，可见其运行时的性能还需要进一步提升。

（4）Substrate VM

静态编译框架 Substrate VM 子项目的主目录是 substratevm，是本书的主角。Substrate VM 提供了将 Java 程序静态编译为本地代码的编译工具链，包括了编译框架、静态分析工具、C++ 支持框架及运行时支持等。但是 Substrate VM 中并没有编译器和链接器，因为其编译器是 GraalVM 编译器，而链接器则使用了 GCC（在 Linux 系统上）。本书后续章节会

⊖　参见 https://graalworkshop.github.io/2021/slides/5_GraalVM_at_Facebook.pdf。

陆续详细介绍其中的各个组成部分。

（5）Sulong

Sulong 子项目是 GraalVM 为 LLVM 的中间语言 bitcode 提供的高性能运行时工具，是基于 Truffle 框架实现的 bitcode 解释器。Sulong 的名字实际上就是中文"速龙"的拼音，因为 Oracle GraalVM 的团队组成比较多元，来自不同国家的人们以自己的文化背景为子项目命名。Sulong 为所有可以编译到 LLVM bitcode 的语言（如 C、C++ 等）提供了在 JVM 中执行的解决方案。

（6）wasm

wasm 目录中存放了 GraalWasm 子项目——一个基于 GraalVM 实现的 WebAssembly 引擎，用于解释执行或者编译一个 WebAssembly 程序。WebAssembly[⊖]（简称 wasm）采用一种基于堆栈虚拟机的二进制指令格式，用于将应用程序部署在 Web 上，由浏览器直接运行，从而获得更高的性能。GraalWasm 也是基于 Truffle 实现的。

从以上子项目的组成可以看到，GraalVM 将各种不同的语言汇集于统一的 Truffle 运行时平台执行，再由 GraalVM 编译器在运行时通过 JIT 编译加速执行。因为 GraalVM 整体使用 Java 编写，所以理论上这些子项目最终都可以被 Substrate VM 静态编译，作为动态库 so 文件嵌入其他项目中，实现更进一步的性能提升，这也是 Oracle GraalVM 项目组的一大愿景。目前 GraalVM 编译器已经被 Substrate VM 静态编译为 libgraal.so 库文件，然后集成到 OpenJDK 中取代了传统的 C2 编译器。

为了便于管理子项目间的内外依赖和编译整个项目，GraalVM 的编译系统将这些子项目进一步划分为粒度更小的组件（component）。表 3-1 给出了 GraalVM 20.3 版本的组件列表，这个列表会随着版本升级而发生变化。第一列是组件的全名；第二列是组件简称，主要用于 GraalVM 的编译系统；第三列是组件所在的子项目，这里子项目本身也可以作为组件存在。GraalVM 使用的编译系统工具 mx 可以在组件级别的粒度上，通过各种选项控制具体要编译的成品。

表 3-1　GraalVM 项目组件列表[⊖]

组件名	简称	所在子项目
SubstrateVM	svm	Substrate VM
Native Image	ni	Substrate VM
Native Image license files	nil	Substrate VM
SubstrateVM LLVM	svml	Substrate VM
Polyglot Native API	polynative	Substrate VM

⊖　参见 https://webassembly.org/。

⊖　本项目组件表基于 GraalVM20.3.0，在 GraalVM 项目根目录下搜索 grep $'name=\'.*\',\nshort_name=\'.*\'" . -rnI 可得。

（续）

组件名	简称	所在子项目
Native Image JUnit	nju	Substrate VM
LibGraal	lg	Substrate VM
Native Image Configure Tool	nic	Substrate VM
GraalVM Compiler	cmp	Compiler
TRegex	rgx	Regex
Graal SDK	sdk	SDK
LLVM.org Toolchain	llp	SDK
Polyglot Launcher	poly	SDK
Polyglot Library	libpoly	SDK
Sulong	slg	Sulong
GraalVM Language Server	lsp	Tools
GraalVM Chrome Inspector	ins	Tools
AgentScript	ats	Tools
GraalVM Profiler	pro	Tools
GraalVM Coverage	cov	Tools
VisualVM	vvm	Tools
Truffle	tfl	Truffle
Truffle Macro	tflm	Truffle
Truffle NFI	nfi	Truffle
Component Installer	gu	VM
GraalVM License Files	gvm	VM

3.2　GraalVM 编译系统工具 mx

因为项目本身的复杂性和定制化程度较高，GraalVM 项目组并没有使用诸如 Ant、Maven、Gradle 等现有的主流 Java 编译系统，而使用自己基于 Python 开发的命令行编译系统工具 mx⊖。

mx 是一个通用的编译工具链，可以支持对任意 Java 项目的编译、测试、运行和升级。mx 以套件（suite）的形式组织代码，在 GraalVM 中一个子项目就是一个套件，套件又由若干个项目（在 Intellij 中被视为模块）组成。一个套件的基本目录组织结构如代码清单 3-1 所示。

⊖　参见 https://github.com/Graal VM/mx。

代码清单3-1　mx套件目录组织结构

```
[suite]
├── mx.[suite]
│   ├── mx_[suite].py
│   └── suite.py
└── src
    └── [project.name]
        └── src
            └── [package.name]
                └── Code.java
```

代码清单 3-1 中的 [suite] 指套件名，用于指代实际的项目名。在 [suite] 根目录下的 mx.[suite] 目录中放置套件的配置文件，我们将其称为套件元数据目录。该目录中的 suite. py 文件定义了套件的组成内容，包括项目名称、版本信息、子项目构成以及第三方依赖等具体内容，类似于 Maven 中 pom.xml 文件的作用，其基本结构为：

```
suite={
"mxversion":,
    "name":,
    "version":,
    "release":,
    "url":,
    "groupId":,
    "developer":{},
    "scm":
    "defaultLicense":,
    "versionConflictResolution":,
    "javac.lint.overrides":,
    "imports":{},
    "libraries":{},
    "projects":{},
    "distributions":{},
}
```

以上各项配置属性说明如下。

1）mxversion 指当前套件依赖的 mx 工具的版本。

2）name 指套件名，与当前套件所在的 mx.[suite] 目录中的 [suite] 保持一致。

3）version 指项目的版本号。

4）imports 指当前套件依赖的其他套件。

5）libraries 指当前套件依赖的外部类库，需要给出它们的下载地址和校验的 SHA 值。

6）projects 指套件包含的项目（模块），这是套件最重要的一部分内容，定义了项目的组成内容。其中由若干个项目的定义组成。下边展示的就是 substratevm 套件定义中的一个项目：

```
"com.oracle.svm.util": {
    "subDir": "src",
    "sourceDirs": ["src"],
```

```
    "dependencies": [
        "sdk:GRAAL_SDK",
        "compiler:GRAAL",
    ],
    "javaCompliance": "8+",
    "annotationProcessors": [
        "compiler:GRAAL_PROCESSOR",
    ],
    "checkstyle": "com.oracle.svm.core",
    "workingSets": "SVM",
},
```

对上述代码的主要内容说明如下。

① subDir 指项目的目录对于套件根目录的相对地址，sourceDirs 指项目的源码对于项目目录的相对地址。结合先前提到的套件的目录体系，[suite]/[subDir]/com.oracle.svm.util/[sourceDirs]/ 就是该项目的源码位置，代入实际的例子就是 substratevm/src/com.oracle.svm.util/src/，也就是代码清单 3-1 中的 src 部分的结构。

② dependencies 指当前项目依赖的内容。本例中形如 sdk:GRAAL_SDK 结构的值是指另一个套件 sdk 中的 GRAAL_SDK 产物（jar 包），也可以是当前套件的其他项目，只需要直接写项目全名即可。

7）distributions 指从当前套件的源码要编译出哪些 jar 包。

另一个 Python 文件 mx_[suite].py 定义了套件的编译过程，与 suite.py 共同定义了套件是什么，怎么编译的问题。图 3-2 展示了 Substrate VM 项目套件的元数据目录 mx.substratevm，里面的 mx_substratevm.py 文件定义了编译 Substrate VM 的过程，suite.py 定义了 Substrate VM 项目的具体组成结构、依赖的库文件等。

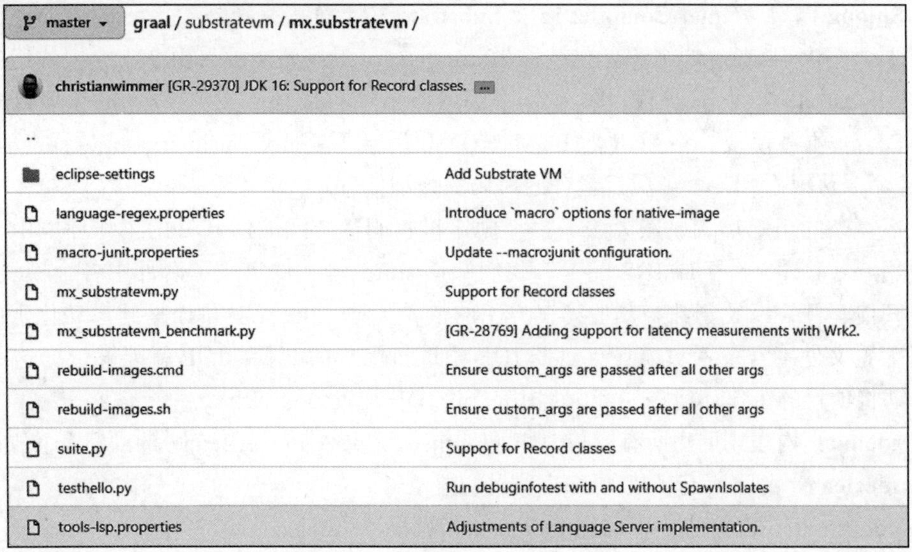

master ▾	graal / substratevm / **mx.substratevm** /	
👤 christianwimmer [GR-29370] JDK 16: Support for Record classes. ⋯		
..		
📁	eclipse-settings	Add Substrate VM
📄	language-regex.properties	Introduce `macro` options for native-image
📄	macro-junit.properties	Update --macro:junit configuration.
📄	mx_substratevm.py	Support for Record classes
📄	mx_substratevm_benchmark.py	[GR-28769] Adding support for latency measurements with Wrk2.
📄	rebuild-images.cmd	Ensure custom_args are passed after all other args
📄	rebuild-images.sh	Ensure custom_args are passed after all other args
📄	suite.py	Support for Record classes
📄	testhello.py	Run debuginfotest with and without SpawnIsolates
📄	tools-lsp.properties	Adjustments of Language Server implementation.

图 3-2　substratevm 目录结构

执行 mx 任务要指定一个主套件作为工作的入口，默认以当前目录为主套件，从当前目录里寻找套件元数据目录，当然也可以在其他任意位置通过 mx 的 -p 参数指定主套件的目录。mx 的功能非常强大，是 GraalVM 开发者日常工作的必需品，对学习者来说，在基本了解 mx 的组织形式后，通常会在以下 4 个场景中用到 mx。

1）为 GraalVM 项目生成 IDE 配置文件，以便在自己习惯的 IDE 中查看、编辑 GraalVM 代码，这部分内容会在 3.3 节介绍。

2）将 GraalVM 源码编译为成品，这是日常使用最多的方式，会在 4.1.2 节介绍。

3）作为持续集成工具执行代码规范检查和单元测试等操作。比如 mx checkstyle 可以启动 checkstyle 工具检查源码规范，mx eclipseformat 可以自动按照 Eclipse 格式整理代码，mx gate 则会启动 CI 测试。

4）项目升级。GraalVM 项目的演进速度很快，项目主体升级后也往往需要更新的 mx 工具支持。如果 mx 工具不符合当前 GraalVM 项目的最低版本要求，在使用 mx 时会被提示需要对 mx 工具进行升级。一般只需执行 mx update 即可进行升级，但是如果用户修改过 mx 工具的代码，就需要按 Git 项目的管理方式更新项目。

其他 mx 功能不再一一介绍，读者可以通过执行 mx help 命令查看。

3.3　在 IDE 中打开 GraalVM

GraalVM 项目庞大，结构复杂，推荐通过 IDE 浏览、查看代码。本节介绍如何将 GraalVM 导入 IntelliJ IDEA（以下简称 IDEA）和 Eclipse 中。

GraalVM 的子项目（按 mx 的组织形式被称为套件）包括了本章前几节所介绍的 Truffle 框架、Sulong 框架、Graal Compiler 以及 Substrate VM 静态编译框架等，每个子项目又包含了若干个模块（按 mx 的组织形式被称为 projects）。最终整个项目由 225 个模块组成，包括 41 个 Substrate VM 子项目模块，112 个编译器子项目模块，42 个 Truffle 子项目模块和 30 个 SDK 子项目模块。在 $GRAALVM_HOME 目录下用 mx --primary-suite=substratevm-projects 命令可以看到各个子项目包含的模块的详细信息。

这么复杂的组织形式显然无法靠手工操作将它们逐个添加到 IDE 的工作环境中，我们需要使用 mx 工具自动生成 IDE 配置。我们知道 suite.py 文件定义了套件中各个模块之间、套件与其他套件，以及套件与其他第三方库的依赖关系，mx 工具可以据此自动化生成 IDE 的项目配置文件。开发者只需在自己的 IDE 中进行简单的配置，IDE 就能够依据这些配置文件自动将项目的工作环境搭建好。常用的 mx IDE 配置命令如下。

❑ ideinit：构建或重建所有支持 IDE（Eclipse、IDEA 和 NetBean）的项目配置文件。

❑ ideclean：清除所有生成的 IDE 项目配置文件。

❑ eclipseinit：仅构建或者重建 Eclipse 的项目配置文件。

❑ intillijinit：仅构建或者重建 IDEA 的项目配置文件。

❑ netbeaninit：仅构建或者重建 NetBean 的项目配置文件。

第一次生成项目配置文件时，需要在 $GRAALVM_HOME 目录下依次输入下列命令：

```
mx build --primary-suite=substratevm --dependencies=TRUFFLE_NFI
mx --primary-suite=substratevm ideinit
```

第一行命令会为初始化 IDE 项目配置准备必要的依赖组件；第二条命令则会执行 IDE 项目配置文件的初始化，这里的 ideinit 可以按实际需要更换为 eclipseinit、intillijinit 和 netbeaninit 中的任意一个。

这两行命令中的 --primary-suite= 用于指定主套件，也可以用短参数 -p 加空格来替代，两者具有相同的效果。如果不设置主套件参数就会进入 substratevm 目录执行 mx 命令。这两条命令均会执行一段时间，从涉及的各个 suite.py 中生成 IDE 配置，并且下载所需的第三方库。

命令成功运行完成后，各个模块的目录下都会生成 IDE 的项目配置文件。接下来只需要在 IDE 的图形化界面上选择 File→Open 命令定位到 $GRAALVM_HOME 根目录，然后按照 IDE 的指导逐步完成即可，此处不再赘述。前文所述的各个模块（suite.py 中的 projects 项）在 Eclipse 中以项目的形式组织到一个工作区（workspace）里，在 IDEA 中以模块的形式组织到一个项目里。

当 GraalVM 的代码更新后，原有的项目组织结构可能会发生变化，可能有的模块会被删除，也有可能会添加新的模块。因此需要再次执行对应的 IDE 初始化命令，刷新 IDE 的组织结构，有时可能需要删除原来的 IDE 配置信息，执行一次全新的 IDE 初始化。所需命令如下：

```
mx ideclean
mx ideinit
```

3.4　小结

本章梳理了 GraalVM 的项目组成结构，介绍了 GraalVM 的各个主要组成部分。

作为一个开放性的多语言运行时框架，GraalVM 通过 Truffle 框架支持用户快速开发在 Java 上运行的其他语言的解释器；Graal Compiler 不但可以用于 JVM 中的 JIT 和 AOT 编译，也可以作为通过 Truffle 实现的其他语言解释器的 JIT 编译器，从而实现了高性能的多语言支持；Espresso 子项目基于 Truffle 开发出了 Java 解释器，实现了在 Java 上运行 Java 的能力；Sulong 子项目基于 Truffle 实现了 LLVM bitcode 的 Java 版本的解释器，从而实现了在 JVM 上运行 C/C++ 程序的能力；Substrate VM 是 Java 静态编译框架，可将 Java 字节码编译为本地代码。在这些子项目的共同协作下，GraalVM 成为高性能的跨语言运行时框架。

此外，本章还介绍了在开发、编译 GraalVM 的过程中必须使用的编译系统工具 mx，最后介绍如何在 IDE 中打开 GraalVM，从而更加便利地阅读、编辑 GraalVM 的源代码。

阅读完本章内容后，读者应该对 GraalVM 项目有了整体的认识，并可以在自己习惯的 IDE 中阅读 GraalVM 项目源码，为进一步学习、了解 GraalVM 打下基础。

从 Java 程序到本地代码：
静态编译应用流程

　　本章从应用的角度向读者介绍将一个 Java 应用程序静态编译为二进制可执行文件的过程。在此过程中会陆续引出静态编译中的各个重要组件和概念，读者暂且不必急于了解这些组件和概念的详细内容，我们会在后续章节一一介绍。

　　应用静态编译的基本流程如图 4-1 所示。首先获取 GraalVM JDK，然后获取目标应用程序及所需的依赖库，接下来用 GraalVM JDK 预执行目标应用程序获取所有的动态特性配置，最后以目标应用程序、依赖库和动态特性配置作为输入，通过 GraalVM JDK 中的静态编译启动器 native-image 启动静态编译框架，编译出二进制本地可执行应用程序文件。本章按以上顺序依次详细介绍各个步骤，阅读完本章，读者会了解 Java 静态编译所需的工具、流程和具体的操作步骤，并能够依例编译出一个静态 Java 程序。

　　本书将 GraalVM 项目的所有源代码称为 GraalVM 源码，将 GraalVM 源码编译后得到的所有二进制可执行文件、库文件和执行脚本构成的整体称为 GraalVM JDK，将拟静态编译的 Java 程序称为目标应用程序，将目标应用程序的所有依赖库文件称为依赖库，将静态编译后的目标应用程序称为二进制可执行应用程序。本书将通过 javac 编译 Java 源代码或通过 GCC 等编译器编译 C/C++ 源代码的过程称为"编译"，将 GraalVM JDK 编译目标应用程序的过程称为"静态编译"。Substrate VM 是 GraalVM 的静态编译子项目，本书以 Substrate VM 指代静态编译器框架，以 native-image 指代静态编译框架的启动器，以 native image 指代静态编译的输出产品。本章的编译过程是在 Windows 10 内嵌的 Ubuntu 20.04 子系统上执行的，其他 Linux 和 Mac 平台也可以编译，但是目前还不建议在 Windows 平台上尝试静态编译。

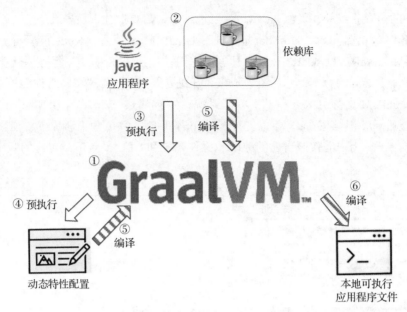

图 4-1　静态编译应用流程示意图

4.1　获取 GraalVM JDK

我们可以通过 3 种方法获取 GraalVM JDK：

❑ 从官方的发布页面[○]上直接下载；

❑ 下载 GraalVM 的官方 Docker 镜像；

❑ 从 GraalVM 的 GitHub 主页下载源代码，然后编译。

这三种方法有着各自适合的场景。前两种相对简单，并且拿到的总是经过测试的稳定版本；最后一种稍微复杂一些，但总是能获得最新的特性和 Bug 修复版本，而无须等待正式版的发布（有些特性从提交到代码库，再到最终出现在发布版中可能会经过几个月的时间）。使用哪种方式还要从自己的需求出发。如果只是普通的使用者，希望简单便捷地使用静态编译的功能，那么可以下载发布版，但即使使用了发布版也需要自己准备静态编译的工具链环境；如果希望直接使用官方的统一环境，则可以采取第二种方法；如果需要深入了解 GraalVM 的实现，希望亲自动手为其增加新特性或者修复 Bug，那么就需要采用第三种下载源码的方法了。

4.1.1　下载发布版

GraalVM 里的内容可以分为核心组件和可选组件，它们在发布页面上也是单独列出的。GraalVM 20.1.0（撰写本节内容时的最新版）的发布页面如图 4-2 所示，图中"核心组件压

○　参见 https://github.com/Graal VM/Graal VM-ce-builds/releases。

缩包"框中的是核心组件，其他 jar 包均为可选组件，需要单独下载安装。

核心组件包括了 JDK、HotSpot 运行时、GraalVM 编译器、Node.js 运行时、多语言 API 解释器和 GraalVM Updater 升级工具等。它们被按照 JDK 版本、操作系统类型和 CPU 类型分别编译为不同的版本，然后打包成多个压缩包。从图 4-2 "核心组件压缩包"框中可见，目前 GraalVM 支持 JDK 8 和 11，操作系统支持 Linux、Windows 和 Mac，CPU 则只支持 x86 64 位平台。其实 GraalVM 也支持 AArch64 平台，但是并不够成熟，所以没有作为正式版发布出来。用户需按照自己的 JDK、操作系统和 CPU 平台下载对应的版本，然后解压使用。

核心组件压缩包	
▾ Assets 25	
⊕ graalvm-ce-java11-darwin-amd64-20.1.0.tar.gz	409 MB
⊕ graalvm-ce-java11-linux-aarch64-20.1.0.tar.gz	419 MB
⊕ graalvm-ce-java11-linux-amd64-20.1.0.tar.gz	422 MB
⊕ graalvm-ce-java11-windows-amd64-20.1.0.zip	332 MB
⊕ graalvm-ce-java8-darwin-amd64-20.1.0.tar.gz	319 MB
⊕ graalvm-ce-java8-linux-amd64-20.1.0.tar.gz	328 MB
⊕ graalvm-ce-java8-windows-amd64-20.1.0.zip	252 MB
⊕ llvm-toolchain-installable-java11-darwin-amd64-20.1.0.jar	51.4 MB
⊕ llvm-toolchain-installable-java11-linux-aarch64-20.1.0.jar	54.2 MB
⊕ llvm-toolchain-installable-java11-linux-amd64-20.1.0.jar	57.9 MB
⊕ llvm-toolchain-installable-java8-darwin-amd64-20.1.0.jar	51.4 MB
⊕ llvm-toolchain-installable-java8-linux-amd64-20.1.0.jar	57.9 MB
⊕ native-image-installable-svm-java11-darwin-amd64-20.1.0.jar	10.1 MB
⊕ native-image-installable-svm-java11-linux-aarch64-20.1.0.jar	9.31 MB
⊕ native-image-installable-svm-java11-linux-amd64-20.1.0.jar	10.7 MB
⊕ native-image-installable-svm-java11-windows-amd64-20.1.0.jar 静态编译组件升级包	9.93 MB
⊕ native-image-installable-svm-java8-darwin-amd64-20.1.0.jar	6.91 MB
⊕ native-image-installable-svm-java8-linux-amd64-20.1.0.jar	7.43 MB
⊕ native-image-installable-svm-java8-windows-amd64-20.1.0.jar	6.75 MB
⊕ wasm-installable-svm-java11-darwin-amd64-20.1.0.jar	11.9 MB
⊕ wasm-installable-svm-java11-linux-amd64-20.1.0.jar	12.3 MB
⊕ wasm-installable-svm-java8-darwin-amd64-20.1.0.jar	10.5 MB
⊕ wasm-installable-svm-java8-linux-amd64-20.1.0.jar	10.8 MB
▤ Source code (zip)	
▤ Source code (tar.gz)	

图 4-2 GraalVM 20.1.0 社区版的发布页面

社区标准版 GraalVM 中已经包含了静态编译框架 Substrate VM 的全部功能，作为可选组件单独发布的 native-image 安装包里只有 native-image 的启动器部分和用于在运行时抓取编译配置信息的 native-image-agent 程序。图 4-2 的 "静态编译组件升级包" 画框部分标出了 native-image 的所有安装包，从中可以看到 native-image 启动器也是按照 JDK 版本、操作系统和 CPU 类型分别打包发布的，此处选择的升级包必须和之前下载的核心组件包的各项版本保持一致。

假设核心组件包下载后解压到了 $GRAALVM_HOME 目录，我们选择与核心组件包版本一致的 native-image 升级安装包，并下载到了 $INSTALL_FILE 位置，那么只需要执行命令 $GRAALVM_HOME/bin/gu install -L $INSTALL_FILE 即可将 native-image 安装到 $GRAALVM_HOME 目录中，安装完成后执行 $GRAALVM_HOME/bin/native-image-version，如返回类似 GraalVM Version 20.1.0 (Java Version 1.8.0_252) 的版本信息，则说明静态编译组件已安装成功。

4.1.2　下载 Docker 镜像

GraalVM 官方提供的 GraalVM Docker 镜像中包括编译好的最新的 GraalVM 发布版和静态编译所需的编译工具链环境。虽然 GraalVM 是纯 Java 编写的，编译本身并不需要其他工具链的支持，但是因为需要将编译好的对象文件与系统库及 JDK 中的本地库进行链接，所以依然要用到外部的链接器（比如 GCC）。镜像文件中已经提前准备好了这些外部依赖，用户只需要执行一条简单的 docker pull 命令就可以获得一个开箱即用的 GraalVM JDK：

```
docker pull ghcr.io/GraalVM/GraalVM-ce:latest
```

GraalVM 支持 Linux、Windows 和 Mac 三个操作系统平台，Linux 上支持 x86 和 AArch64 两种指令集，在 Windows 和 Mac 上则只支持 x86 指令集。在用 docker pull 下载镜像时，系统会根据用户的宿主机架构自动选择对应的版本，进一步减轻了用户的负担。

latest 标签对应的是基于 JDK11 编译的最新发布版的 GraalVM，如果需要其他 JDK 和历史发布版本组合的镜像，可以在官方的 Docker 镜像列表[○]中查找、使用。

4.2　从源码编译

相较于直接下载 Graal VM JDK 或 Docker 镜像，从源码编译则要复杂得多，此处以 Linux 平台为例进行介绍，基于撰写本节内容时的最新版本讲解。具体内容可能会随着项目的持续升级发生变化，读者可以从 GraalVM 在 GitHub 上的编译说明页面[○]查看最新的编译需求和方法。

4.2.1　编译准备

需要先确认编译所需的编译工具链都已安装在本地机器上：

❑ GCC 4.9.2；

○ 参见 https://github.com/orgs/Graal VM/packages/container/Graal VM-ce/versions。

○ 参见 https://github.com/oracle/graal/tree/master/vm#vm-suite。

❑ Make 3.83；

❑ Binutils 2.23.2；

❑ Cmake 3.6.1；

❑ Python 3.8。

编译还需要使用具有 JVMCI 功能的 JDK——JVMCI[一]（Java-Level JVM Compiler Inter-face），是从 JDK9 开始作为标准组件引入 OpenJDK 的，它是用 Java 语言编写 JVM JIT 编译器的接口。编译 GraalVM 所使用的基础 JDK 必须是具有 JVMCI 特性的。Oracle 的 GraalVM 开发团队已经提供了 graal-jvmci-8[二]和 labs-openjdk-11[三]项目作为基础 JDK 项目。其中：graal-jvmci-8 项目用于将高版本 JDK 才有的 JVMCI 特性移植到低版本 JDK 上；labs-openjdk-11 则在上游的 jvmci 上有所增强，并增加了 Bug 修复。这两个基础 JDK 伴随 OpenJDK 的升级节奏按时发布新的版本，我们只需要从它们的发布页面上按需下载最新版本即可。

最后要准备好 mx 工具，这是基于 Python 的命令行编译开发框架工具，用于开发、编译和管理 GraalVM 项目，详见 3.2 节。

4.2.2 编译

当编译工具链、依赖组件和 GraalVM 的源码都准备好时，我们就可以开始编译 GraalVM 的源码了。假设 graal-jvmci-8 下载后解压到 $OPENJDK8_JVMCI_HOME，mx 项目源码下载后的根目录为 $MX_HOME，GraalVM 源码下载后的根目录是 $GRAALVM_SOURCE，可以在 $GRAALVM-SOURCE 根目录下执行代码清单 4-1 中前 3 行命令编译 GraalVM。

代码清单4-1 编译GraalVM源码命令

```
1 OPT="-v --primary-suite=vm --java-home=$OPENJDK8_JVMCI_HOME --dynamicimports
   /substratevm --disable-libpolyglot --disable-polyglot --force-bash-
   launchers=true --exclude-components=nju,nil,lg"
2 $MX_HOME/mx $OPT build
3 $MX_HOME/mx $OPT GraalVM-home

//文件参数样例
4 DYNAMIC_IMPORTS=/substratevm
5 DISABLE_POLYGLOT=true
6 FORCE_BASH_LAUNCHERS=true
7 EXCLUDE_COMPONENTS=nju,nil,lg

8 $MX_HOME/mx --env sample build
```

接下来我们逐条介绍这些命令的含义。

㊀ 参见 https://openjdk.java.net/jeps/243。

㊁ 参见 https://github.com/Graal VM/graal-jvmci-8。

㊂ 参见 https://github.com/Graal VM/labs-openjdk-11。

1）代码清单 4-1 第 1 行设置了编译所需的参数。

① -v 表示编译过程中打印出详细信息。

② --primary-suite=vm 指出 mx 工具使用 vm 目录下的 mx 配置，如不设置此项也可以使用 cd 命令将当前工作环境切换到 vm 目录下，两者效果是相同的。

③ --java-home=$OPENJDK8_JVMCI_HOME 指定了编译 GraalVM 所需的基础 JDK 目录，编译 GraalVM 用的默认 JDK 是环境变量 $JAVA_HOME 目录里的 JDK，只有当希望使用另一个 JDK 时才需要用本参数设置，注意编译 GraalVM 必须使用具有 JVMCI 功能的 JDK。

④ 再之后的参数都是设定编译内容的参数，表 4-1 中列出了设定编译内容的可用参数及其含义。

表 4-1 mx 编译 GraalVM 源码可用参数

命令行参数	环境变量	功能说明
--dynamicimports	DYNAMIC_IMPORTS	指定编译所需的子项目在 $GRAALVM_SOURCE 下的路径名，每个子项目用 "/" 开始，多个子项目用逗号分隔
	DEFAULT_DYNAMIC_IMPORTS	未设置 DYNAMIC_IMPORTS 时使用的默认子项目
--components=…	COMPONENTS	编译时需要加入的组件，输入为表 3-1 中组件名的简称，多个组件用逗号分隔
--exclude-components=…	EXCLUDE_COMPONENTS	编译时不需要加入的组件，输入为表 3-1 中组件名的简称，多个组件用逗号分隔
--skip-libraries=…	SKIP_LIBRARIES	不需要编译的支持库，多个库名用逗号分隔，用 true 表示忽略所有库
--force-bash-launchers=…	FORCE_BASH_LAUNCHERS	为指定的启动器生成 bash 脚本而非静态编译程序，多个启动器之间用逗号分隔，用 true 可对所有启动器生效
--disable-polyglot	DISABLE_POLYGLOT	不编译多语言组件 polyglot
--disable-libpolyglot	DISABLE_LIBPOLYGLOT	不编译多语言组件支持库 libpolyglot

mx 支持 3 种方式的参数输入，分别是命令行参数、环境变量参数和文件参数，此处使用了命令行参数的形式。环境变量参数是将参数值设置到表 4-1 中对应的环境变量中，避免在编译时输入大段命令行参数；文件参数是将对环境变量参数的赋值保存在 $GRAALVM_SOURCE/vm/mx.vm 目录下的文件中，然后用 --env 指出该文件即可实现与代码清单 4-1 第 1 行相同的效果。例如将代码清单 4-1 中第 4～7 行的内容写到 $GRAALVM_SOURCE/vm/mx.vm/sample 文件中，然后运行第 8 行命令，会得到与执行第 1、2 行命令相同的效果。

2）代码清单 4-1 第 2 行执行编译，代码清单 4-2 中列出了按本例参数编译的 GraalVM 的所有组件。

代码清单4-2　GraalVM的编译内容清单

```
Components:
 - Polyglot Launcher ('poly', /polyglot)
 - Graal SDK ('sdk', /GraalVM)
 - LLVM.org toolchain ('llp', /llvm)
 - Truffle ('tfl', /truffle)
 - Truffle Macro ('tflm', /truffle)
 - Truffle NFI ('nfi', /nfi)
 - GraalVM compiler ('cmp', /graal)
 - SubstrateVM ('svm', /svm)
 - Native Image ('ni', /svm)
 - SubstrateVM LLVM ('svml', /svm)
 - Polyglot Native API ('polynative', /polyglot)
 - Native Image Configure Tool ('nic', /svm)
 - Component installer ('gu', /installer)
 - GraalVM license files ('gvm', /.)
Launchers:
 - polyglot (bash)
 - native-image (bash)
 - native-image-configure (bash)
 - gu (bash)
Libraries:
 - libnative-image-agent.so
Installables:
 - LLVM_TOOLCHAIN_INSTALLABLE_JAVA8
 - NATIVE_IMAGE_INSTALLABLE_JAVA8
```

3）代码清单 4-1 第 3 行可查看编译后的 GraalVM JDK 所在位置。编译的输出目录并不是固定目录，而是由 GraalVM 版本和编译组件等计算的 SHA 值确定的，在本例中的编译输出目录是 $GRAALVM_SOURCE/sdk/mxbuild/linux-amd64/GRAALVM_ECB46508EE_JAVA8/GraalVM-ecb46508ee-java8-20.3.0-dev。我们将这个目录称为 $GRAALVM_HOME，至此就完成了 GraalVM 源码的编译，得到了可执行的 GraalVM JDK。

4.3　获取依赖库

如果读者通过 Maven（详见 4.5.3 节）或者 Gradle（详见 4.5.4 节）插件方式执行静态编译，则不需要提前获取依赖库，可以跳过本节。只有在用脚本编译时才需要手动收集依赖库的信息。

依赖库作为一个整体概念，是运行目标应用程序时不可或缺的一部分，但是在 Java 的动态特性（如反射和动态类加载）的支持下，有些依赖项在编译时并不需要，只要在运行时能够找到即可。例如下面这种通过反射调用目标函数的情况，编译时并不会依赖 a.b.C 类，只要运行时的 classpath 中提供了该类即可。

```
Class c = Class.forName("a.b.C");
```

```
Method m = c.getDeclaredMethod("m");
m.invoke();
```

与之相反，在执行目标应用程序时也可以不需要编译时的全部依赖库，只要运行时执行不到缺失依赖的那部分程序就不会有问题。例如在代码清单 4-3 所示的代码中，只要代码执行不到 else 分支，就不需要在运行时的 classpath 上提供 Foo 类。

代码清单4-3　运行时不完全依赖样例

```
if (someCondition){
    System.out.println("Hello");
}else{
    //实际场景不会进入
    Foo.bar();
}
```

我们可以认为，Java 程序对库的依赖，无论在编译时还是运行时都是不完全的，但是静态编译出于封闭性的要求必须在编译时获得所有依赖，一旦完成编译，依赖就被内化成了二进制可执行程序的一部分，运行时也无法再变化。因此在准备静态编译目标应用程序时，必须先准备好目标应用程序的编译时和运行时两部分的依赖。

当今的开发实践中广泛使用了如 Maven 之类的自动化项目构建工具，所有应用程序需要的依赖库都添加在了 Maven 的 pom.xml 文件中。pom.xml 的 <dependency> 项的 <scope> 子项用来指定依赖的类型，compile 表示编译时依赖，runtime 表示运行时依赖。我们只需要使用 Maven 的插件就可以轻松准备好所有的依赖库，例如 Maven 有多个插件可以将应用程序和所有依赖库全部打包到一个被称为 Fat Jar 或者 Uber Jar 的可执行 jar 包中，但是 GraalVM JDK 在静态编译时并不保证能识别 Fat Jar 中的存储形式，还需要将依赖库解压出来；也有插件如 maven-dependency-plugin 可以将在 Maven 项目中的所有依赖都复制到一个指定目录中。本书建议使用后者，以省去再次解压 Fat Jar 的工作。如使用 maven-dependency-plugin，则可以在应用程序的源码根目录里通过下面两行命令得到所有依赖库。

```
mvn package
LIB=`find $LIB_DIR | tr '\n' ':'`
```

这里假设 maven-dependency-plugin 插件指定的依赖输出目录是 $LIB_DIR，LIB 变量即代表所有的依赖库。

总体来说，Maven 的相关打包插件已经在实践上帮助解决了依赖库问题，但是在概念上我们仍然需要理解编译时依赖和运行时依赖的差别。

4.4　预执行目标应用程序

由 1.3.3 节可知，Java 语言的动态特性违反了静态编译的封闭性假设。GraalVM 允许通过配置的形式将缺失的信息补充给静态编译器以满足封闭性，为此 GraalVM 设计了 reflect-config.json、jni-config.json、resource-config.json、proxy-config.json、serialization-config.json 和 predefined-classes-config.json 这 6 个 json 格式的配置文件，分别用于向静态编译提供反射目标信息、JNI 回调目标信息、资源文件信息、动态代理目标接口信息、序列化信息和提前定义的动态类信息。静态编译框架会根据用户提供的配置信息，从编译时的 classpath 上寻找对应的元素，并将它们编译到最后的产物中，从而实现封闭性。

虽然 json 格式本身是便于人阅读和修改的，但是通过人工的方式为一个实际应用程序填写配置并不现实，一是因为动态特性的使用量可能会很大，人工配置费时费力还容易遗漏；二是因为开发人员也未必清楚每一处动态特性的详细信息，尤其是第三方库和框架里的场景。因此 GraalVM 在 native-image 的可选安装包里提供了基于 JVMTI（JVM Tool Interface）的 native-image-agent，用于挂载到应用程序上，在运行时监控并记录与这些动态特性相关的函数调用信息。本书将在开始静态编译之前运行带有 native-image-agent 的目标应用程序，使其自动生成配置文件的过程，称为预执行。

预执行只需在目标应用程序原本的启动命令基础上，添加如下**加粗**的参数启动 Agent 即可。在目标应用程序执行完毕后，配置文件会输出到由 config-output-dir= 指定的位置。

```
$GRAALVM_HOME/bin/java -cp $CP -agentlib:native-image-agent=config-output-
    dir=$CONFIG_ROOT/META-INF/native-image AppMain
```

预执行的命令需要注意两点。

1）启动 Agent 必须使用 GraalVM JDK 的 java（指 JDK 启动器），因为所需的 native-image-agent 是 GraalVM JDK 的独有特性，其他 JDK 中没有该工具。

2）由 config-output-dir 参数设置的配置文件输出目录虽然可以是任意路径，但是为了便于配置稍后的编译命令，推荐按照此例输出到 $CONFIG_ROOT/META-INF/native-image 目录中。其中 $CONFIG_ROOT 可以任意指定，但 META-INF/native-image 是固定模式，因为静态编译框架会默认从 classpath 的 META-INF/native-image 目录中读取配置文件。所以只要编译时将 $CONFIG_ROOT 加到 classpath 上，静态编译框架就会自动识别出配置文件。

native-image-agent 还提供了多种参数用于更详细地控制记录过程。本书在第 14 章介绍 native-image-agent 的实现原理时再对这些参数进行更详细的介绍和说明，一般情况下只使用本节介绍的 config-output-dir 就足以应对。

在编译时静态编译框架会自动从 classpath 的 META-INF/native-image 目录结构中识别出配置文件，此外，用户可以在启动 native-image 时传入多个参数以额外指定配置文件的位置。

1）-H:ConfigurationFileDirectories= ：指定配置文件的直接目录，多个项目之间用逗号分隔。在该目录中按默认方式命名的 json 配置文件都可以被自动识别。

2）-H:ConfigurationResourceRoots= ：指定配置资源的根路径，多个项目之间用逗号分隔。配置文件不仅可以被当作外部文件读取，也可以被当作 resource 资源读取。这种方式特别适用于读取存放在 jar 文件中的配置文件。

3）-H:XXXConfigurationFiles=：指定某一种类型的配置文件，多个项目之间用逗号分隔。这里的 XXX 可以是 Reflection、DynamicProxy、Serialization、SerializationDeny、Resource、JNI 或 PredefinedClasses。

4）-H:XXXConfigurationResources=：指定某一种类型的配置资源的路径，多个项目之间用逗号分隔。这里的 XXX 可以是 Reflection、DynamicProxy、Serialization、SerializationDeny、Resource、JNI 或 PredefinedClasses。

4.5　静态编译目标应用程序

当以上各项准备工作都已完成后，就可以开始静态编译了。GraalVM 可以将 jar 包或者未打包的 class 文件编译为 ELF（Executable and Linkable Format）格式的二进制可执行文件或动态共享库文件。本节以编译为二进制可执行文件为例，从整体上进行介绍。编译为动态共享库的内容会在第 11 章详细介绍。

目前 GraalVM 支持通过 4 种方式调用静态编译启动器，分别是命令行模式、配置文件模式、Maven 插件模式和 Gradle 插件模式。其中命令行模式是基础，其他 3 种都是对命令行模式的包装，因此本节会详细介绍命令行模式的用法、命令和参数，再简要介绍其他几种模式。

4.5.1　命令行模式编译

GraalVM 及其所有子项目都是命令行界面的应用程序，最初设计的使用方式就是通过命令行加各种参数启动执行。其他各种启动模式都是对命令行模式的包装，以方便用户使用，因此在掌握了基本的命令行模式后，就更容易理解其他几种模式了。

执行静态编译的基本命令格式是：

```
1 $GRAALVM_HOME/bin/native-image -cp $CP $OPTS [app.Main]
```

或

```
2 $GRAALVM_HOME/bin/native-image $OPTS -jar [app.jar]
```

第 1 行命令是一般的使用方式，用 -cp 指定编译的依赖范围，最后的 [app,Main] 指定编译入口。第 2 行命令则用于编译一个已经封装了主类信息的 jar 包。$GRAALVM_ HOME/bin/native-image 是静态编译的启动器，-cp $CP 指定编译所需的所有依赖的路径。这里的依赖包含两方面的内容。

1）目标应用程序原有的所有依赖：在 4.3 节中准备的依赖库。

2）动态特性的配置文件：在 4.4 节中预执行得到的配置文件。

$OPTS 是编译时设置的选项，从使用的角度可以分为启动器选项、编译器选项和运行时选项三大类。因为选项的数量过于庞大，在此我们仅对各大类做简要介绍，并详细说明几个常用选项。

1）启动器选项用于控制启动器行为，或通过启动器传递给 Substrate VM。

① -cp、--classpath、-jar、--version：虽然 native-image 启动器并非 Java 程序，但是这些选项与 Java 的同名选项含义相同。

② --debug-attach[=<port>]：在指定端口开启远程调试，默认端口是 8000。GraalVM 的静态编译框架及其各个组件都是用 Java 开发的，因此调试它与调试其他 Java 程序并无不同。但是由于 Substrate VM 项目结构比较复杂，难以直接调试，因此需要打开 JVM 的远程调试模式，将调试器连接到 JVM 进行调试。--debug-attach 实际上最终还是被解析为 -agentlib:jdwp=transport=dt_socket,server=y,address=<port>,suspend=y，并送到了编译框架的 JVM 里。

③ --dry-run：启动器仅做参数解析包装工作，然后输入最终实际启动静态编译框架的所有参数，但不真正启动静态编译框架。其主要用于调试。

④ --help、--help-extra、--expert-options-all：打印输出选项的帮助信息。

⑤ 编译器参数：编译器参数用于控制静态编译器的行为，少部分常用选项以 "--" 为前缀，可以通过 $GRAALVM_HOME/bin/native-image --help 查看；更多的是以 "-H:" 为前缀（目前共有 544 个）的高级选项，这些选项可以通过执行 $GRAALVM_HOME/bin/native-image --expert-options-all | grep "\-H:" 查看。在此仅介绍部分常用参数。

⑥ -J<Flag>：设置 native-image 编译框架本身的 JVM 参数。

⑦ --no-fallback：从不进入 fallback 模式。当 Substrate VM 发现使用了未被配置的动态特性时会默认回退到 JVM 模式。本选项会关闭回退行为，总是执行静态编译。

⑧ --report-unsupported-elements-at-runtime：当发现应用程序中使用了静态编译不支持的特性时不立即报告并终止编译，而是继续完成编译，等到运行时第一次执行到不支持的特性再报告。这个选项将编译时发现的错误推迟到运行时报告，从常规的软件开发流程的角度看是错误的，因为错误越早发现修复代价越小。但是推迟报告在静态编译的场景中有其必要性，因为静态编译依赖的静态分析技术存在的局限性，会导致静态编译的范围可能大于实际运行时的执行范围，也就是会编译到实际运行不需要的代码。如果不支持的特性正好位于实际不会执行的代码中，则不会有任何实质影响，但是 Substrate VM 无法做出这个判断，只能将其交给开发者判断。

⑨ --allow-incomplete-classpath：允许不完全的 classpath。如 4.3 节的介绍，Java 的依赖是不完全的，而静态编译的依赖是完全的，任何缺失都会导致编译失败。但是在有的场景下其实并不需要完全依赖，比如代码清单 4-3 中的情况，如果运行时一定不会进入 else 分支，则即便缺少了 Foo 类的依赖定义也没有关系。与前一个参数的使用场景类似，静态分析可能会将实际不会执行的代码加入编译，这部分代码的依赖是允许缺失的。

⑩ --initialize-at-run-time：将指定的单个类或包中的所有类的初始化推迟到运行时。类初始化优化是 GraalVM 的一个创新，但并非所有类都可以在编译时初始化。Substrate VM 会自动判断一个类是否可以在编译时初始化，用户也可以手动指定类的初始化时机。

⑪ --initialize-at-build-time：将指定的单个类或包中的所有类的初始化提前到编译时。

⑫ --shared：将程序编译为共享库文件，不加此选项默认将应用程序编译为可执行文件。编译共享库文件时需用 CLibrary 的注解 @CEntryPoint 标识共享库暴露的 API 作为编译入口，详见第 11 章的介绍。

⑬ -H:Name：指定编译产生的可执行文件的名字。如不指定，则默认以主函数所在类的全部小写的类全名（full qualified name）为文件名。

⑭ -H:-DeleteLocalSymbols：禁止删除本地符号，本参数默认设置为打开，即会删除本地符号。为了减少编译后文件的大小，编译器会将程序中的本地符号删除，但是缺少符号信息会在调试时难以定位代码。因此，如果有调试需求，可以关闭此选项。

⑮ -H:+PreserveFramePointer：保留栈帧指针信息，本参数默认为关闭。同样是为了减少编译文件的大小，默认不会保留栈帧指针，这会导致在调试时无法显示调用栈名，而只能看到问号。因此，如有调试需求，可以将此参数设置为打开。

⑯ -H:+ReportExceptionStackTraces：打印编译时异常的调用栈，本参数默认为关闭。打开后就可以在静态编译出错时输出完整的异常调用栈信息，帮助发现异常原因以便修复。

2）运行时参数：运行时参数用于控制可执行程序的运行时表现，以"-R:"开头，目前共有 378 个，数量可能会随版本升级而变化。在此没有需要特别介绍的运行时参数，读者可以通过执行 $GRAALVM_HOME/bin/native-image --expert-options-all | grep "\-R:" 查看所有运行时参数及说明。

最后的 app.Main 是应用程序主类的全名。静态编译需要指定编译的入口，对于一般的应用程序需要给出 main 函数所在的主类。Substrate VM 会自动在主类中寻找 main 函数作为编译入口。如果设置了 --shared 选项编译动态库文件，则无须设置主类。

4.5.2　配置文件模式

当静态编译使用的编译参数较多时，就需要通过执行脚本或配置文件来管理参数。GraalVM 官方推荐使用配置文件管理，因为脚本缺少统一规范，不易管理。目前配置文件支持用户自行配置 3 个属性。

- ❑ Args：设置各项参数，类似 4.5.1 节的 $OPTS。不同参数用空格分隔，换行使用"\"。
- ❑ JavaArgs：设置静态编译框架本身的 JVM 参数，等同于 4.5.1 节的 -J\<Flag\>。
- ❑ ImageName：设置编译生成的文件名，等同于 4.5.1 节的 -H:Name 参数。但是当在配置文件中设置本属性且在命令行中设置了 -H:Name 时，则以命令行参数为准。

配置文件的默认保存路径是静态编译时 classpath 下的 META-INF/native-image/native-image.properties。Substrate VM 会从 classpath 的文件目录结构或 classpath 上的 jar 包中按上述路径寻找有效的配置文件。

4.5.3 Maven 插件模式

GraalVM 也支持通过 Maven 插件⊖启动静态编译，为通过 Maven 做开发管理的项目提供便利。在使用 Maven 插件编译项目时，必须首先保证系统环境变量 GRAALVM_HOME 指向了 GraalVM JDK 所在的目录。

使用 Maven 插件时需要先在应用程序的 pom 中添加编译所需的 graal-sdk 依赖。

```
<dependency>
    <groupId>org.graalvm.sdk</groupId>
    <artifactId>graal-sdk</artifactId>
    <version>${graalvm.version}</version>
    <scope>provided</scope>
</dependency>
```

然后准备插件的配置信息如下：

```
<plugin>
    <groupId>org.graalvm.nativeimage</groupId>
    <artifactId>native-image-maven-plugin</artifactId>
    <version>${graalvm.version}</version>
    <executions>
        <execution>
            <goals>
                <goal>native-image</goal>
            </goals>
            <phase>package</phase>
        </execution>
    </executions>
    <configuration>
        <skip>false</skip>
        <imageName>example</imageName>
        <mainClass>app.Main</mainClass>
        <buildArgs>
            --no-fallback -H:-DeleteLocalSymbols
        </buildArgs>
    </configuration>
</plugin>
```

静态编译的详细信息在 <configuration> 项中配置。

❑ <skip> 项控制是否执行静态编译，true 表示不执行，false 表示执行。

❑ <imageName> 项配置编译的文件名，对应 4.5.1 节的 -H:Name 选项。

❑ <mainClass> 项设置编译的入口主类名，对应 4.5.1 节的 <app.Main>。

❑ <buildArgs> 项设置编译参数，对应 4.5.1 节的 $OPTS，多个参数之间用空格分隔。

配置完成后执行 mvn package 即可在项目 target 目录下生成静态编译的可执行文件。需要说明的是，Maven 模式实际上自动完成了 4.3 节的工作，但是仍然需要进行 4.4 节介绍的预执行。

⊖ 参见 https://search.maven.org/artifact/com.oracle.substratevm/native-image-maven-plugin。

4.5.4 Gradle 插件模式

Gradle 也是一种常用的 Java 项目构建工具，GraalVM 也为其提供了一个构建插件[⊖]，以便用户从 Gradle 项目中执行静态编译。具体使用步骤如下。

在项目的 build.gradle 项目配置文件中添加 native-image 插件：

```
plugins {
// 原有内容不变

// 添加native-image插件
id 'org.graalvm.buildtools.native' version "${current_plugin_version}"
}
```

因为目前该插件还没有发布到 Gradle 的插件库中，所以需要单独在项目的 settings.gradle 文件中添加：

```
pluginManagement {
    repositories {
        mavenCentral()
        gradlePluginPortal()
    }
}
```

添加编译选项，可以通过 Gradle 的 DSL 向静态编译添加编译选项，如代码清单 4-4 所示。

代码清单4-4 native-image的Gradle插件配置

```
nativeBuild {
  imageName = "application"
  mainClass = "org.test.Main" // 待编译的主类
  buildArgs("--no-server")     // 需要传给静态编译框架的参数，以逗号分隔
  debug = false                // 是否需要生成调试信息，等价于-g
  verbose = false
  fallback = false
  classpath("dir1", "dir2")    // 指定classpath
  jvmArgs("flag")              // 向执行静态编译的JVM传入参数，等价于4.5.1节的-J
  runtimeArgs("--help")        // 指定native image在运行时的参数
  // 设置执行静态编译的JVM的系统属性
  systemProperties = [name1: 'value1', name2: 'value2']
  agent = false                // 指定是否需要启动native-image-agent，也可在命令行中用"-"Pagent
}

nativeTest {
  agent = false                // 指定是否需要启动native-image-agent，也可在命令行中用"-"Pagent
  [略]
  // 除了不能更改imageName外，所有nativeBuild块中的设置都在此可用
}
```

Gradle 插件中一共有 4 个任务。

❑ nativeRun：以 native image 的形式执行当前项目的应用。这个任务会先对当前的

⊖ 参见 https://github.com/graalvm/native-build-tools/tree/master/native-gradle-plugin。

Java 项目执行静态编译。

❑ nativeBuild：将当前项目静态编译为 native image。

❑ nativeTest：将 test 目录中的所有测试静态编译到一个单一 native image 中并执行。

❑ nativeTestBuild：静态编译项目的 test 目录中的所有测试。

Gradle 插件依赖于 GraalVM JDK（安装方法参见 4.1 节）和指向它的系统环境变量 $GRAALVM_HOME。与 Maven 模式相比，Gradle 模式支持通过属性配置 native-image-agent 以预执行应用程序，从而获取动态特性的配置文件。用户既可以在代码清单 4-4 所示的 Gradle 的 native-image 任务配置项中增加 agent = true 属性，也可以在执行相应的 Gradle 任务时加上 -Pagent 参数，例如下面的命令可以先挂载 native-image-agent 预执行一遍项目中的所有单元测试，生成配置文件，然后使用这些配置文件静态编译所有的单元测试并执行以下命令：

```
Gradle nativeTest -Pagent
```

这种通过执行单元测试得到项目配置文件的方式能够获得比较全面的配置信息，但是要求项目必须使用 Junit4 及以上版本作为测试框架，否则不能正确产生配置文件和静态编译测试。虽然 Junit4 已经推广多年，但依然有比较流行的开源项目使用 Junit3 作为测试框架，例如在安全领域常用的 bouncycastle[⊖]项目。我们很难在短时间内将这种项目的测试框架升级为 Junit4，此时一种有效的替代方案是在 build.gradle 中为 Gradle 的测试 JVM 指定 native-image-agent 选项（参见 4.4 节）。比如对 bouncycastle 项目根目录中的 build.gradle[⊖] 文件做如下修改，为其测试任务添加 JVM 选项，在运行测试时挂载 native-image-agent：

```
--- a/build.gradle
+++ b/build.gradle
@@ -70,7 +70,7 @@ subprojects {
    test {
      systemProperty 'bc.test.data.home', bcTestDataHome
      maxHeapSize = "1536m"
-
+     jvmArgs '-agentlib:native-image-agent=config-output-dir=test-configs'
      filter {
          includeTestsMatching "AllTest*"
      }
```

之后再执行 gradle test 命令就会在每个模块的目录中生成 test-configs 目录，其中包含执行该模块测试用例时调用的动态特性的配置文件。

4.6　静态编译 Java 程序实例

本节结合两个 Java 应用，分别介绍如何使用 GraalVM 静态编译简单的单机应用和基于 Spring Boot 框架的 Serverless 应用。

⊖ 参见 https://bouncycastle.org/java.html。

⊖ 参见 https://github.com/bcgit/bc-java/blob/master/build.gradle。

4.6.1　静态编译 HelloWorld

本节以 HelloWorld 为例，介绍如何编译并运行一个简单的 Java 程序。我们有如代码清单 4-5 所示的 HelloWorld 程序。

代码清单4-5　HelloWorld.java程序

```
public class HelloWorld{
    public static void main(String[] args){
        System.out.println("Hello World!");
    }
}
```

假设 GraalVM JDK 已经准备好，存放位置为 $GRAALVM_HOME。通过执行下列两行命令即可编译得到 HelloWorld 程序的二进制可执行文件 helloworld。

```
$JAVA_HOME/bin/javac HelloWorld.java
$GRAALVM_HOME/bin/native-image -cp bin HelloWorld
```

编译过程的输出如图 4-3 所示。

```
ziyi@LAPTOP-9JQCAK2E:~/codebase/GraalBook $ $GRAALVM_HOME/bin/native-image -cp bin HelloWorld
[helloworld:3033]    classlist:   1,061.88 ms,  1.14 GB
[helloworld:3033]        (cap):     805.04 ms,  1.14 GB
[helloworld:3033]      setup:     2,202.83 ms,  1.60 GB
[helloworld:3033]     (clinit):     129.80 ms,  1.65 GB
[helloworld:3033]   (typeflow):   3,163.41 ms,  1.65 GB
[helloworld:3033]    (objects):   2,694.83 ms,  1.65 GB
[helloworld:3033]   (features):     252.14 ms,  1.65 GB
[helloworld:3033]    analysis:     6,381.40 ms,  1.65 GB
[helloworld:3033]    universe:     269.45 ms,  1.65 GB
[helloworld:3033]      (parse):     494.55 ms,  1.65 GB
[helloworld:3033]     (inline):     816.48 ms,  1.65 GB
[helloworld:3033]    (compile):   4,391.04 ms,  1.92 GB
[helloworld:3033]     compile:    5,946.58 ms,  1.92 GB
[helloworld:3033]       image:     457.84 ms,  1.92 GB
[helloworld:3033]       write:     213.50 ms,  1.92 GB
[helloworld:3033]     [total]:   16,696.31 ms,  1.92 GB
ziyi@LAPTOP-9JQCAK2E:~/codebase/GraalBook $
```

图 4-3　编译 HelloWorld 程序输出信息

第一列是编译任务名和使用的编译服务端口，这里的编译任务名就是最后输出的二进制可执行文件名，因为我们没有特别指定输出的名称，所以编译器就使用了默认值，即主类的全小写名。

第二列是静态编译各个阶段的名称，小括号中为子阶段名，先打印子阶段信息再打印父阶段信息。

第三列是各阶段的耗时，父阶段耗时包括子阶段耗时。

第四列是各个阶段消耗的内存，可以看到编译 HelloWorld 程序共使用了 1.92GB 内存，花了 16s。

编译出的 helloworld 文件中不仅有 Hello World 的代码，还有支持其运行的所有运行时代码，总大小为 3.5MB。与传统的 Java 程序相比，静态编译后的 native image 的启动时间大幅缩减。从图 4-4 中的对比可以看出，上方的 native image 运行时间为 15ms，下方的传统 Java 程序运行时间为 352ms，相差 23 倍左右。

图 4-4　HelloWorld 运行性能对比

4.6.2　静态编译 Spring Boot 应用实例

除了离线的应用程序，Java 还被广泛用于在线 Web 应用的开发，而 Spring Boot 目前是 Web 应用开发的主流开源框架。开发人员可以借助 Spring Boot 快速构建自己的 Web 应用项目并将其部署在云服务上。本节介绍如何快速静态编译一个 Spring Boot 项目。

由于 Spring Boot 框架本身大量使用了反射和动态代理等静态编译受限特性，甚至还用到了一些完全不被静态编译支持的特性，因此正确地静态编译并运行 Spring Boot 项目，难度相较离线应用要高很多。不过，Spring 官方也意识到了 GraalVM 静态编译在提高 Web 应用启动性能方面的巨大潜力，因此推出了实验性的 Spring-Native 项目⊖，将静态编译 Spring 框架所需的适配和配置工作全部做好，开发人员只需关注自己业务逻辑的静态化适配即可。

PetClinic 是用于展示 Spring Boot 功能的著名样例程序，Spring-Native 项目也提供了静态编译并运行 PetClinic 项目的样例——--petclinic-jdbc⊜和 petclinic-jpa⊜，分别对应了两种不同的数据持久化方案。在此我们以 petclinic-jdbc 为例向读者展示在 Spring Native 的帮助下静态编译 Spring Boot 项目的方法。

1）需要将 Spring-Native 项目从 GitHub 克隆到本地，并在项目根目录下运行 mvn install 编译出 Spring-Native 的 jar 包。

2）确认 $GRAALVM_HOME/bin 目录被添加到了系统环境变量 PATH 中，然后进入 spring-native-samples/petclinic-jdbc 目录，执行目录下的 build.sh 或者 compile.sh 脚本即可（build.sh 脚本调用了 compile.sh 脚本）。这两个脚本会先编译出 Java 版的 PetClinic 应用，再对其进行静态编译。

⊖ 参见 https://github.com/spring-projects-experimental/spring-native。

⊜ 参见 https://git hub.com/spring-projects-experimental/spring-native/tree/master/spring-native-samples/petclinic-jdbc。

⊜ 参见 https://github.com/spring-projects-experimental/spring-native/tree/master/spring-native-samples/petclinic-jpa。

3）最终得到的 native image 被保存到 spring-native-samples/petclinic-jdbc/target/petclinic-jdbc，静态编译的实际执行参数和详细过程都被打印在 spring-native-samples/petclinic-jdbc/target/native-image/output.txt 文件中。

在掌握了本章前述内容后，读者应该可以自行阅读并理解该文件的内容，在此不再详述。

需要注意的是，compile.sh 脚本中实际执行静态编译的命令很简单，并没有额外的配置信息，这是因为所有的配置信息都以 4.5.2 节所介绍的配置文件的形式被打包到了 Spring-Native 的 jar 包中。

编译得到 PetClinic 的 native image 后，可以分别启动传统 Java 版和 native image 版的 PetClinic 服务，以简单对比两者的启动性能。传统 Java 版的应用为 spring-native-samples/petclinic-jdbc/target/petclinic-jdbc-0.0.1-SNAPSHOT.jar，启动命令为 java -jar（省略路径）/petclinic-jdbc-0.0.1-SNAPSHOT.jar。图 4-5 和图 4-6 分别展示了传统 Java 版和 native image 版的启动信息，其中最后一行打印出的启动时间显示两者的启动分别花费了 13.752s 和 0.944s，相差 14.6 倍左右。

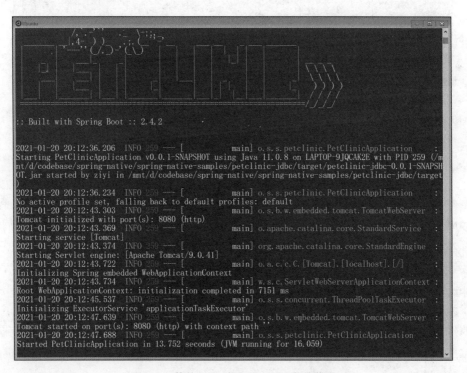

图 4-5　传统 Java 版 PetClinic 启动信息

因为 Spring 项目在启动时会从代码中扫描并注册所有的 bean，所以启动时间与项目的大小成正比，即项目代码量越大，所需的启动时间越长。对于 PetClinic 这样一个小型的样例项目，静态编译后的应用启动时间已大幅缩减，那么对于规模更大的 Spring 项目而言，静态编译带来的启动性能提升效果会更明显。

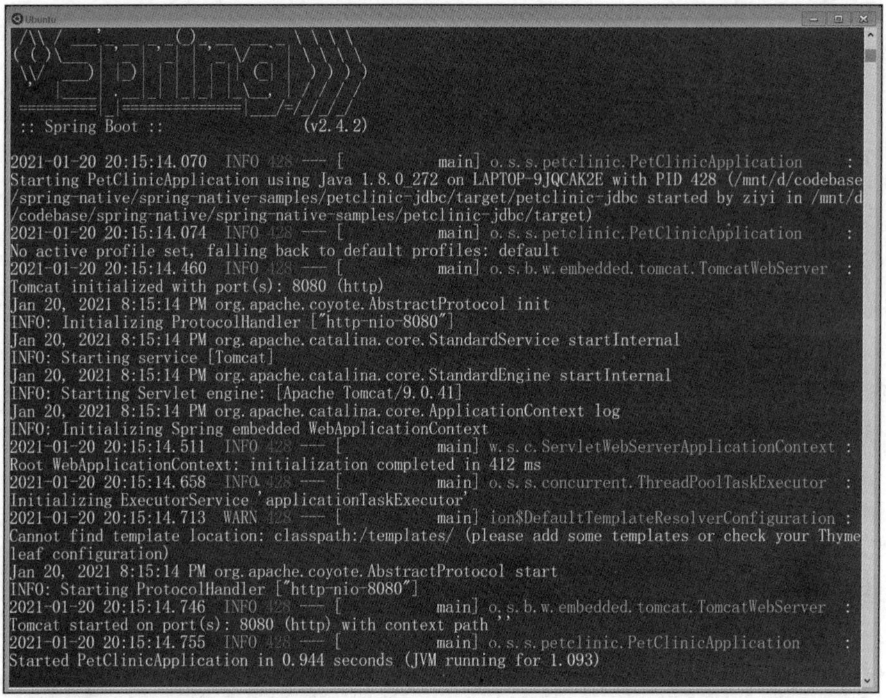

图 4-6 静态编译 native image 版 PetClinic 启动信息

4.7 小结

本章全面介绍了使用 GraalVM JDK 静态编译 Java 应用程序的全部流程，包括获取 GraalVM JDK、准备应用程序所需全部依赖、通过 native-image-agent 在预执行应用程序时自动抓取动态特性配置文件，以及执行 native-image 命令静态编译程序，并且通过两个实例使读者对 GraalVM 静态编译有了进一步的认识。

实际应用中的流程可能会在上述流程的基础上做裁剪或增强，但是万变不离其宗。读完本章内容后，读者就可以静态编译自己的 Java 应用，自由地探索静态编译在自己应用场景中的价值，在动态特性和极速启动之前寻找平衡点。

本书后续章节会探讨 GraalVM 的内部细节，带读者了解静态编译究竟是如何实现的。

静态编译实现原理

经过第一部分的介绍，读者想必已经了解了 Java 静态编译的各项优缺点，并且编译出了自己的应用程序，开始探索静态编译在自己业务场景中的可行性了。为了更好地掌握 GraalVM 静态编译技术，我们不仅要知其然，还要知其所以然。本书的第二部分带领读者深入学习 GraalVM 静态编译技术，了解其背后的实现原理，尤其是与传统 Java 不完全兼容的部分，如反射、序列化等。Substrate VM 的开发者们非常有创造性地实现了这些动态特性的静态化支持。不过 Substrate VM 的内容繁多，本书很难涵盖所有细节，更偏向于为读者提供概要介绍和指南，为想要深入探索 Substrate VM 源码的读者提供方向和线索。

这一部分推荐按顺序阅读。

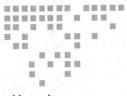

Substrate VM 静态编译框架

本书之前的章节在提到 GraalVM 的静态编译时，一直使用 "GraalVM 静态编译" 的表述方式，但严格地说，GraalVM 中的静态编译是由其子项目 Substrate VM 框架实现的。从本章开始，我们将进入 Substrate VM，研究静态编译的实现原理。

Substrate VM 静态编译的过程如图 5-1 所示，图中只列出了几个重要步骤，省略了全部细节。

应用程序、第三方库和 JDK 字节码共同组成了静态编译的输入，图中的大云代表 classpath 上所有输入的代码，其中的小云代表在运行时实际会执行到的代码，一般来说实际执行的代码只是全部代码的一小部分。

Substrate VM 由 native-image 启动器启动后，先对输入进行静态分析，找到其中的可达代码，在图中用中间的云形表示。由于静态分析本身特点，分析出的可达代码是全部代码的子集，实际执行代码的超集。然后，可达代码，也就是静态分析结果会被送入静态编译器中，最终编译得到 native image。

本章将具体介绍图 5-1 展示的工作原理，包括从 native-image 启动器开始到编译出 native image 的静态编译实现全过程。虽然静态分析在 Substrate VM 框架中具有基础性的地位，但

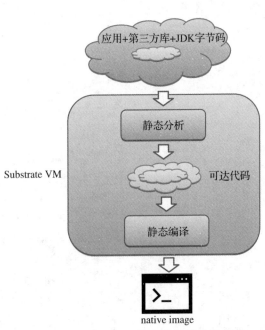

图 5-1　Substrate VM 静态编译过程示意图

是静态分析技术非常复杂，我们在本书中不会对其进行深入探讨，只会简要介绍其作用。阅读完本章，读者会了解到 Substrate VM 将一个 Java 程序从字节码编译到本地代码所经过的各个阶段，从而系统地掌握静态编译的实现过程。

5.1　静态编译启动器

4.5 节介绍过的命令行、配置文件、Maven 和 Gradle 这 4 种方式最终都会调用 $GRA-ALVM_HOME/bin/native-image 文件以启动静态编译，具体的启动过程如图 5-2 所示，会经过 Launcher（native-image）到 svm-driver.jar 再到 svm .jar 三层，最终开始执行静态编译。

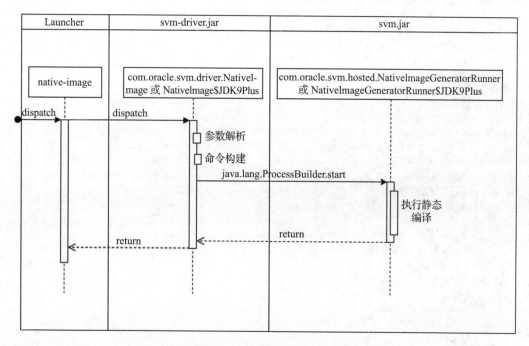

图 5-2　静态编译器启动过程

启动器采用这样复杂的三层结构是为了保持用户入口的简洁，因为运行 Substrate VM 时实际需要非常复杂的参数。在这个三层结构中，native-image 文件是用户接口层，svm-driver.jar 是驱动层，svm.jar 是功能执行层。这样的三层结构为用户屏蔽了启动过程的复杂性，保持了用户入口的简洁和统一。以静态编译一个简单的 HelloWorld 程序为例，用户启动静态编译只需输入简单的 $GRAALVM_HOME/bin/native-image -cp bin HelloWorld 即可，但是最终实际构造出的执行静态编译的命令要复杂得多，如代码清单 5-1 所示。对比用户输入的命令和实际运行的命令可以看到，启动器的三层结构简化了用户和系统的交互。

代码清单5-1 静态编译HelloWorld的实际Java命令

```
$GRAALVM_HOME/bin/java -XX:+UseParallelGC -
XX:+UnlockExperimentalVMOptions -XX:+EnableJVMCI -
Dtruffle.TrustAllTruffleRuntimeProviders=true -
Dtruffle.TruffleRuntime=com.oracle.truffle.api.impl.DefaultTruffleRuntime
    -DGraalVM.ForcePolyglotInvalid=true -DGraalVM.locatorDisabled=true -
d64 -XX:-UseJVMCIClassLoader -XX:-UseJVMCICompiler -Xss10m -Xms1g -
Xmx13600020888 -Duser.country=US -Duser.language=en -
Djava.awt.headless=true -Dorg.graalvm.version=dev -Dorg.graalvm.config=
-Dcom.oracle.GraalVM.isaot=true -
Djava.system.class.loader=com.oracle.svm.hosted.NativeImageSystemClassLoader
    -Xshare:off -
Djvmci.class.path.append=$GRAALVM_HOME/jre/lib/jvmci/graal.jar -
javaagent:$GRAALVM_HOME/jre/lib/svm/builder/svm.jar -
Djdk.internal.lambda.disableEagerInitialization=true -
Djdk.internal.lambda.eagerlyInitialize=false -
Djava.lang.invoke.InnerClassLambdaMetafactory.initializeLambdas=false -
Xbootclasspath/a:$GRAALVM_HOME/jre/lib/boot/graal-sdk.jar -cp
$GRAALVM_HOME/jre/lib/svm/builder/javacpp-
shadowed.jar:$GRAALVM_HOME/jre/lib/svm/builder/llvm-platform-specific-
shadowed.jar:$GRAALVM_HOME/jre/lib/svm/builder/llvm-wrapper-
shadowed.jar:$GRAALVM_HOME/jre/lib/svm/builder/objectfile.jar:$GRAALVM_
HOME/jre/lib/svm/builder/pointsto.jar:$GRAALVM_HOME/jre/lib/svm/builder/svm-
llvm.jar:$GRAALVM_HOME/jre/lib/svm/builder/svm.jar:$GRAALVM_HOME/jre/lib/jvmci/
    graal-management.jar:$GRAALVM_HOME/jre/lib/jvmci/graal-truffle-jfr-
impl.jar:$GRAALVM_HOME/jre/lib/jvmci/graal.jar:$GRAALVM_HOME/jre/lib/jvmci/
    jvmci-api.jar:$GRAALVM_HOME/jre/lib/jvmci/jvmci-
hotspot.jar:$GRAALVM_HOME/jre/lib/resources.jar
com.oracle.svm.hosted.NativeImageGeneratorRunner -imagecp
$GRAALVM_HOME/jre/lib/boot/graal-
sdk.jar:$GRAALVM_HOME/jre/lib/svm/library-
support.jar:/mnt/d/codebase/GraalBook/bin -
H:Path=/mnt/d/codebase/GraalBook -
H:CLibraryPath=$GRAALVM_HOME/jre/lib/svm/clibraries/linux-amd64 -
H:Class=HelloWorld -H:Name=helloworld
```

启动器 native-image 文件是静态编译框架 Substrate VM 对外的入口。在编译 GraalVM JDK 时，如果显式地设置了表 4-1 中的"--force-bash-launchers="参数为 true 或 ni（表示设置所有启动器或 native-image 启动器为 bash 脚本），native-image 会被生成为 bash 脚本文件，否则会被静态编译为二进制可执行文件。其主要作用是屏蔽启动 JDK8（及以下版本）和 JDK11（9 及以上版本）的 Substrate VM 的差异，只提供给外界统一的入口。

从 JDK9 开始引入的 module 机制造成了 Java 程序的启动参数的变化。例如，在 JDK8 中，指定 classpath 只需要设置 -cp 参数即可，但是在 JDK9 及以上版本中不仅需要设置 -cp 参数，还需要通过 --add-modules 指定依赖的 module、--add-opens 指定 module 的访问权限等。因此，svm-driver.jar 中提供了两个针对不同 JDK 版本的主类，分别是面向 JDK8 的 com.oracle.svm.driver.NativeImage 和面向 JDK9 及以上版本的静态内部类 com.oracle.svm.

driver.NativeImage$JDK9Plus。JDK9Plus 在其 main 函数中通过编程的方式将运行驱动层所需的 module 添加到 classpath，并开放其中的 package 访问权限，然后调用其外部类的 main 函数。JDK8 和 JDK11 的 native-image 在解析用户输入的命令后会执行如下的启动命令：

```
JDK8:

$GRAALVM_HOME/bin/java [VM_OPTS] com.oracle.svm.driver.NativeImage [ARGS]

JDK11:

$GRAALVM_HOME/bin/java [VM_OPTS] com.oracle.svm.driver.NativeImage$JDK9Plus [ARGS]
```

其中 VM_OPTS 是启动驱动层的 JVM 参数，ARGS 是控制驱动层及最终送入功能执行层的参数。VM_OPTS 是以"--vm."前缀代替"-"前缀的 JVM 参数，其余参数都是 ARGS。例如执行 $GRAALVM_HOME/bin/native-image --vm.version 会得到 GraalVM JDK 的版本信息，等同于执行 $GRAALVM_HOME/bin/java -version，而执行 $GRAALVM_HOME/bin/native-image --version 则会得到 Substrate VM 的版本信息。

NativeImage 驱动层的主要工作是在 GraalVM JDK 中准备静态编译所需的依赖，构造出调用执行层进行静态编译的命令并执行。执行静态编译所需的依赖可以分为两类：一是被编译的目标程序及其所需的依赖，二是静态编译本身所需的依赖。前者需要由用户通过 ARGS 送入，然后由驱动层将其从 ARGS 中解析出来并检查它们的路径；后者则由驱动层根据 GraalVM JDK 的版本（8 或 11）从固定路径获取所需的依赖。例如最核心的 svm.jar 文件，在 GraalVM JDK8 版本中的路径是 $GRAALVM_HOME/jre/lib/svm/builder/svm.jar，但是在 GraalVM JDK11 中的路径是 $GRAALVM_HOME/lib/svm/builder/svm.jar；另一个基础组件 graal-sdk.jar 在 8 中是 jar 文件 $GRAALVM_HOME/jre/lib/boot/grail-sdk.jar，而在 11 中则是 module 文件 $GRAALVM_HOME/jmods/org.graalvm.sdk.jmod。驱动层会自动根据 JDK 版本寻找对应的依赖，构造出相应的启动命令。当命令构造完成后通过 java.lang.ProcessBuilder 启动新的 Java 进程调用静态编译的实际主类 com.oracle.svm.hosted.NativeImage-GeneratorRunner 或其静态内部类 NativeImageGeneratorRunner$JDK-9Plus。

与驱动层类似，NativeImageGeneratorRunner$JDK9Plus 的 main 函数也是通过编程的方式将静态编译所需的 module 导出，并在开放了 package 权限后再调用其外部类的 main 函数。从这里开始就真正进入了对 native image 的编译构建环节。

5.2　静态编译实现流程

从图 4-3 所示的静态编译控制台输出信息中可以看到，Substrate VM 静态编译的整个构建流程可以分为类载入、准备、静态分析、从静态分析结果到编译输入数据的全局构建（universe）、编译、生成 image 和写文件 7 个主要阶段。一些较复杂的阶段又可以进一步划分为子阶段，比如静态分析阶段又包含类初始化优化分析（clinit）、类型分析（typeflow）、对象分析和特性分析等。这个整体流程框架由 com.oracle.svm.hosted.NativeImageGenerator 类定义，执行的整体流程如图 5-3 所示。

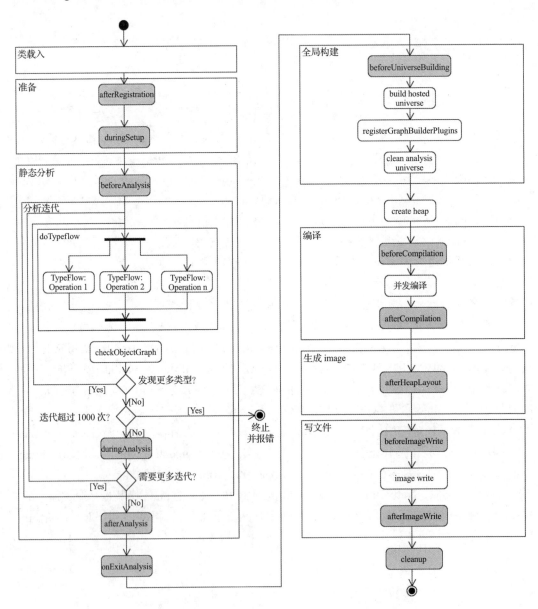

图 5-3　在 NativeImageGenerator 类中实现的静态编译全流程

图 5-3 中没有列出各个阶段的所有内容，只是通过列出比较关键的活动来勾画出静态编译的整体流程。各个活动仅表达了它们在流程中的相对位置，不代表它们之间没有其他

的活动内容。灰色底纹的活动代表调用 org.graavm.nativeimage.hosted.Feature 接口的函数。Feature 是 Substrate VM 中实现功能扩展的重要机制，关于 Feature 的详细内容请参见第 6 章。

与其他编译器相比，Substrate VM 的一个重要特点是非常依赖于静态分析，因此图 5-3 的静态分析阶段的内容较其他阶段更为详细。下面我们逐一解释编译过程的各个阶段的主要工作内容。

5.2.1　类载入

类载入阶段的入口位于 com.oracle.svm.hosted.NativeImageGeneratorRunner.buildImage(String[], ImageClassLoader) 函数中，其主要工作是加载启动命令中 -cp 参数指定的所有类。这些类可以分成 4 个大类：应用程序、应用程序依赖的第三方库、JDK 和 Substrate VM 框架本身。前三部分无须更多解释，第四部分主要是 Substrate VM 的运行时支持代码，它们也最终需要被编译到 native image 中。

Substrate VM 分别使用 com.ocracle.svm.hosted.NativeImageSystemClassLoader 类和 com.oracle.svm.hosted.ImageClassloader 类作为系统类加载器与应用类加载器。NativeImage-SystemClassLoader 类的初始化是启动参数里的 -Djava.system.class.loader= 项（见代码清单 5-1）设置指定的，ImageClassloader 类的初始化和安装是在 Substrate VM 刚刚启动时通过调用 com.oracle.svm.hosted.NativeImageGeneratorRunner.installNativeImageClassLoader 函数实现的。但 NativeImageSystemClassLoader 类和 ImageClassloader 类并不是实际的类加载器，它们都代理了 com.oracle.svm.hosted.NativeImageClassLoaderSupport 类，将加载、管理类的工作委托给了 NativeImageClassLoaderSupport 的父类 com.oracle.svm.hosted.Abstr-actNativeImageClassLoaderSupport 的域 classPathClassLoader。

AbstractNativeImageClassLoaderSupport 抽象类有两个放在不同项目中的同名子类，分别对应 JDK8 及以下版本和 JDK9 及以上版本，在编译 GraalVM 时 mx 会根据基础 JDK 的版本选择其中之一编译，因此并不会产生冲突。这种抽象结构为类加载器的委托者屏蔽了 JDK 的版本差异，保持了调用接口的一致性。图 5-4 给出了上述各个类的结构关系，图中并没有给出各类中的全部域和函数内容，只列出了部分信息。

由以上介绍可知 Substrate VM 在工作中实际的类加载器是抽象类 AbstractNativeImage-ClassLoaderSupport 的 URLClassLoader 类型的 classPathClassLoader 域。该域在 classlist 阶段将代码清单 5-1 中 -imagecp 参数指定的类路径中的类全部解析加载并构建出它们的关系结构，以便后续阶段快速查询。比如将各个类的继承结构都计算并保存下来，在后续阶段可以轻松查询出某个类的所有子类。但是这些工作会显著增加本阶段的耗时，尤其当指定类数量非常大时。当在类路径上存在同名类时，classPathClassLoader 会根据 JVM 规范 5.3 节的定义创建并加载首次遇见的类（在 classpath 上靠前的），而其他的同名类则会被忽略掉。因此在最后编译出的 native image 中只会有第一个遇见的类，保证了 native image 在处理同名类的行为上与传统 Java 保持一致。

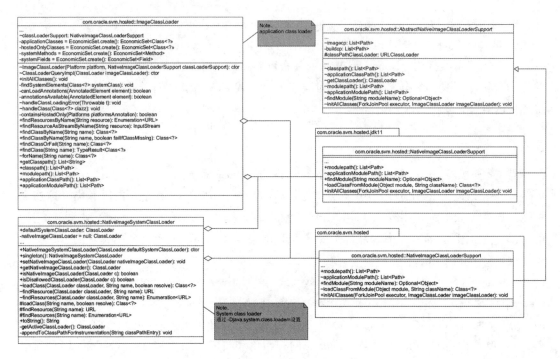

图 5-4　Substrate VM 类加载器结构图

5.2.2　准备

准备阶段负责 Substrate VM 所需数据结构的初始化，入口位于 com.oracle.svm.hosted. NativeImageGenerator.setupNativeImage 函数。设置的内容主要包括以下几个方面。

1）注册 Feature：Substrate VM 用 Feature 机制（详见第 6 章）实现各种基本功能，开发人员也可以基于 Feature 机制方便地为 Substrate VM 扩展新功能。Setup 阶段扫描被 @Automatic-Feature 注解的类，自动将它们注册到控制 Feature 执行的控制器中，然后在如图 5-3 中所示的灰色底纹函数块位置调用所有已注册的 Feature 实例的对应函数，实现批量行为控制。

2）注册编译的入口函数：用户指定的编译入口函数有两种：一是作为可执行文件的主函数入口；二是作为库文件的 API 接口。前者由用户指定，后者由 @CEntryPoint 注解在 API 函数上标识。本阶段将它们注册到入口函数列表中，作为接下来的分析阶段的根函数。

3）创建静态分析的元数据类型。

4）检查链接器：虽然 Substrate VM 的输出是可执行文件或动态链接库，但是 Substrate VM 仅负责生成可重定位的对象文件（Relocatable Object），即 Linux 系统中的 .o 文件，接下来的链接工作则交给了如 GCC 等外部编译器完成。这一步会检查外部编译器是否存在。

5）设置 native 库（cap）：cap 是 CLibrary Annotation Processing 的缩写。Substrate VM 定义了 Java 语言描述 C 数据结构的机制，被称为 CLibrary（详见 11.1 节）。CLibrary 为 C 语言的每种基本数据结构都定义了对应的注解，包括函数（@CFunction）、常量（@CConst）、

结构体（@CStruct）、枚举（@CEnum）、指针（@CPointerTo）、原始结构类型（@RawStructure）
及上下文标识（@CContext）等，这些注解被称为 CLibrary Annotation。为实现特定目标的
一组 C 代码的数据结构声明集合被称为 Directives 上下文。Substrate VM 中有若干个内置的
Directives，用户也可以为自己的应用自定义新的 Directives。cap 阶段会用外部编译器（如
GCC）编译 Directives，获取它们的实际信息（如结构体的大小）；将 CLibrary 注解的内容从
源码中读取出来，统一保存在 com.oracle.svm.hosted.c.NativeLibraries 实例中，用于在写文
件阶段从 Java 类查找对应的 C 中的数据结构；还会用外部编译器（如 GCC）编译出 native
image 程序与 C 语言交互时的辅助库 libclibhelper.a 文件。

　　总体而言，Substrate VM 在设置阶段初始化了后续的分析、编译、生成 image 等各个
阶段所需的数据结构。

5.2.3　静态分析

　　Substrate VM 的静态分析的输入是类载入阶段载入的所有类（确定了分析范围）和准
备阶段注册的入口函数（确定了分析起点），分析的输出是控制流图（Control Flow Graph，
CFG）和类型流图（type flow graph）。简单来说就是在 classpath 指定的所有代码范围内，
找到从给定的入口函数开始的所有可达类型、函数和域。

　　分析阶段采用的具体分析技术是上下文不敏感的指向分析技术（context insensitive
points-to analysis）。这种分析技术最核心的能力是，在不执行源程序的前提下，寻找一个非
原始类型变量在运行时可能的类型。

1. 主要任务

　　在静态分析阶段有两大主要任务。

　　1）**确定编译的范围**。找到从主函数或指定的其他入口函数开始的、在 classpath 上的全
部可达函数，这些可达函数就是下一个阶段（编译阶段）的输入。这个任务看似并不复杂，
只要我们从指定的起点函数开始，逐条指令分析。如果遇到新的类型就将其加入可达类集
合，如果遇到新的函数调用就进入函数，并重复以上分析，直到可达类集合不再增长。

　　但是对于 Java 这种面向对象的语言，其绝大多数函数都是虚函数，运行时实际执行哪
个函数取决于函数 reciever 的实际类型。那么如何确定 reciever 类型呢？这就引出了静态分
析的第二个任务。

　　2）**确定虚函数 reciever 的所有类型**。假设有 T 类型的虚函数 reciever f，T 既非原始类
型也非 final 类。因为 f 在实例化时可能被赋予不同类型（T 或 T 的任意子类）的值，那么 f
的运行时实际类型就会构成一个集合 I_r。如果 T 及其所有子类构成的集合为 I，那么显然 I_r
是 I 的子集。假设静态编译时确定的 f 的所有可能类型为集合 I_s，那么会有三种可能性。

　　① I_s 等于 I_r，这是理想状况。

　　② I_s 是 I_r 的真子集，静态编译漏掉了一部分类型，那么运行时会因为找不到需要的类

型而出错。

③ I_r 是 I_s 的真子集，那么运行时不会有错，但会增大编译的时间和编译成品的大小。这种可能性下最极端的情况是 I_s 等于 I，如果 T 为 java.lang.Object，那么就要编译所有类，这是不可接受的。

指向分析的任务就是让虚函数 reciver 的 I_s 在第三种可能性里尽量逼近 I_r。

2. 工作流程

分析代码的入口是 com.oracle.svm.hosted.NativeImageGenerator.runPointsToAnalysis 函数，其内部是图 5-3 中"静态分析"部分一个寻找不动点的双层循环结构。"不动点"是指不再发现新的可达元素（类型、函数和域）的时刻，即经过内层循环后新发现的可达元素数量为 0，并且没有任何 Feature 实现类的 duringAnalysis 函数发出需要迭代的请求时。

静态分析算法维护一个任务列表，其中每个任务都是类型流图中的一个节点，每个节点都可以在单独的线程中独立分析由其可达的新节点，所有的节点共享全体类型大表、函数大表、域大表和分析环境。

最初的任务来自准备阶段和 beforeAnalysis 环节中注册的根函数（分析入口函数和系统根函数），分析的过程就是沿着已知根函数的调用树探索发现新类型、域和函数，直至抵达不动点的过程。在静态分析过程中遇到的类初始化函数会被添加为新的根函数，因为类的初始化函数只能作为根函数存在。Java 的代码中并不存在对类初始化函数的调用，所有类初始化函数的调用都是由 JVM 在运行时动态产生的。Java 规范要求类的初始化函数只能被调用一次，因此在所有可能造成类初始化的位置都会先检查类是否已初始化，再对未初始化的类调用其类初始化函数的代码。

Substrate VM 静态编译的输入为字节码，其中没有任何类初始化函数的调用，因此分析时无法构建从任何已知函数到任何类初始化函数的调用关系，只能将类初始化函数当作根函数，作为新的分析起点。不过 Substrate VM 并不会将所有的类初始化函数都注册为根函数进行分析，而仅注册不可提前初始化类的类初始化函数为根函数，而直接执行可以提前初始化类的类初始化函数，并将初始化后的类编译写入 native image 中。这样可以减少分析的工作量，提高分析性能。Substrate VM 为了防止死循环为外层迭代设置了 1000 次的循环上限，不过外层迭代一般会在 10 次以内结束。

从图 4-3 的编译过程可以看到，分析中还包含了 clinit、typeflow、objects 和 feature 这 4 个子任务。它们并不完全都是 points-to 分析的组成部分，如 clinit 和 feature 是融合在分析过程的其他功能，它们在静态分析的特定阶段执行，以便获取利用静态分析得到的数据，而 typeflow 和 objects 则是直接为静态分析服务的子任务。

1）clinit：提前类初始化分析，为每一个初步判定为运行时初始化的类再做一次 provensafe 算法分析，初始化被证明为安全的类。

2）typeflow：进行类型流分析。

3）objects：扫描已有的静态域，寻找指向静态域值的新类型，以便在下一个迭代将新类型的类初始化函数注册为根函数。这一步骤的入口是 com.oracle.graal.pointsto.BigBang.checkObjectGraph 函数，即图 5-3 中的 checkObjectGraph 事件。之所以要单独扫描静态域，是因为某静态域 f 可能只在某静态初始化函数 m 中被实例化。如果 m 所在的类 C 是可以提前初始化的，那么 m 就会在分析阶段被执行而不是被分析。当分析算法看不到 f 被实例化的行为时，也就不能确定 f 的类型，会导致不能确定以 f 为 reciever 的虚函数的实际可能绑定，从而漏掉一部分可达内容。

4）Feature：执行所有在 setup 阶段注册的 Feature 的 duringAnalysis 函数。

3. 额外的配置

虽然 Substrate VM 的静态分析能力已经非常强大，但是囿于静态分析本身的局限性，Java 的动态特性如反射、动态类加载、动态代理、JNI 调用等是无法通过静态分析覆盖的，必须由额外的配置（参见 4.4 节和第 14 章）辅助来弥补分析的不足。下面分别加以简单介绍。

1）反射：正如 1.3.3 节所提到的，静态分析难以找到反射的目标，从而遗漏掉以反射目标为根的整个调用子图。假设存在通过反射调用函数 m 的操作，那么从反射点到 m 之间就存在一条调用链。但是静态分析无法发现这条调用链，就会导致以 m 为根的整个调用子图遗失，造成运行时错误。请参阅第 8 章以了解 Substrate VM 对反射的支持细节。

2）动态类加载：Java 允许在运行时动态定义并加载新类，例如 ClassLoader.defineClass (String name, byte[] b, int start, int offset) 函数会在运行时动态生成新类，该类的内容来自第二个参数 b 给定的字节数组，类名来自第一个参数 name。但是静态分析时只能分析出代码中存在该函数调用，而无法知道 name 和 b 的具体内容，因此无法将动态生成的类提前编译到 native image 中。

3）JNI 调用：Java 允许 C/C++ 代码通过 JNI 接口访问 Java 代码中的类、函数和域，而本阶段的静态分析只能分析 Java 语言，不能分析 JNI 调用的本地代码，所以并不知道 JNI 中存在的 Java 调用会涉及哪些内容。

5.2.4　全局构建

Substrate VM 用 com.oracle.graal.pointsto.infrastructure.Universe 接口定义静态分析和编译阶段的元数据结构和行为。Universe 接口的具体实现是静态分析阶段的 com.oracle.graal.pointsto.meta.AnalysisUniverse 类，编译及以后各个阶段的实现均是 com.oracle.svm.hosted.meta.HostedUniverse 类。本阶段起到承上启下的作用，将所有要编译并写入 native image 的类、函数和域的元数据从 AnalysisUniverse 中迁移到 HostedUniverse 中，其主要的工作入口是 com.oracle.svm.hosted.NativeImageGenerator.registerGraphBuilderPlugins 函数。因为本阶段的工作涉及两个 universe 的变换，所以也被称为 universe 阶段，但是中文很难有对应的翻译，本书就根据其含义将其称为"元数据迁移"。

虽然理论上在后续阶段可以直接使用 AnalysisUniverse 中的数据，但是其中存放了大量的中间计算结果，没有必要继续保留，应当腾出内存资源供后续的编译使用；而且

AnalysisUniverse 中的数据结构是为分析而设计的，其他阶段使用起来并不方便，因此需要进行迁移。

经过迁移后静态分析的数据就可以不保留了，Substrate VM 在本阶段完成时会将 AnalysisUniverse 类实例中的各种数据结构都设为 null，由 JVM 的垃圾回收器负责在适当的时候回收其所占用的内存。

5.2.5　编译

分析阶段会提供所有可达函数的列表，编译阶段以其为输入，将每个函数作为单独的编译任务分配到线程池中，进行并发编译，最后将编译的结果写入代码缓存中。

编译的实际入口是 com.oracle.svm.hosted.code.CompileQueue.finish 函数，编译阶段被进一步分为图 4-3 中编译部分所示的解析（parse）、内联（inline）和编译（compile）三个步骤。

（1）解析

解析负责解析函数的字节码，并将其构建为 org.graalvm.compiler.nodes.StructuredGraph。解析字节码并构建函数 graph 的工作实际在静态分析阶段也做过，但是目标不同，基于的数据基础也不同。在编译阶段构建时基于的 HostedMethod 中已经包含了分析的结果，已经明确地知道了函数中使用的类的具体类型、虚函数的实际函数等信息。

（2）内联

内联将当前函数调用的简单（trivial）函数内联进来。这里对简单函数的定义有三点，满足其中之一即可。

1）函数有 java.lang.invoke.ForceInline（JDK8 及以下版本）或 jdk.internal.vm.annotation.ForceInline（JDK8 以上版本）的注解。

2）函数中没有调用其他函数，节点数不超过 40 个，可通过 -H: MaxNodesInTrivialLeafMethod= 选项设置更改默认节点数。

3）函数仅调用了一个函数，节点数不超过 20 个，可通过 -H: MaxInvokesInTrivialMethod= 设置更改默认调用函数数量，-H: MaxNodesInTrivialMethod= 设置更改默认节点数。

（3）编译

编译负责将字节码编译为目标平台的本地代码，这一步是通过调用 GraalVM 编译器实现的。其与传统 JIT 编译的相同点是函数内联、常量折叠、算术优化、循环优化以及部分逃逸分析。而本阶段执行的静态编译与传统 JIT 编译在以下方面有所不同。

1）**减少的优化**：因为无法退优化，所以静态编译不支持投机优化（speculative optimization）。

2）**新增的优化**：基于静态分析收集的数据，静态编译可以进一步提高编译代码质量。

①对于可以在编译时初始化的静态域，即便不是常量（非 final）也可以进行常量折叠。

②经过静态分析发现调用端唯一绑定的虚函数，可以被替换为直接调用函数，进而被调用端内联。

③类型检查优化。经过静态分析后，编译器掌握了被检查变量的所有可能类型，因此可以在编译时判断出类型检查的结果，从而用常量替换对应的类型检查。

④空指针检查优化。与上一个优化类似，当静态分析把一个变量的类型状态标记为非空（不为 null）时，编译器就可以去掉针对该变量的空指针检查。

编译后的代码保存在 com.oracle.svm.hosted.image.NativeImageCodeCache 类型的代码缓存中，留待下一个阶段处理。

5.2.6　生成 image

Java 程序在运行时，对象数据的创建和读取都是在堆上进行的，但堆上的数据并非只能在运行时动态确定，也有一部分内容可以在编译时静态确定。典型的静态可确定的数据包括类中的常量（static final 域）、所有的 intern String、提前初始化的类，以及虽然没有被声明为 final 但经过静态分析发现是只读的域等。Substrate VM 在本阶段将它们保存在称为 native heap 的数据结构中，在 native image 启动时会将 native heap 加载到内存作为运行时的堆。native heap 中不仅有应用程序的数据，还包括了 Substrate VM 运行时和 JDK 库里的数据，因此可以进一步提高 native image 的启动速度。

在创建好 native heap 后，本阶段在内存中构建出代表最终产物 native image 的 com.oracle.svm.hosted.image.NativeImage 类实例。NativeImage 是抽象类，其类型继承结构关系如图 5-5 所示，有一个抽象子类 NativeImageViaCC，该类名中的 CC 指 C Compiler，表示通过 C 编译器的链接器生成的 NativeImage。NativeImage-ViaCC 的子类 ExecutableImageViaCC 表示可执行文件的 native image，子类 SharedLibraryImageViaCC 表示库文件的 native image。它们的内容格式相同，只是生成最终成品时所需的链接命令不同。生成 image 阶段的入口是 NativeImage.build 函数。

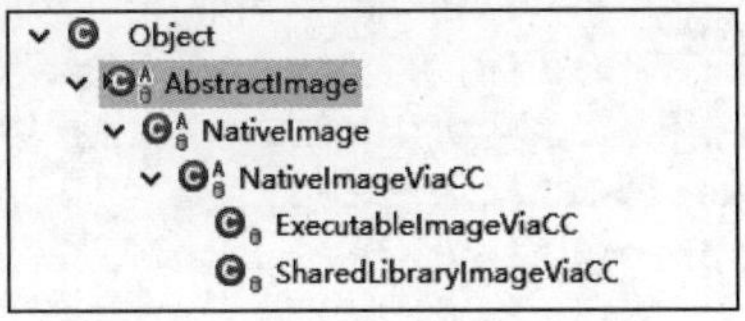

图 5-5　NativeImage 类型结构

native image 文件由 4 个部分组成，分别是文本段（textSection）、只读数据段（roData Section）、读写数据段（rwDataSection）和内存堆段（heapSection），各段保存的数据类型如下。

❑ 文本段：存放本地代码。

❑ 只读数据段：存放常量数据。

❑ 读写数据段：存放非堆的全局数据，在这里主要是本地函数的符号。

❑ 内存堆段：存放 native heap。

5.2.7　写文件

写文件阶段分为两个步骤。

第一步，将 image 阶段生成的 NativeImage 实例在文件系统的临时目录下保存为可重定向的对象文件（relocatable object file）。

第二步，调用系统的 C 编译器（如 GCC），将对象文件和必要的静态库文件根据用户的参数链接为最终的输出文件（可执行文件或动态库文件）。

本阶段的入口有两个，生成可执行文件的入口是 com.oracle.svm.hosted.image.NativeImage-ViaCC.write 函数，生成库文件的入口是 com.oracle.svm.hosted.image.SharedLibraryImageViaCC.write 函数。

如图 5-6 所示，Substrate VM 用抽象类 com.oracle.objectfile.ObjectFile 定义了对象文件的抽象模型，针对 Windows、Linux 和 Mac 三种操作系统分别有 PECoffObjectFile、ELFObjectFile 和 MachOObjectFile 三个子类实现了对应的实际对象文件模型。Substrate VM 会根据实际的编译平台选取合适的子类，生成对应的对象文件。

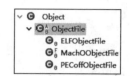

图 5-6　ObjectFile 类结构图

Substrate VM 根据操作系统准备对应的 C 编译器链接命令和参数，将第二步输出的对象文件与所需的库文件（JVM 静态库和系统库）链接，并最终生成可执行文件或共享库文件。以在 Linux 操作系统下编译 HelloWorld 可执行程序为例，这一步实际是生成并调用了如下命令（为了节省篇幅，特将命令中 GraalVM 的实际路径用 $GRAALVM_HOME 系统变量代替）：

```
/usr/bin/gcc -z noexecstack -Wl --gc-sections -Wl --dynamic-list -Wl
/tmp/SVM-1199700683372398976/exported_symbols.list -Wl --exclude-libs
ALL -Wl -x -o /mnt/d/codebase/simpleTest/helloworld helloworld.o
$GRAALVM_HOME/jre/lib/svm/clibraries/linux-amd64/liblibchelper.a
$GRAALVM_HOME/jre/lib/libnet.a $GRAALVM_HOME/jre/lib/libnio.a
$GRAALVM_HOME/jre/lib/libjava.a $GRAALVM_HOME/jre/lib/libfdlibm.a
$GRAALVM_HOME/jre/lib/libzip.a
$GRAALVM_HOME/jre/lib/svm/clibraries/linux-amd64/libjvm.a -v -
L/tmp/SVM-1199700683372398976 -L$GRAALVM_HOME/jre/lib -
L$GRAALVM_HOME/jre/lib/svm/clibraries/linux-amd64 -lpthread -ldl -lz -lrt
```

从上面的命令中可以看到，在生成可执行文件时 Substrate VM 使用 GCC 编译器链接了 $GRAALVM_HOME/jre 目录下的 libnet.a、libnio.a、libjava.a、libfdlibm.a、libzip.a 和 libjvm.a 这 6 个 Java 静态库文件。在 OpenJDK 中只有 libnet.so、libnio.so、libjava.so、libzip.so 和 libjvm.so 这 5 个动态库文件，而没有对应的静态库文件，因为 OpenJDK 采取了动态链接的策略。Substrate VM 为了实现 native image 的自举，尽量减少对外界的依赖，所以选择在编译时将所需的 Java 本地函数依赖以静态库的形式链接到 native image 中。这些静态库是 GraalVM 项目组在编译 GraalVM 的基础 JDK 项目 graal-jvmci-8（JDK8 及以前版本）和 labs-openjdk-11（JDK9 及以后版本）中提前准备好的。libfdlibm.a 是 FDLIBM 的静态库，FDLIBM（Free Distributable LIBM⊖）是支持 IEEE 754 浮点运算的开源数学库，并不

⊖　参见 http://www.netlib.org/fdlibm/readme。

包含在 OpenJDK 中，但是 Java 的浮点运算会依赖到这个库。

链接命令最后给出了编译时需要的 4 个系统库文件：pthread、dl、z 和 rt 库。编译可执行文件和库文件时默认都是动态链接 glibc（The GNU C Library[一]）提供的系统库，但是当用户通过 -H: +StaticExecutable 选项指定编译静态可执行文件时，Substrate VM 会静态链接由 musl libc[二]提供的静态系统库。

当本阶段完成时，Java 程序的静态编译过程就全部完成，得到最终产物 native image。

5.3　Substrate VM 运行时支持

我们这里讨论的运行时是指与具体应用无关、为 native image 的运行提供基础性支持的运行时，例如垃圾回收、类初始化检查、异常处理以及多线程支持等。Substrate VM 的运行时支持代码也是用 Java 编写的，同样需要由静态分析发现可达性后再编译到 native image 中。但是这些运行时支持代码在源码中并没有调用入口，而是由编译器插入的。比如堆栈溢出错误检查就是典型的运行时支持代码，会在用户的程序发生堆栈溢出时抛出 StackOverflowError 异常，但是堆栈溢出检查函数是由编译器在编译时插入的，在源码和字节码中都不存在。所以静态分析无法从待编译的字节码中发现这些运行时的入口，而是在准备阶段初始化编译环境时就将它们预先注册为静态分析的根函数。

5.3.1　内存管理

GraalVM 的社区版为 Substrate VM 提供了单线程的顺序 GC（serial GC），企业版则额外提供了 G1 GC，我们在此仅介绍社区版的顺序 GC。

人们一般用吞吐量（throughput）、延迟（latency）和内存占用（footprint）三个指标衡量 Java 垃圾回收的性能。

❑ 吞吐量：指在一长段时期里未被垃圾回收占用的时间与总时间的比例，越大越好。

❑ 延迟：指应用的响应时间，越小越好。

❑ 内存占用：指应用进程本身所占用的内存量，越小越好。

这三个指标没有最优组合，因为它们之间是互斥的，比如减小新生代的大小可以降低延迟，但是会增加新生代 GC 的总量，从而降低吞吐量；如果增大新生代的大小，则会增加延迟，但是可以提高吞吐量和降低内存占用。

顺序 GC 是一种无并发的单线程"停止 - 复制"GC，具有低内存占用、高延迟和高吞吐量的特性。GC 进行内存分配和回收的基本单位是"块"。内存堆被划分为新生代和老年代，由若干个存放小对象的对齐块（AlignedChunk）和存放大对象的非对齐块（UnAlignedChunk）构成。对齐块的默认大小为 1MB，起始地址按 1MB 对齐，也就是起始

[一]　参见 https://www.gnu.org/software/libc/。

[二]　参见 https://musl.libc.org/。

地址的后 6 位都是 0，每个对齐块中可以放若干个小对象，直到放不下为止。小对象是指小于对齐块大小的八分之一（默认值，可配置）的对象；大对象则被存放到非对齐块中，一个非对齐块中只能存放一个对象。

新建的对象都分配在新生代，当新生代逐渐放满时会触发 Young GC。Young GC 会暂停程序中其他线程的运行，然后扫描新生代区域中的对象，将"死"对象释放掉，将"活"对象复制到老年代。当老年代也逐渐放满时就会触发 Full GC，同样要暂停其他线程，扫描并释放新生代和老年代中的所有"死"对象。一般情况下 Full GC 花费的时间要远大于 Young GC，但是可以保持内存占用处于较低水平。Substrate VM 采用顺序 GC 最主要原因是实现简单。

native image 的内存堆设置参数与 JVM 保持了兼容。用户在启动 native image 程序时，可以在启动命令之后使用 -Xmx、-Xms 等参数设置堆的内存大小。

❑ -Xmx：设置堆的最大值，可以使用 k、m 和 g 等单位，未使用单位则默认为 byte。

❑ -Xms：设置堆的最小值，单位同上。

❑ -Xmn：设置新生代的大小，单位同上。

❑ -XX:MaxDirectMemorySize：设置 native memory 的最大值。

用户可以使用下列参数对顺序 GC 调优。

❑ -XX:MaximumHeapSizePercent：当没有设置 Xmx 时，用此参数设置堆最大值所占机器物理内存的比例，默认是 80%。也就是说，当既不设置 Xmx，也不设置本参数时，默认堆的最大值为机器物理内存的 80%。

❑ -XX:MaximumYoungGenerationSizePercent：新生代的最大内存占比，默认为 50%。值越大发生 Full GC 的频率越低。

❑ -XX:PercentTimeInIncrementalCollection：Young GC 占全部 GC 时间的比例，默认为 50。如果增加这个比例，会降低 Full GC 的发生次数，有利于提高程序的运行时性能，但是会增加内存占用；如果降低这个比例，会增加 Full GC 的发生次数，降低性能，但是可以降低内存占用。

❑ -XX: ± CollectYoungGenerationSeparately：设置当执行 Full GC 时是分别回收还是一起回收新生代和老年代。此选项默认关闭，即执行 Full GC 时也回收新生代。打开此选项可以降低 Full GC 时的内存占用，但是会增加 Full GC 时间。

❑ -H:AlignedHeapChunkSize：指定 heap 中对齐块的大小，单位为 byte，必须为 4KB 的倍数。默认值为 1MB，必须在编译时设置。

❑ -H:MaxSurvivorSpaces：新生代的幸存区空间数，默认为 0，会将新生代在 Young GC 中存活的对象直接晋升到老年代。增加这个数会降低晋升数量，减缓老年代的增长，减少 Full GC 次数，从而降低内存占用和延迟；但是会增加 Young GC 的次数，减少吞吐量。该项必须在编译时设置。

❑ -H:LargeArrayThreshold：大数组阈值，默认为 AlignedHeapChunkSize 值的八分之

一。超过阈值大小的对象会被分配到非对齐块上，这会增加分配时的耗时，但是能减小 GC 的开销。该项必须在编译时设置。

此外，native image 打开 GC 日志的选项与 JVM 相同，具体有以下两个。

❑ -XX:+PrintGC：在控制台打印出每次 GC 回收的基本信息。

❑ -XX:+VerboseGC：打印 GC 回收的详细信息，要与上一条同时使用。

与 OpenJDK 的无 GC 项目 Epsilon[⊖]类似，Substrate VM 也提供了无 GC 的运行模式，用参数 -R:+UseEpsilonGC 开启。在无 GC 模式下，运行时不会执行 GC 操作，从而降低了系统开销，提高了程序的性能，但是事先分配的内存耗尽，就会抛出 OOM 错误。这种模式适合内存消耗少、对响应时间要求高的场景。

5.3.2　系统信号处理机制

信号机制是 Linux 操作系统中的一种进程间通信（inter-process communication，IPC）机制。当某个特定事件发生时，信号就会被发送给进程或者同一进程中的特定线程。例如我们常常使用 Ctrl + C 快捷键终止一个正在运行的程序，这就是向进程发送了一个中断信号。OpenJDK 的运行时借助信号处理机制实现了多种特性，比如堆栈溢出错误（stack overflow error）处理、除零错误处理、空指针检查、安全点检查等。以堆栈溢出检查为例，OpenJDK 的运行时并不会真的检测栈顶指针的位置，而是放任其增长直到操作系统发现错误并给 JVM 进程发送 SIGSEGV 信号，JVM 捕获该信号后再抛出 java.lang. StackOverflowError 错误，将控制交给异常处理机制。

但是 Substrate VM 的运行时并没有采用这种触发系统信号再捕获处理的方式，而是主动执行相关的检查以避免依赖系统的信号机制。还是以堆栈溢出错误为例，Substrate VM 的运行时相关代码位于 com.oracle.svm.core.graal.snippets.StackOverflowCheckSnippets. stackOverflowCheckSnippet 函数中，为：

```
if (probability(LUDICROUSLY_SLOW_PATH_PROBABILITY, KnownIntrinsics.readStackPointer().
    belowOrEqual(stackBoundary))) {
    if (mustNotAllocate) {
        callSlowPath(THROW_CACHED_STACK_OVERFLOW_ERROR);
    } else {
        callSlowPath(THROW_NEW_STACK_OVERFLOW_ERROR);
    }
    throw UnreachableNode.unreachable();
}
```

这里通过比较栈指针与栈边界确定是否会发生堆栈溢出错误。KnownIntrinsics. readStackPointer() 函数读取栈指针的值，stackBoundary 是预先准备的当前堆栈的边界值。当栈指针触及或小于栈边界时就意味发生了堆栈溢出，就抛出一个缓存的或者新建的

⊖　参见 http://openjdk.java.net/jeps/318。

StackOverflowError。

Substrate VM 没有采用系统信号机制的原因有两点：一是两种方式的运行时性能在现在的硬件上已经相差无几；二是非信号系统依赖方式更加有利于 native image 在其他平台上的嵌入式应用，比如在图 2-1 中底部所示的在 Oracle 数据库中的嵌入式应用。

5.4 小结

本章介绍了 Substrate VM 静态编译框架从启动到编译出成品的全部流程，主要内容包括以下几个方面。

1）native-image 启动器：开始执行静态编译的入口，native-image 屏蔽了不同 JDK 版本所需的参数细节，为用户提供了统一而简洁的启动界面。

2）静态编译经过的主要阶段：静态编译要经过类载入、准备、静态分析、全局构建、编译、生成 image 和写文件 7 个主要阶段才能将 Java 程序的字节码编译为 native image 文件。

① 其中静态分析是静态编译的基础，不但确定了要编译的代码范围，还为编译优化提供了数据基础。由于静态分析中指向分析的复杂性，静态分析阶段也是整个编译流程中耗时最大的阶段。

② Substrate VM 只实现到了编译的功能，将编译的代码写出为可重定向对象文件为止，并没有自己实现链接器。将可重定向对象文件链接生成最终的可执行文件或库文件的工作是在框架里调用外部编译器（如 GCC）的链接器实现的。

3）Substrate VM 的运行时并不是对 JVM 运行时的简单复制迁移，而是用 Java 做的轻量化全新实现。从静态分析和编译的角度来说，应用程序、第三方依赖库、JDK 库和运行时支持代码并没有任何区别，它们都是待编译的 Java 程序，因此静态分析和编译优化的过程也同样适用于运行时代码，从而进一步提高 native image 的运行时性能。

Feature 机制

第 5 章介绍的从类载入到编译完成写出 native image 的编译过程可以被视为静态编译框架的骨骼,支撑了静态编译的整体实现。本章将介绍构成静态编译框架的肌肉——Feature 机制。它是 Substrate VM 框架中具体功能的组织方式,由 org.graalvm.nativeimage.hosted. Feature 接口定义基本行为规范。每个实现了该接口的类各自负责某一项特定功能,它们一起组成了填充到静态编译框架骨骼上的肌肉,使静态编译的功能丰满起来。Feature 的代码本身只在编译时执行,并不会在 native image 的运行时执行,但是由它们既可以添加编译时的功能特性,也可以添加运行时的功能特性,并且可以被方便地添加和删除,所以 Feature 是一种灵活的增加或去掉编译时和运行时行为的机制。

本章将以先整体后细节的顺序为读者介绍 Feature 机制的详细内容和实现原理。我们已经知道静态编译的流程实现是在 NativeImageGenerator 类中定义的,图 5-3 中的灰色底纹节点代表了 Feature 机制在编译流程中的介入点,每当 NativeImageGenerator 类执行到这些介入点时就会批量调用所有 Feature 中的对应函数,这些函数会更改编译流程的状态,从而又反作用于编译流程。本章首先介绍该类是如何注册和调用 Feature 的,然后介绍从 Feature 的函数中又如何通过回调反过来影响 NativeImageGenerator 的控制流程,最后再逐一介绍 Feature 中的函数定义。

读者在阅读本章后不仅会对 Substrate VM 的整体结构有更深入的认识,也可以动手写出新的 Feature,扩展 Substrate VM 的能力。

6.1 Feature 机制概览

Feature 机制是 Substrate VM 的一种编译时功能特性扩展机制。其实现的基础为 Feature

接口和 FeatureHandler 管理器：Feature 接口包括 org.graalvm.nativeimage.hosted.Feature 和 com.oracle.svm.core.graal.GraalFeature，它们定义了需要由开发人员实现的扩展功能内容和应用扩展功能的规则；FeatureHandler 管理器负责管理所有 Feature 实现类的注册和调用。它们之间的关系如图 6-1 所示。

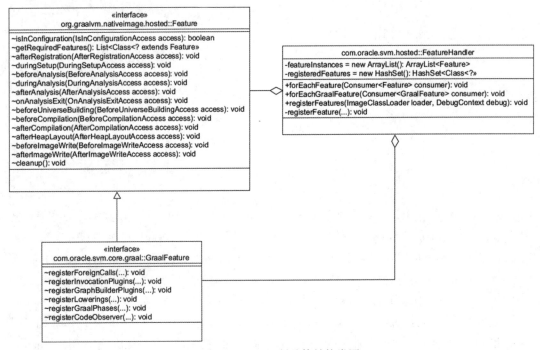

图 6-1　Feature 机制总体结构类图

Feature 接口是通用基础类，定义了 13 个可以在编译流程的不同阶段被调用的功能函数，还有 2 个规则函数定义了 Feature 在何种条件下被启用和当前 Feature 对其他 Feature 的依赖，6.5 节会详细介绍这些函数。GraalFeature 接口继承了 Feature 接口，另外增加了 6 个函数向 GraalVM 编译器里注册了对编译内容的扩展，一般用于需要直接修改编译内容的场景。FeatureHandler 里聚合了 Feature 和 GraalFeature 的实现子类，对注册的实现类进行统一调用。

在这种管理中心统一调度的模型下，开发人员在定义 Feature 时只需关注当前 Feature 需要在什么阶段实现什么功能即可，不必考虑框架方面的细节问题。而且开发人员可以通过选项按需使用或禁用 Feature，极大地提高了框架的灵活性。

Substrate VM 中的功能特性基本上都是以 Feature 的方式开发实现的。目前在 Substrate VM 中共有 212 个 Feature 接口的实现类和 30 个 GraalFeature 的实现类，涵盖了编译框架方方面面的功能特性。不过这 242 个实现类并不是同时生效的，它们有的只对特定平台（x86 或 AArch64）有效，有的只对特定 JDK 版本生效，有的则是默认禁用的，需要用户通过选项显式设置生效。所以在单次静态编译执行时生效的 Feature 数量会小于 242，比如在以 JDK8 为基础类的 GraalVM 上编译面向 x86 的可执行文件时生效的 Feature 数为 151。

6.2　Feature 管理

Feature 是作为一个整体被注册管理的，com.oracle.svm.hosted.FeatureHandler 类是 Feature 的管理中心，所有对 Feature 的调用都必须通过 FeatureHandler 代理分发。Native-ImageGenerator 有一个 FeatureHandler 类型域 featureHandler，其主要工作就是在编译流程开始时注册 Feature，然后在各个阶段批量调用所有注册 Feature 实例的函数。

6.2.1　注册与调用 Feature

Feature 有两种注册生效方式：一是通过 @AutomaticFeature 注解自动注册；二是通过 -H:Features= 选项登记注册。这两种方式都是在 FeatureHandler.registerFeatures 函数里实现的。NativeImageGenerator 在编译流程的准备阶段刚开始时就调用 featureHandler. registerFeatures 函数，遍历寻找 classlist 阶段加载的所有类中带有 @AutomaticFeature 的类，然后反射调用它们的无参构造函数，将生成的 Feature 实例添加到 FeatureHandler. featureInstances 域中。然后从 -H:Fetures= 选项值中读取设置的 Feature 类，同样用反射构造实例再将返回结果注册到 featureInstances 里。不过在向 registerFeatures 添加 Feature 实例之前会先调用 Feature 实例的 getRequiredFeatures 函数，将要添加 Feature 的依赖的 Feature 加到当前 Feature 之前，以保证其中可能存在的数据依赖的正确性。

调用 Feature 是由 FeatureHandler.forEachFeature 函数实现的，它遍历 featureInstances 的每一个元素，然后为其调用由参数传入的 Consumer 类的 apply 函数。函数实现的源码如下所示：

```
public void forEachFeature(Consumer<Feature> consumer) {
    for (Feature feature : featureInstances) {
        consumer.accept(feature);
    }
}
```

函数 forEachFeature 在 NativeImageGenerator 中的 consumer 入参是一个 Lambda 表达式 feature->feature.[Feature API]，其中 [Feature API] 代表了 Feature 接口的一个函数，该函数与 NativeImageGenerator 调用 forEachFeature 的阶段相对应。可能调用的阶段和对应的函数如图 5-3 所示。

在开始分析阶段之前，NativeImageGenerator 调用 Feature 函数的代码如下所示：

```
featureHandler.forEachFeature(feature -> feature.beforeAnalysis(config));
```

在其他不同阶段的调用代码与之基本相似，只是把 beforeAnalysis 换成了其他函数。

6.2.2　Feature 依赖

Feature 之间并不是相互隔离的，也可以存在依赖关系。当需要在相同的 Feature 函数之间建立依赖时，必须通过 getRequireFeatures 函数显式定义依赖对象；当依赖关系是在不同的 Feature 函数之间时，则不必做任何显式定义，因为 Feature 函数之间的调用先后关系是在 NativeImageGenerator 中定义好的。

由于 FeatureHandler.featureInstances 是 ArrayList 类型，因此其中各 Feature 实例被遍历调用的顺序就由注册的顺序决定。对于 @AutomaticFeature 类，注册的顺序是由它们在类加载器上的加载顺序决定的，而这又是由对应的 class 文件在 classpath 上的出现顺序决定的。这种顺序虽然谈不上是完全随机的，但是在使用 Feature 机制时一定不能假设各个 Feature 实例的顺序是固定不变的。不过 Feature 的注册机制也考虑到了可能的依赖问题，所以在上述的整体顺序之外加入了依赖修正，在注册 Feature 时会先将 getRequiredFeatures 函数中定义的依赖 Feature 注册到 featureInstances。对于通过 -H:Features= 选项额外指定的 Feature，它们总是在 AutomaticFeature 之后注册，并且 Feature 在选项里定义的顺序就是注册顺序。由以上关于 Feature 的执行顺序，我们可以得到如下结论：

 注意　Feature 的注册顺序并不总是固定的，因此不能对任意两个 Feature 的调用顺序做出假设，除非在 Feature 实现中通过 getRequiredFeatures 函数指定了依赖 Feature。

了解了这一点，我们就知道了如何安全地定义存在依赖的 Feature。

（1）相同函数间的依赖

假设有 Feature A 和 B，B 的某 Feature 函数 m 中使用的数据是在 A.m 中定义的，那么我们就说 B 对 A 存在相同函数的依赖。根据以上讨论可知，这种依赖必须在 B.getRequiredFeatures 中显式定义，例如实现了序列化的 SerializationFeature（详见第 10 章）对实现了反射的 ReflectionFeature（详见第 8 章）存在 duringSetup 函数上的数据依赖。

支持序列化特性的静态实现时 SerializationFeature.duringSetup 需要在 RuntimeReflection-Support 类的单例实例上注册多个反射元数据，但是该单例实例是在 ReflectionFeature.duringSetup 函数里构造初始化的，这就形成了两个 Feature 在相同函数间的依赖。为了保证依赖的正确性，SerializationFeature.getRequiredFeatures 通过如下代码设置了对 Reflection-Feature 的依赖，保证 ReflectionFeature 在 featureHandler 的遍历中一定早于 SerializationFeature 出现。

```
@Override
public List<Class<? extends Feature>> getRequiredFeatures() {
    return Collections.singletonList(ReflectionFeature.class);
}
```

（2）不同函数间的依赖

假设有 Feature A 和 B，B 的某 Feature 函数 m 中使用的数据是在 A 的某 Feature 函数 n

中定义的，那么我们就说 B 对 A 存在不同函数的依赖。因为不同的 Feature 函数由 Native-ImageGenerator 在不同的时间点调用，具有固定顺序，所以只要函数 m 在 NativeImage-Generator 中的调用点晚于 n，则无须额外在 B 中加入任何依赖控制的代码。当然这里也隐含了一个条件，即 m 必须晚于 n 调用，否则在编译时会因为使用了未定义的数据而报错。一个实际的例子是实现了日志功能支持的 LoggingFeature 在 duringAnalysis 函数上会向 RuntimeReflectionSupport 类型的单例实例中注册几个反射函数，而该实例是在实现了反射支持的 ReflectionFeature 的 duringSetup 函数里构造初始化的，所以我们说 LoggingFeature 对 ReflectionFeature 存在不同函数间依赖。因为 duringSetup 函数在 NativeImageGenerator 中的调用点早于 duringAnalysis，所以 LoggingFeature 类不需要做任何事情，它的 during-Analysis 一定可以拿到 RuntimeReflectionSupport 的单例实例，这个数据依赖也一定是安全的。

6.3　Feature 影响编译流程

Feature 的功能必然要通过其调用方 NativeImageGenerator 或者其他某些全局变量影响到最终生成的 native image 上，我们将这种影响统称为 Feature 的反作用。一般而言，Feature 对静态编译流程和运行时的影响会通过两种方式施加，分别是 Feature 函数的入参回调和访问 ImageSingletons 单例库的实例数据访问。

6.3.1　Feature 函数的入参回调

Feature 的 15 个函数中，除了 getRequiredFeatures 和 cleanup 之外，各个函数都有且只有一个名为 access 的入参，它定义了各个函数在执行时可以回调到其所在编译流程阶段的所有操作。这些操作可以通过 access 修改相应阶段的全局数据，对其行为产生影响。这是在 Feature 中使用最多也最直接的一种方式。

access 入参的数据类型比较复杂，是一个继承了 FeatureImpl.FeatureAccessImpl 抽象类并且实现了 Feature.FeatureAccess 接口的某个子接口的类型，而且会根据具体的函数而变化。我们以分析阶段的函数为例，详细看一看 access 参数的类型情况。这个阶段的 Feature 函数的 access 参数类型结构如图 6-2 所示，其中左边一列的类都是 FeatureImpl 的内部类，右边一列的接口都是 Feature 接口的内部类，接口和类中的函数都省略未标出。

分析阶段共有 5 个 Feature 函数，它们的 access 入参类型列在图 6-2 的左下部分，分别是 DuringSetupAccessImpl、OnAnalysisExitAccessImpl、AfterAnalysisAccessImpl、BeforeAnalysis-AccessImpl 和 DuringAnalysisAccessImpl，它们都继承了 AnalysisAccessBase 抽象类，During-AnalysisAccessImpl 继承了 BeforeAnalysisAccessImpl。每个类型都实现了图 6-2 右边列出的 FeatureAccess 接口的一个子接口。这种继承结构看似复杂，但是具有清晰的责任定义。图中左边一列类定义了 access 可以访问的数据，右边一列接口定义了 access 可以执行的操作。

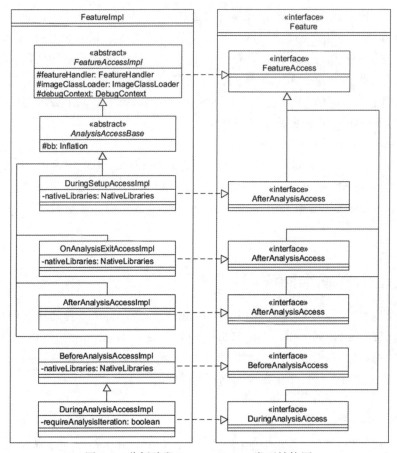

图 6-2　分析阶段 FeatureAccess 类型结构图

Substrate VM 的静态分析阶段的所有分析结果都填充在 Inflation 类型的全局变量 bb 中，AnalysisAccessBase 中定义了 protected 的 bb 域，就为分析阶段的所有 Feature 函数提供了访问静态分析状态的能力：既能在 Feature 函数里拿到静态分析中的数据，也能对其进行修改，这样就实现了在 Feature 中影响静态分析的工作进程。其他几个阶段的 access 入参结构和静态分析阶段也都是相仿的，在此就不再一一介绍。

6.3.2　访问 ImageSingletons 单例库

Substrate VM 编译时环境中有一个 org.graalvm.nativeimage.ImageSingletons 类，代表了以键值对形式存储的单例库，其中以单例的类型为键，以单例对象为值，保存了在编译时定义的需要在编译过程中跨阶段使用或在 native image 运行时使用的所有单例对象。ImageSingletons 中的单例类没有 @Platforms(Platform.HOSTED_ONLY.class) 注解的域都会被写入 native heap，可以在运行时使用，否则就只能在编译时使用。Feature 的各个函数都可以访问 ImageSingletons，向里面添加新的单例对象，或者读取其中的数据并修改，这些都会影响编译时和运行时的行为。具体而言，向单例库中新增一个实例需要使用静态函数 ImageSingletons.add；从单例库中查找一个实例需要使用静态函数 ImageSingletons.lookup。

以 ReflectionFeature 为例，在 duringSetup 函数中会新建 ReflectionDataBuilder 类的对象，以其接口类 RuntimeReflectionSupport.class 为键保存到 ImageSingletons 里，源码为：

```
reflectionData = new ReflectionDataBuilder(access);
ImageSingletons.add(RuntimeReflectionSupport.class, reflectionData);
```

这个单例对象向其他 Feature 提供了以编程的方式注册新的反射元数据的功能，在 Substrate VM 中有着广泛的用途。例如序列化特性 SerializationFeature 也需要在 duringSetup 阶段将解析出的序列化目标对象类的部分函数注册到反射元数据中，会最终调用到从单例库 ImageSingletons 中取出 RuntimeReflectionSupport.class 键对应的单例对象，然后向其中注册添加反射元素的 RuntimeReflection.register 函数。其注册反射类的函数源码如下：

```
public static void register(Class<?>... classes) {
    ImageSingletons.lookup(RuntimeReflectionSupport.class).register(classes);
}
```

需要注意的是，单例库不允许重复添加或空查找。当单例库中已经存在某个类型 T 的实例时，再次向其中添加 T 类型的实例会抛出异常，表示不能覆盖已有的 T 类型数据。而当单例库中不存在 T 类型的数据时，则调用查询函数 lookup 会抛出异常，表示无法查询尚不存在的数据。

6.4 GraalFeature 实现静态编译优化

GraalFeature 是 Feature 接口的子类，额外定义了一组向编译器注册扩展功能特性的函数，从而影响最终生成的 native image 的运行时行为。GraalFeature 里的"Graal"指的是 GraalVM 编译器，GraalVM 编译器是面向 OpenJDK Hotspot 运行时的 JIT 编译、AOT 编译以及 Substrate VM 静态编译的通用编译器，并不是针对静态编译而特别设计的。Graal Feature 可以向 GraalVM 编译器中添加为静态编译场景定制的功能。

6.4.1 GraalVM 编译器基础知识

在了解 GraalFeature 之前，我们要先介绍一些关于 GraalVM 编译器的基础知识。编译器的任务是将源语言转换为目标语言，一般情况下，源语言是高级语言，目标语言是低级语言。因为源语言和目标语言之间的抽象程度相差太大，编译器很难一步到位地实现转换，而必须借助中间语言（IR）作为桥梁分两步走：先把高级语言转换到 IR，再把 IR 转换到低级语言。

具体到 GraalVM 编译器，其编译的源语言是 Java 字节码，目标语言是平台相关的汇编代码，IR 是 Graal IR。Graal IR 是一种基于 Sea of Nodes 的中间语言。其特点是以静态单赋值（Static Single Assignment，SSA）的有向图表达 Java 函数，图中的节点（node）代表操作，边代表数据和控制的流转。因此函数的数据流图和控制流图都集成在一个图中。Sea of Nodes 类型的中间语言最早应用在 OpenJDK HotSpot 的 C1 和 C2 编译器中，现在也有其他的编译器采用，如 JavaScript 的 V8 编译器。

　　Graal IR 中的节点（各种节点均继承自基类 org.graalvm.compiler.graph.Node）具有不同的抽象程度，抽象度高的节点表达能力强，但是并不能被直接编译到目标代码，而需要被替换为低抽象度的节点才能被进一步编译到目标代码，这个过程被称为 lowering。GraalVM里实现了 org.graalvm.compiler.nodes.spi.Lowerable 接口的节点可以被进一步 lowering 处理，而 org.graalvm.compiler.nodes.spi.LIRLowerable 接口的实现类的抽象度最低，可以由其生成编译目标代码。例如 LoadFieldNode 类是一个实现了 Lowerable 的高抽象度节点，代表Java 代码中读域值的代码。在编译的过程中它会被 org.graalvm.compiler.replacements.Default-JavaLoweringProvider 类的 lowerLoadFieldNode 函数进行 lowering 处理，成为低抽象度的 null-check 节点和 ReadNode 节点，等待被进一步编译为机器码。具体的类结构如图 6-3 所示。

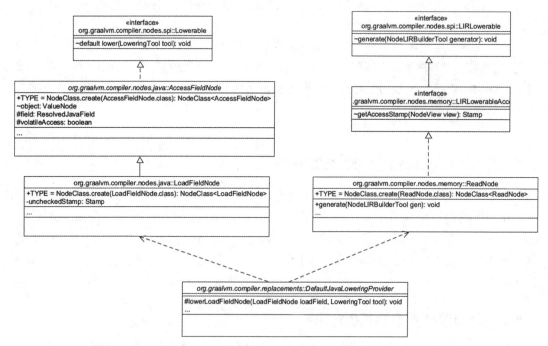

图 6-3　高抽象度节点类 LoadFieldNode 及其对应的低抽象度节点类 ReadNode

　　lowering 的实现是用一组低抽象度的节点在图上替换高抽象度的节点，这个实现过程如果由开发人员手动编码会比较困难，因为需要开发人员站在 Graal IR 语义的角度进行低抽象度的思考。如果实现涉及的节点数量很少（两三个），还可以人工处理，但是如果节点数量稍微多一点，人工处理就很容易出错。所以 GraalVM 编译器设计了代码片段（snippet）的概念，允许用 Java 源码的形式表达 Graal IR 图的结构，编译器会自动将代码片段转换为节点。所以，在进行 lowering 操作时，既可以直接将高抽象度的节点替换为几个低抽象度的节点，也可以先为其指定代表了一组低抽象度节点的代码片段，然后把代码片段转换为具体的节点。

6.4.2　扩展 lowering

GraalVM 在编译器里提供了通用于 OpenJDK 的 JIT、AOT 和 Substrate VM 的 native image 的 lowering 实现。GraalFeature 的 registerLowerings 函数则允许用户在 Feature 实现中额外提供更有针对性的 lowering 实现和优化。

例如在 5.3.2 节提到的 Stack Overflow 错误检查，在 Hotspot 里的实现代码是先触发 SIGSEGV 系统信号，捕获信号再抛出 StackOverflowError。而在静态编译中的定制化实现则是定义了 GraalFeature 的实现 StackOverflowCheckFeature 类，在其中的 registerLowerings 函数里添加了 StackOverflowCheckSnippets，实现了通过检查栈边界确认是否需要报错的 snippet。在 lowering 操作时，高抽象度的 StackOverflowCheckNode 会被替换为 snippet，进而转换为如下所示的一组节点：

```
FrameState@-2[BEFORE_BCI]
ReadReservedRegisterFloating
If
ReadReservedRegisterFloating
|<|
Begin
Begin
ForeignCall#throwNewStackOverflowError
DeadEnd
Constant(8, i64)
OffsetAddress
Read
```

这些低抽象度的节点最终会被编译为目标代码。

6.4.3　注册图的扩展插件

GraalVM 编译器还有一种构建图的插件扩展机制，这类插件的统一父类是没有定义任何函数的 org.graalvm.compiler.nodes.graphbuilderconf.GraphBuilderPlugin 接口，针对不同具体元素的扩展插件都由继承自该接口的子接口定义。

其中有一个 org.graalvm.compiler.nodes.graphbuilderconf.InvocationPlugin 接口，我们称其为函数调用插件，负责在解析 bytecode 时对指定的函数调用进行修改。这里的修改包括在指定函数前插入自定义 IR 内容和用自定义 IR 替换指定函数两种方式。GraalFeature 的 registerInvocationPlugins 函数就被用于向插件集合中注册自定义的函数调用插件，扩展编译功能。比如负责反射的 ReflectionFeature 就注册了反射函数的插件，实现了对参数为字符串常量的反射函数的常量折叠优化（详见 9.3.2 节）。

另一个 org.graalvm.compiler.nodes.graphbuilderconf.NodePlugin 接口，我们称其为节点

插件，则定义了针对各种节点的扩展。开发人员可以自定义 NodePlugin 接口的实现类，对所有符合某种条件的一类节点提供额外的编译时特性。GraalFeature 的 registerGraphBuilder-Plugins 函数就用于向 GraalVM 编译器中添加新的功能特性。比如我们在 5.2.5 节提到的静态编译的特有编译优化——对事实上的 final 域进行常量折叠优化，就是通过 register-GraphBuilderPlugins 函数实现的。GraalFeature 的子接口 StaticFinalFieldFoldingFeature 在其 registerGraphBuilderPlugins 函数里注册了 StaticFinalFieldFoldingNodePlugin 类，其中实现了对由静态分析发现的只读不写的静态域的常量折叠优化。

综上所述，GraalFeature 可以直接向 GraalVM 编译器里注册各种扩展组件，实现针对静态编译特有的编译优化。

6.5　Feature 接口函数

org.graalvm.nativeimage.hosted.Feature 接口的声明代码如下所示，它的 @Platforms 注解指定了 Feature 接口及所有实现它的子类都只能在编译阶段运行：

```
@Platforms(Platform.HOSTED_ONLY.class)
public interface Feature {
...
```

Feature 接口中一共定义了 15 个 default 为空实现的函数，所以实现 Feature 接口时只要按需实现相关函数即可，而不用实现所有的函数。

在这 15 个函数中，有 2 个是设置 Feature 自身状态的函数。

1）List<Class<? extends Feature>> getRequiredFeatures()：函数中设置当前 Feature 的依赖 Feature 列表。因为各个 Feature 的注册顺序就是类载入的顺序，所以一般不能假设 Feature 之间存在固定的前后关系。但在实际使用时 Feature 之间又的确会存在依赖，那么就可以通过本函数设置当前 Feature 的依赖列表。本函数会在 Feature 注册时被调用，以保证依赖列表中的 Feature 一定在当前 Feature 之前被注册，从而以后的遍历中被依赖的 Feature 一定先被执行。本函数的 default 实现返回空列表，也就是 Feature 之间默认是相互独立而没有关系的。

2）boolean isInConfiguration(IsInConfigurationAccess access)：指示是否需要将当前 Feature 注册到编译时的 Feature 列表中。当 Feature 的实例被反射构造出来后会立即调用本函数，以确定是否需要注册当前 Feature。如果函数返回值为 false，则不注册，那么当前 Feature 中的所有其他函数都不会被调用到。本函数的 default 实现直接返回 true。本函数的目的是动态判断在当前的编译时环境中是否需要使用当前的 Feature。我们在本章伊始提到的 151 个 Feature 实际是在 JDK8 为基础 JDK 的 GraalVM 上用默认选项编译时注册的 Feature 数量，而不是实现了 Feature 接口的类的总量。前者是后者的子集，有很多 Feature 因为不满足其 isInConfiguration 函数中的条件而没有被注册，比如 DashboardDumpFeature

可以将静态分析结果输出送给特定工具生成可视化视图，其 isInConfiguration 函数会检查多个相关选项是否被设置，从而决定该 Feature 是否应该生效。

其余 13 个函数都是在静态编译流程的各个特定阶段触发的功能性函数。图 5-3 中的灰色底纹矩形就代表了这 13 个函数，从图中可以看出各个函数在编译流程中被触发的具体位置。开发人员可以通过这 13 个函数在编译流程的相关阶段中插入自定义行为，从而影响编译结果。

这 13 个函数的返回值均为 void，其 API 定义为：

1）afterRegistration(AfterRegistrationAccess access)：是 Feature 接口函数里在编译流程中第一个被调用的函数。具体的调用时机是在所有的 Feature 都已注册完成并且所有的编译控制选项都已被解析完成之后，静态分析的初始化开始之前。

2）duringSetup(DuringSetupAccess access)：在静态编译的准备阶段被调用，用于修改静态分析的初始化过程。

3）beforeAnalysis(BeforeAnalysisAccess access)：在静态分析开始前被调用。

4）duringAnalysis(DuringAnalysisAccess access)：在静态分析过程中被调用。静态分析过程中有两层循环控制分析进度，内层循环是在静态分析框架 pointsto 中定义的，以分析不再产生更多类型状态为终止条件；外层循环是由静态编译流程框架 NativeImageGenerator 类控制的，当内层循环停止时批量调用该函数。在该函数执行期间如果引入了新的类型打破了内层循环的终止条件，就要调用函数入参 DuringAnalysisAccess 的 requireAnalysisIteration 函数请求新一轮分析。外层循环的终止条件就是没有任何 Feature 的 duringAnalysis 函数设置过 requireAnalysisIteration。

5）afterAnalysis(AfterAnalysisAccess access)：在静态分析刚刚结束时被调用，也就是在静态分析的外层循环刚结束时。

6）onAnalysisExit(OnAnalysisExitAccess access)：在静态分析推出时被调用。本函数是在静态分析的 try-catch-finally 结构的 finally 中被调用的，所以无论静态分析的过程是否正常完成都会被执行到。这是该函数与 afterAnalysis 函数的主要差别，因为该函数一定会被执行到，所以比较适合用来为分析数据生成报告。

7）beforeUniverseBuilding(BeforeUniverseBuildingAccess access)：在全局构建阶段之前被调用。

8）beforeCompilation(BeforeCompilationAccess access)：在编译开始前被调用。

9）afterCompilation(AfterCompilationAccess access)：在编译完成后被调用。

10）afterHeapLayout(AfterHeapLayoutAccess access)：在 native image 的代码和 heap 都已经完成布局（layout）之后调用。此时所有的对象和函数的偏移量都已经计算完成，native heap 中不能再新增任何内容。

11）beforeImageWrite(BeforeImageWriteAccess access)：在 native image 已经在内存中创建完成，向磁盘中写出 native image 可执行或库文件之前调用。native image 文件分两步生成：com.oracle.svm.hosted.image.NativeImage 的 write 函数首先生成可重定向文件（Relocatable

File，Linux 中的 .o 文件），然后调用 GCC（Linux 操作系统下）将可重定向文件链接得到最后的 native image 文件。该函数在执行 NativeImage.write 之前调用，可以用于修改链接命令。

12）afterImageWrite(AfterImageWriteAccess access)：在 native image 文件生成后调用，可用于通过链接器进一步修改生成的 native image。但是如果已经设置了 -H:+ExitAfter-RelocatableImageWrite 选项，则不会调该函数。

13）cleanup()：用于清理静态编译全流程中产生的静态数据，主要用于避免在多次生成 native image 时产生内存泄漏。这是 Feature 接口所有函数中调用顺序最靠后的，在整个编译框架运行结束时调用。

6.6　小结

Feature 机制的实现基础包括 Feature 接口和 GraalFeature 接口，它为 Substrate VM 提供了灵活的可扩展机制。Feature 接口允许开发人员为静态编译框架添加新功能，GraalFeature 接口为 GraalVM 编译器添加新的针对静态编译的编译优化。

关于 Feature 机制的要点如下。

1）目前 Substrate VM 中已经内置了 212 个 Feature 接口实现类和 30 个 GraalFeature 接口实现类，它们共同实现了 Substrate VM 的各项功能。

2）注册并使用 Feature：@AutomaticFeature 注解的 Feature 类会被自动注册；通过 -H:Features= 选项手动指定 Feature。

3）通过在 Feature 中添加 GraphBuilderPlugin 可以扩展新的编译功能。

4）在 Feature 中向 ImageSingletons 中添加的对象实例会被编译进 native heap，为 image 运行时提供数据。

读者理解了 Feature 机制就可以理解 Substrate VM 整体的功能组织模式，我们后续介绍的 native image 的各种优化和运行时特性都是以 Feature 的形式实现的，比如类提前初始化优化的实现位于 ClassInitializationFeature，对反射的静态化支持和优化的实现位于 ReflectionFeature 等。

编译时替换机制

　　编译时替换机制是 Substrate VM 的一项非常重要的基础特性，可以无侵入地在编译时用替换类更换目标程序中的原始类，以实现对目标程序的运行时行为更新。替换机制使得 Substrate VM 可以在不修改 JDK 源代码的前提下，对 JDK 的运行时行为进行静态化适配改造，以保持对传统 Java API 的兼容。典型的例子如 java.lang.ClassLoader.loadClass 函数，在传统 Java 中 loadClass 需要执行寻找、解析、验证、链接等一系列动作，但是在 native image 中只是简单地从 image heap 中按类名查询。Substrate VM 通过编译时替换机制实现了这一需求。

　　引入编译时替换的初衷是为了修改原程序的运行时行为，将其中静态编译所不能支持的动态特性替换为语义等价的行为，使其符合静态编译的要求。假设拟编译的程序中有 C.f 函数执行了行为 A，但是我们希望经过静态编译后得到的 native image 的 C.f 执行另一种行为 A'，那么可以在静态编译的 classpath 上提供实现了 A' 的 C'.f' 函数，只要 C'.f' 是按照 substitution 机制的规范实现的，最终的编译产物中就只有 C'.f'。我们将 C 称为原始类，C.f 称为原始函数；将 C' 称为替换类，C'.f' 称为替换函数。

　　在实际使用中，替换机制不仅可以用于重新定义 JDK 的运行时行为，也适用于其他任意 Java 代码。开发人员可以在不方便修改业务代码或第三方库的源码时，通过替换机制改造原程序中与静态编译不兼容的行为。本章首先结合实例介绍替换机制在 Substrate VM 框架中的重要作用，然后详细说明替换机制的具体规范和 API 使用方式，最后介绍该机制的实现原理。通过阅读本章，读者不仅能够理解替换机制在静态编译中的重要作用，还可以为自己的应用程序写出必要的替换代码。

7.1 替换机制在 Substrate VM 中的应用

替换机制在 Substrate VM 的实现中起到了重要作用。Java 程序要在 JDK 库的 Java 代码和 JVM 中的 C/C++ 运行时代码的共同支持下才能执行，要保持静态编译后的 Java 程序的兼容性就必须支持 JDK 库中代码的语义。Substrate VM 通过复用和重写两种方式实现了在 native image 中保持对 JDK 库的支持。

❑ 复用，指不改变 JDK 库函数的实现，直接对其进行静态编译，然后调用，复用适用于没有使用动态特性，也没有依赖不兼容 native 函数的 JDK 库函数的情况，实际上大多数 JDK 库函数都符合这种情况；

❑ 重写，指原 JDK 库函数的实现与静态编译的模型框架不兼容，所以不能被直接静态编译后调用，而需要为其提供新的兼容实现。这里的"兼容实现"有两层含义：一是换了代码但是达成了相同语义的实现，二是显式地抛出异常，通知用户 native image 无法支持该函数，而不是任其运行，最终导致程序崩溃或出现其他不可预知的错误。

Substrate VM 对 JDK 库函数的重写就是通过替换机制实现的。在传统 Java 模型下要改写一个 JDK 函数需要准备同名类的新的源代码，用 javac 编译后或者直接在类文件所在的 jar 中替换原始的类文件，或者用 JVM 的 -Xbootclasspath/p: 启动参数将修改后的类先于原始类载入运行时环境中。这种方式具有很强的侵入性，不可能长期稳定地维护。

Substrate VM 的替换机制则在独立的替换类中设置了对原始元素（类、域和函数）的替换代码，然后在静态分析阶段用替换元素取代原始元素，得到基于替换元素的分析结果。编译时编译器只看到替换元素，并在 native image 中最终写入替换元素的代码。那么静态编译时替换的规模有多大呢？我们统计了基于 JDK8 的 GraalVM 的替换类情况，得到按包分组的替换类分布，结果如图 7-1 所示。

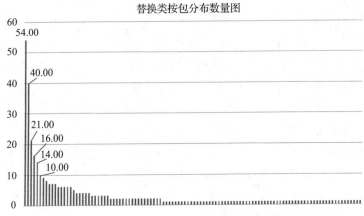

图 7-1　Substrate VM 中替换类按包分布图

从图 7-1 中可以看到，这是一个长尾分布，在所有的 110 个包中，只有 6 个包中的替换类数量大于等于 10（图 7-1 中的数据标签给出了这 6 个包中的具体被替换类的数量），而这 6 个包中的替换类总数则达到了所有替换类数量的 42%（155/368）。表 7-1 给出了这 6 个包的包名，从中可以看到 Substrate VM 的替换类主要集中在 JDK 的核心类库上。

表 7-1　替换类超过 10 个的包列表

包　名	替换类数量
java.lang.invoke	54
java.lang	40
java.util	21
java.util.concurrent	16
java.io	14
java.lang.reflect	10

Substrate VM 还有两种基于替换机制的重要应用场景，分别是通过替换实现 native 函数调用和通过替换实现的反射函数调用。

在传统 Java 程序中，native 函数调用是通过 JNI 实现的，存在比较大的性能开销，但是在 native image 应用中原先的 Java 程序已经被编译成了本地代码，所以本地函数的调用实际并不再需要通过传统的 JNI 方式由 JVM 处理，而可以转换为从本地到本地的直接调用。这个过程就是由替换机制实现的，JNINativeCallWrapperMethod 类代表了本地函数的替换函数类型，在静态分析阶段 Substrate VM 就会用 JNI 替换函数代替本地函数，并调用 JNINativeCallWrapperMethod.buildGraph 函数生成链接和直接调用本地函数的 IR（中间代码），最终这部分 IR 会被 GraalVM 编译器编译为汇编代码再写入 native image 中。

Method.invoke 函数支持通过反射方式调用函数，Substrate VM 也是通过替换机制将反射调用代理到 ReflectiveInvokeMethod 类型的替换类，其中的 buildGraph 函数则为 invoke 函数生成成了直接调用的 IR，最后将 IR 编译到 native image 中。

由以上描述可见，替换机制在 Substrate VM 中具有基础性的地位。

7.2　基于注解的替换

Substitution 机制是基于注解实现的，开发人员可以通过使用各种 Substitution 注解实现替换类、域和函数。本节向读者介绍如何使用这些注解实现相应的替换。

7.2.1　替换类

因为 Java 语言中的域和函数都必须在类中声明，所以无论替换的对象是类、域还是函数，都需要先为拟替换元素所在的原始类声明替换类。注解 @TargetClass 的作用目标是类型，被其标识的类为替换类，是运行时实际执行的类。替换类的基本要求是：

❏ 必须是 final 类；

❏ 类名没有强制要求，但一般会用 Target_[package_name]_OriginalClassName 的形式，所以通过类名就可以看出这是一个替换类，以及要替换的原始类；

❏ 类的可见性修饰符号（public、private 或 protected）不必与原始类相同。

替换类的其他性质都是由 @TargetClass 注解的各项属性控制的，我们看一看这个注解的具体使用方法。

（1）指定原始类

@TargetClass 支持通过三种不同的方式指定原始类。

❏ Class<?> 类型的 value 属性：开发人员可以直接指定原始的 class，如 @TargetClass (A.class) 就指定了原始类为 A 类。

❏ String 类型的 className 属性：因为原始类未必总是可见的 public，也可能是 protected、private 或者包内可见，所以并不保证总是可以使用 value 属性指定原始类。此时可以使用 className 属性，为其设置指定原始类的全名（full qualified name）即可。

❏ Class< ? extends Function<TargetClass, String>> 类型的 classNameProvider 属性：这是最灵活的一种指定方式，可以在编译时根据 JDK 版本、系统属性等变量动态地设定原始类。例如 JDK 里的 AccessorGenerator 类，在 JDK8 及以前版本位于 sun. reflect 包中，在 JDK8 之后版本位于 jdk.internal.reflect 包中（因为 sun.reflect 包被整体重构为 jdk.internal.reflect 包）。但是我们在为 AccessorGenerator 定义替换类时并不知道用户会使用哪个版本的 JDK，那么怎么才能确定原始类正确的全名是 sun.reflect. AccessorGenerator 还 是 jdk.internal.reflect.AccessorGenerator 呢？ classNameProvider 属性可以解决这个问题。我们可以为它定义一个 Function 接口的实现类，其中的 apply 函数在编译时根据 JDK 版本选取适当的包名，然后结合 @TargetClass 的 className 属性拼出完整的原始类名。AccessorGenerator 替换类的包名问题就可以由 com.oracle.svm.core.jdk.Package_jdk_internal_reflect 类解决，具体的实现源码在 com.oracle.svm.reflect.target. Target_jdk_internal_reflect_AccessorGenerator 类，读者可以自行阅读其源码加深理解。

（2）替换内部类

当原始类为内部类时，上述三种方式都可以指定原始类所在的最外层类，然后利用 @TargetClass 的 innerClass 属性（String 数组类型）指定内部类的名称。因为内部类可能在多层嵌套的内部类中，所以通过数组指定每一层的内部类名，数组中越靠前的代表嵌套越靠外。

（3）替换生效条件

当我们希望编译器对原始类进行有条件的替换时，可以在设置 @TargetClass 的 only-With 属性上设置生效条件。这个属性可以接受 BooleanSupplier 接口和 Predicate 接口的实现类数组，数组中的每个元素都是生效条件之一。只有所有条件都为真时替换才会生效，有任一条件为假就不会实施替换。onlyWith 的默认值为实现了 BooleanSupplier 接口的 Target-Class$AlwaysIncluded 内部类，它的接口函数 getAsBoolean 永远返回 true。具体实现代码如下：

```
Class<?>[] onlyWith() default TargetClass.AlwaysIncluded.class;

/** The default value for the {@link TargetClass#onlyWith()} attribute. */
class AlwaysIncluded implements BooleanSupplier {
    @Override
    public boolean getAsBoolean() {
        return true;
    }
}
```

（4）替换模式

@TargetClass 注解还可以与 @Substitution、@Delete 两个注解搭配标识出三种不同的替换模式，用于满足不同的场景需求。

1）别名模式：@TargetClass 默认的替换模式，不需要额外设置注解，被注解的类代表了原始类的一个别名。别名模式的替换类中可以按需定义要替换的元素（函数、域），其中的函数必须具有 @Alias、@Substitute、@Delete 或 @AnnotateOriginal 中的一项注解，其中的域必须具有 @Alias 或 @Delete 的注解。这些注解在函数和域上的作用详见 7.2.3 节和 7.2.5 节的介绍。所有在原始类中但是没有出现在替换类中的元素，都要保持原始类中的定义，运行时实际访问到的仍然是原始类中的元素。

2）@Substitution 的替换模式：用替换类代替原始类，此时原始类中的所有元素都默认被删除，对它们的访问都会导致报错，只有显式定义的元素才不会被删除。替换类中的函数必须有 @Substitute 或 @KeepOriginal 注解，指明使用替换后的新函数或仍使用原始函数，具体内容请参见 7.2.3 节；域必须具有 @Alias 注解，代表原始域的别名，但是可以通过其他注解改变域的内容，具体介绍请参见 7.2.5 节。

3）@Delete 的删除模式：删除模式的替换类及其代表的原始类都不会被编译到 native image 中，对它们的使用会导致报错。

> 注意　当替换类是内部类时，必须使用 static 修饰符。因为非 static 的内部类有一个隐藏的、指向其所在的外部类的域 this$0，该域上无法添加任何注解，会导致 native-image 在编译时报错。

7.2.2　替换枚举类型

Java 中的所有枚举类型都是 java.lang.Enum 类的子类，与其他的类并没有本质区别，所以替换方式也是完全相同的：需要声明一个 final 替换类，用 @TargetClass 指向原始类。不过要注意的是这里的替换类需要声明为 class，而不能是 enum，因为替换类必须直接继承自 java.lang.Object。

　　替换枚举的场景并不多，一般是为了在替换其他元素时解除枚举的可见性限制。比如代码清单 7-1 中的 bar 函数的参数是一个私有的枚举类型 Type。在替换 bar 函数时就需要声明一个 Type 的别名替换类 Target_Foo_Type，使其对替换函数 Target_Foo.bar 可见。

代码清单7-1　替换枚举类型

```
public class Foo{
    private enum Type{…}
    private void bar(Type t){…}
}

@TargetClass(Foo.class)
public final class Target_Foo{
    @Substitute
    void bar(Target_Type t){…}
}

@TargetClass(name="Foo", innerClass="Type")
public final class Target_Foo_Type{}
```

7.2.3　替换函数

　　替换函数就是定义在替换类里的用于替换某个原始类函数的函数，Substrate VM 对替换函数的基本要求具体如下：

- ❏ 必须与原始函数具有相同的函数签名，如果替换函数的参数声明中使用了替换类，那么在匹配函数签名时依然以该替换类代表的原始类为准；
- ❏ 必须与原始函数具有相同的 static 声明；
- ❏ 不必与原始函数有相同的可见性；
- ❏ 不必与原始函数有相同的 throws。

替换函数上可以使用多种注解，以实现各种不同的替换模式。

- ❏ @Alias：代表原始函数的别名函数，被注解的替换函数不会出现在运行时，设计的初衷是便于 Substrate VM 内部的程序访问 JDK 里的非 public 函数。在传统 JDK 里只能通过反射访问非 public 函数，@Alias 提供了一种更加轻量的访问方式，不仅简化了调用流程，还可以避免对原始类型拆箱和装箱的开销。
- ❏ @Substitute：原始函数会被替换函数代替，在运行时实际执行的是替换函数。非静态替换函数只能被相同类里的非静态函数调用，其他调用会导致编译时出错。
- ❏ @Delete：原始函数和替换函数都将被编译器删除，不会出现在运行时。如果删除的函数依然在程序中被使用到，编译器会报错。
- ❏ @AnnotateOriginal：为原始函数增加新的注解，但是不改变函数的实现。

❑ @KeepOriginal：仅当替换类处于 @Substitute 模式时，保留原始函数的定义，不进行替换。在这种替换方式下，无论替换函里定义了什么内容都会在编译时被丢弃，不会对运行时造成影响。所以为了简便起见，可以将替换函数声明为 native，从而不必为其提供函数实现。

替换函数中还可以使用 @TargetElement 注解指定额外的替换信息。

❑ Name 属性：指定原始函数名。在不使用 @TargetElement 时，替换函数必须与原始函数同名。在使用 @TargetElement 后，如果没有为 Name 属性赋值，则替换函数依然需要与原始函数同名，否则以 Name 的值为原始函数名，替换函数可以为任意名称。但是无论哪种情况，替换函数必须与原始函数有相同类型的参数。

❑ OnlyWith 属性：指定替换的生效条件，默认为无条件替换，其类型和使用方法与 @TargetClass 的 OnlyWith 属性相同（见 7.2.1 节）。

7.2.4　替换构造函数

类的构造函数是一种比较特别的函数，替换方式与普通函数略有不同。通常有两种替换构造函数的方法。

1）用替换类的构造函数：替换类的构造函数会自动替换具有相同参数类型的原始构造函数。

2）用 @TargetElement 注解：添加了 @TargetElement(name = TargetElement.CONSTRUCTOR_NAME) 注解的函数会被替换为构造函数。

在定义了构造函数的替换函数后，还有两处需要注意的地方。

第一处： 非 static 内部类的构造函数实际有一个隐藏的参数，该参数指向了该内部类所在的外部类实例，当将内部类的构造函数被标识为 @Alias 时，必须在函数中显式声明这个参数并提供输入。代码清单 7-2 中给出了一个实例：Hello 类中有一个 World 内部类，其字节码中就多出了一个域 this$0，而 Hello$World 类的默认构造函数是有参的 Hello$World(Hello)，而不是无参构造函数。这个参数的值会被赋予 this$0 域，赋值动作由字节码中的第 2 条指令实现。由此可见，在替换 Hello$World 的构造函数时需要替换的原始函数是有参的。但是如果内部类是 static 的，则没有这个问题。

代码清单7-2　内部类的构造函数举例

```
public class Hello{
    public class World{}
}

    //对应的字节码
    final Hello this$0;
    descriptor: LHello;
    flags: (0x1010) ACC_FINAL, ACC_SYNTHETIC

public Hello$World(Hello);
```

```
descriptor: (LHello;)V
flags: (0x0001) ACC_PUBLIC
Code:
  stack=2, locals=2, args_size=2
    0: aload_0
    1: aload_1
    2: putfield      #1                    // Field this$0:LHello;
    5: aload_0
    6: invokespecial #2                    // Method java/lang/Object."<init>":()V
    9: return
```

第二处：当替换了默认构造函数时必须显式地在新的构造函数中初始化所有域。在 Java 中，开发人员可以在声明类中的实例域（instance field）时为其赋初始值，但实际上这种赋初始值的行为是在默认构造函数里执行的，例如代码清单 7-3 中 Foo 类的 bar 域实际是在默认的无参构造函数 Foo() 中被初始化的。如果要替换原始类的默认构造函数，则必须在替换函数中显式地加上对所有实例域的初始化代码，例如代码清单 7-3 中 Target_Foo() 函数，否则它们在替换类中会被初始化为默认值。

代码清单7-3　替换默认构造函数示例

```
public class Foo{
    private Bar bar = new Bar();

    public Foo(){…}
}


@TargetClass(Foo.class)
public class Target_Foo{

    @Alias
    Bar bar;

    @Substitute
    public Target_Foo(){
        bar = new Bar();
        …
    }
}
```

7.2.5　替换类中的域

替换类中的域可以被标注为 @Inject 、@Alias、@Delete 或 @Substitute 中的一种。后两种的意义比较明显，不再赘述。@Inject 表示向替换类注入在原始类中尚不存在的域，该域不能是静态域，如果 native image heap 中已经有了替换类的实例，则 @Inject 必须搭配 @RecomputeFieldValue 注解使用。@Alias 代表了别名域，默认的域值就是原始域声明的值，如果需要修改原始域的值，就需要与注解 @RecomputeFieldValue 和 @InjectAccessors 搭配使用，下面分别介绍这两个注解。

1. @RecomputeFieldValue 的 Kind 属性

@RecomputeFieldValue 注解允许开发人员自定义运行时的实际域值，自定义方式是由 @RecomputeFieldValue 注解的 Kind 属性指定。Kind 是枚举类型，有以下可用值。

- ❑ None：不改变原始域的值，这也是不使用 @RecomputeFieldValue 注解时的默认行为。
- ❑ Reset：将域值重置为其类型的默认值，即引用类型被设为 null，布尔类型被设为 false，其他类型都设为 0。
- ❑ NewInstance：设置为新的对象实例，调用 @RecomputeFieldValue 的 declClass 属性的类的默认构造函数，将结果赋给替换域。
- ❑ FromAlias：将替换类赋给替换域的值作为运行时的域值。例如 com.oracle.svm.core. jdk.Target_java_math_BigInteger 类替换了 Java 的 BigInteger 类，替换类中只有一个 @FromAlias 的域 powercache，该域的值即在替换类的静态构造函数里初始化的 powercache 的值。
- ❑ FieldOffset：域类型为 int 或 long，其值指定了域在内存中的偏移量。指定域由 @RecomputeFieldValue 的 declClass 属性指定类，由 name 属性指定域名，域偏移量的实际值由 Unsafe.objectFieldOffset 函数计算得到。这种计算方式主要在 Substrate VM 替换 JDK 运行时类时使用，具体样例请参考 com.oracle.svm.core.heap.Target_ java_lang_ref_Reference.referentFieldOffset。
- ❑ ArrayBaseOffset：域类型为 int 或 long，其值为 @RecomputeFieldValue 的 declClass 属性指定的数组类首个元素的内存偏移量，由 Unsafe.arrayBaseOffset 函数计算得到。这种计算方式主要在 Substrate VM 替换 JDK 运行时类时使用，具体样例请参考 com.oracle.svm.core.jdk. Target_java_lang_invoke_VarHandleBooleans_Array. abase。
- ❑ ArrayIndexScale：域类型为 int 或 long，其值为 @RecomputeFieldValue 的 declClass 属性指定的数组类的元素增量值，由 Unsafe.arrayIndexScale 函数计算得到。这种计算方式主要在 Substrate VM 替换 JDK 运行时类时使用，具体样例请参考 com. oracle.svm.core.jdk.Target_sun_misc_Unsafe_JDK11OrLater.ARRAY_BOOLEAN_ INDEX_SCALE。
- ❑ ArrayIndexShift：域类型为 int 或 long，其值为 ArrayIndexScale 的 log2 对数值。这种计算方式主要在 Substrate VM 替换 JDK 运行时类时使用，具体样例请参考 com. oracle.svm.core.jdk. Target_java_lang_invoke_VarHandleBooleans_Array.ashift。
- ❑ AtomicFieldUpdaterOffset：为支持 java.util.concurrent.atomic.AtomicXxxFieldUpdater 而设置的特别类型，主要在 Substrate VM 替换 JDK 运行时类时使用。

❑ TranslateFieldOffset：域类型为 int 或 long，其值代表的域偏移量会被运行时偏移量更新。仅由 Substrate VM 运行时使用。

❑ Manual：表示域值可手动更改，仅作为标志符，实际处理时与 None 值等价。

❑ Custom：域值替换逻辑由开发人员自定义。替换实现是 @RecomputeFieldValue 的 declClass 属性指定的 RecomputeFieldValue.CustomFieldValueComputer 接口或 RecomputeFieldValue.CustomFieldValueTransformer 接口的实现类。CustomFieldValueComputer 接口的实现类必须有一个无参构造函数，接口只有一个 compute 函数，该函数会在静态分析期间被调用，以计算替换域的新值。com.oracle.svm.reflect.hosted. ExecutableAccessorComputer 类是一个典型的样例，用于在 Target_java_lang_reflect_ Method 替换类中计算 methodAccessor 替换域的值。CustomFieldValueTransformer 接口的实现类必须有一个无参构造函数，接口只有一个 transform 函数，用于根据原始域的值计算替换域的新值。因为 CustomFieldValueTransformer 基于原始域值计算新的替换域值，所以不能和注入新域的 @Inject 注解一起使用。典型的使用场景可以参考 Target_java_lang_invoke_MethodTypeForm.NewEmptyArrayTransformer 类。

2. @RecomputeFieldValue 的其他属性

@RecomputeFieldValue 注解还有以下属性。

❑ declClass：指定重计算域值时使用的类。

❑ declClassName：与上一条相同，用于当类的访问权限不可见时设置类的全名。

❑ isFinal：将替换域视为 final。

3. @InjectAccessors 注解

@InjectAccessors 注解提供了一组访问函数，将对原始域的读写操作全部重定向到访问函数。@InjectAccessors 的 value 就是定义访问函数的类，其中的访问函数必须为静态函数，以 get/set 或 get[FiledName]/set[FieldName] 命名。

根据域类型的不同，访问函数可以有 0~2 个不等的参数。具体来说，静态域的 get 函数不需要任何参数，set 函数需要一个参数；非静态域的 get 需要一个参数，set 函数需要两个参数。非静态域的访问函数的第一个参数代表原始域所在的原始类的 receiver 实例，get 函数的返回值是替换域的类型。需要注意的是，如果在 @InjectAccessors 没有定义 set 而存在对域的写操作，那么编译时也会抛出 Fatal Error；同样，如果没有定义 get 而存在对域的读操作，编译时也会抛出 Fatal Error。注入的访问函数里一定不能调用其替换的原始域，否则会造成无限递归调用。

7.2.6 替换类的静态初始化函数

通过以上介绍的各种类、函数和域的替换模式组合，我们可以实现对几乎任意元素的静态替换，使其在运行时执行新的替换元素。原始类的静态初始化函数是不能显式声明替换函数的，但实际上会被替换类的静态初始化函数换掉，因为替换过程是在编译时执行的，运行时只会执行替换类。

但是 Substrate VM 会对所有的替换类执行提前初始化优化，这就要求替换类的静态初始化函数必须符合编译时初始化规范，否则会造成两个方面的错误。

一是因为替换类会在编译时初始化并写入 native image heap，所以其中如果有任何违反编译时初始化规范的行为，都会导致编译时报类初始化错误。

二是必须保证静态初始化的语义正确，不能在其中支持任何与运行时状态相关的初始化操作，否则得到结果是编译时编译框架的运行时状态，而非期望的应用程序在运行时的状态。例如在静态初始化函数中启动线程，只会在编译时启动，而非在运行时启动；再如，假设有获取当前时间的静态域 f，在静态初始化函数中赋给 f 的是编译时的时间，而不是期望的运行时时间。对于这种静态域就需要用前文提到的 @RecomputeFieldValue 注解设置运行时的域值重计算函数。

7.3　实现原理

我们从 5.2 节的介绍中已经知道，静态编译的过程是先对字节码进行静态分析，得到基于分析类型（AnalysisType、AnalysisMethod 和 AnalysisField）的分析数据，然后将分析得到的可达函数编译到 native image。替换机制在分析开始前先将所有的可替换元素都收集起来，在分析的过程中仅将遇到的可替换类中声明的替换元素对应的原始元素替换掉，所以在分析结果的数据中，所有应替换的原始元素均已被替换掉了，编译时编译器并不用关心替换的问题。

由此可见，替换机制的实现有两个关键点：一是如何确定待替换的元素集合；二是如何实施替换。这两点是由 Substrate VM 按责任链（chain of responsibility）设计模式实现的。接下来我们先介绍 Substrate VM 如何用责任链实现了替换，再介绍如何确定待替换元素集合，因为前者是后者的基础。

7.3.1　替换机制责任链

责任链设计模式是由一组相同类型的任务接收者组成调用链条，其中的每一环都只负责处理某一类特定的任务，如果传入的任务不在自己的责任范围内，就将其传递给链条中的下一环。

1. 责任链设计

组成 Substrate VM 的替换责任链的基础类是 SubstitutionProcessor 抽象类，它的类继承树结构如图 7-2 所示。图中左边部分是类的继承结构树，右边部分是 SubstitutionProcessor 类中的元素。每个 SubstitutionProcessor 的子类都代表了一种替换任务的处理器，除了 IdentitySubstitutionProcessor 和 ChainedSubstitutionProcessor，前者是没有实际功能的占位符，后者则是责任链的实际载体类型。

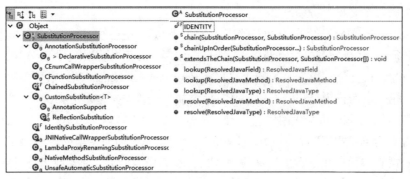

图 7-2　SubstitutionProcessor 类继承树示意图

ChainedSubstitutionProcessor 有 两 个 SubstitutionProcessor 类 型 的 域，first 和 second。first 是当前环节的任务处理器，second 指向代表下一个环节的 ChainedSubstitutionProcessor，倒数第二环的 second 指向了代表最后一环的 SubstitutionProcessor 处理器。

2. 替换责任链组织结构

图 7-3 展示了 Substrate VM 的替换链中的实际内容。深色部分是 Substrate VM 系统级别的替换处理器，在准备阶段创建分析环境 AnalysisUniverse 时构建；浅色部分是 Feature 级别的替换处理器，由 Feature 实例在 duringSetup 函数里调用 AnalysisUnive.registerFeature Substitution 函数，或 AnalysisUnive.registerFeatureNativeSubstitution 函数将新的替换处理器注册在原替换责任链尾部，扩展成新的责任链。

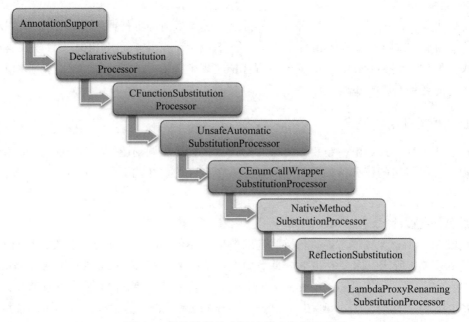

图 7-3　替换机制的责任链模式实现示意图

图 7-3 中各个替换处理器的职责如下。

1）AnnotationSupport：用于优化编译时分配的注解实现。

2）DeclarativeSubstitutionProcessor：继承了 AnnotationSubstitutionProcessor 类，用于处理通过注解（如 7.2 节介绍）声明的替换，这是替换机制最常见的用法。

3）CFunctionSubstitutionProcessor：将被 @CFunction 注解标注的 native 函数替换为 C 函数调用，从而避免通过 JNI 调用的开销。

4）UnsafeAutomaticSubstitutionProcessor：处理对 field offset、array base、array index scale 和 array index shift 等 unsafe 计算的替换。

5）CEnumCallWrapperSubstitutionProcessor：为标注了 @CEnumLookup 的本地函数生成调用 EnumRuntimeData.convertCToJava(long) 的替换函数。关于 @CEnumLookup 的内容请参见 12.3.1 节中 @CEnum 部分的介绍。

6）NativeMethodSubstitutionProcessor：处理没有 @CFunction 和 @CEumLookup 注解的本地函数替换。NativeMethodSubstitutionProcessor 只进行条件过滤工作，实际的替换由其 processor 域指向的处理器完成。本地函数替换器由相关的 Feature 实例在 duringSetup 阶段添加到全局的替换器数组（AnalysisUniverse.featureNativeSubstitutions 域）中，具体调用的函数是 AnalysisUnive.registerFeatureNativeSubstitution。当所有 Feature 实例的 during-Setup 都执行完成后，nativeImage 构造器再根据全局替换器数组构建出本地替换责任链的子链，并将子链保存到 processor 域。目前在 Substrate VM 系统中内置实现了上述本地替换器注册过程的相关 Feature 只有一个——JNICallWrapperFeature，它在本地替换责任子链中注册了 JNI 包装函数替换的处理器类 JNINativeCallWrapperSubstitutionProcessor。当然人们也可以自己开发新的本地函数替换 Feature，并添加自己的本地函数替换处理器。

JNINativeCallWrapperSubstitutionProcessor 用符合 JNI 规范的 C 函数调用替换 Java 端的本地函数调用。一般来说，假设有 Java 端的本地函数 jMethod，它在本地库中对应的 C 函数为 c_func。那么 JVM 会在运行时到符号表中寻找代表 c_func 函数的符号，获得其内存地址，然后将 jMethod 的 Java 类型参数包装为 jobject 指针，并生成 JNIEnv 环境类型的指针，在调用 c_func 时将它们作为参数传入。等 c_func 执行完成时，再将其返回的 jobject 指针（也可能时原始类型，在此不做讨论）所指向的内存中的值包装成 jMethod 的返回类型的实例，作为 jMethod 的返回值送回 Java 端。

这就是 JVM 支持 JNI 函数的大致流程，当 Java 程序被静态编译后，实际上在运行时已经不存在 Java 函数到本地函数的调用，而都是本地函数到本地函数的调用。当前的 JNI 替换处理器会将 jMethod 替换为 c_func，但是 jMethod 的参数数量和类型与 c_func 并不一致，返回值类型也不同。所以 JNI 替换处理器还要在函数调用前后加上参数和返回类型转换的代码。

Substrate VM 将 Java 的引用类型转为 WordBase 的 JNIObjectHandle 类型，关于这两个类型的详细说明请参见 12.2 节的介绍，也就是将传统 Java 需要 JVM 在运行时完成的工作提前到编译时由静态编译框架完成了。这样就消除了运行时的 JNI 调用开销。

这种替换方式与 Substrate VM 系统添加的 CFunction 替换处理器（CFunctionSubstitutionProcessor）相比，处理的函数范围更加宽泛。因为 @CFunction 标注的本地函数已按 CLibrary 的规范声明了参数和返回值，可被编译器直接映射，所以在替换处理器中不再需要进行类型转换，而只需执行 C 函数调用即可。

7）ReflectionSubstitution：反射函数调用替换处理器，由 ReflectionFeature 添加到替换链上，用于将 Method.invoke 的反射函数调用替换为直接函数调用。关于反射支持的相关内容请参阅第 8 章。

8）LambdaProxyRenamingSubstitutionProcessor：Lambda 类 的 重 命 名 替 换 处 理 器。Java 中的 Lambda 表达式是一种语法糖，javac 在编译时将其"脱糖"并编译为动态代理生成的动态类。动态代理的动态类在命名时会以该类的生成序号为后缀，导致同一个类的类名并不总是相同。重命名替换处理器就负责为 Lambda 动态类生成一个稳定、不变的名字，将 Lambda 类替换为另一个名字的类，但是内容保持不变。

3. 替换责任流转

那么替换逻辑是如何在这条责任链上流转起来的呢？SubstitutionProcessor 类处理替换的逻辑定义在三个 lookup 函数中，它们分别负责查找指定原始类、域和函数的替换类，具体查找内容取决于函数的参数类型。在替换责任链上，除了最后一环之外的每一环都是 ChainedSubstitutionProcessor，它的 3 个 lookup 函数的实现逻辑是完全一样的，以查找替换函数的 lookup 实现为例，其源码为：

```
public ResolvedJavaMethod lookup(ResolvedJavaMethod method) {
    return second.lookup(first.lookup(method));
}
```

从代码中可以看到，ChainedSubstitutionProcessor 将查找工作交给了 first 域指向的替换处理器，然后把返回的结果送入责任链的下一环继续查找。first 代表的替换处理器获取输入的原始函数后，在当前替换处理的职责范围内查找替换函数，如果找到就返回替换函数，反之则将入参返回。这里无论是否找到替换函数，都会有一个返回值送入责任链的下一环，如果找到了，那么送入下一环的就是一个替换函数，在以后的各环一定都不会存在对应的替换函数，所以最终返回的就是当前匹配到的替换函数。如果当前环节没有找到，那么就由后续各环节继续查找。如果在替换链的所有环节上都查不到，那么返回的值就是最初送入的原始函数，表示并没有为其定义过替换函数。

那么替换责任链上的各个替换处理器查找替换元素的数据源是从哪里得来的呢？或者说，各个替换处理器的待替换元素集合是如何确定的呢？

7.3.2 确定待替换元素集合

待替换元素集合是按替换责任链上的替换处理器划分的。每个替换处理器都有自己的待替换元素集合，而且也只需要处理自己的集合，不用考虑其他处理器的集合。如果两个处理器的集合存在交集，那么交集部分只会对在替换责任链上靠前的那个处理器有效，因为靠前的处理器已经将原始元素替换掉了，输入到靠后的处理器中查找的是替换元素而非原始元素，所以靠后的处理器找不到对应的替换元素。这种工作范围的划分方式完美诠释了责任链的核心思路——各人自扫门前雪，不管他人瓦上霜。

待替换元素集有两种确定方式：一是基于静态清单的方式，只有基于注解的替换处理器 AnnotationSubstitutionProcessor 类使用；二是基于规则动态计算的方式，其余所有替换处理器都使用了这种方式。

1. 基于清单方式

用 7.2 节介绍的替换注解声明替换类的方式本质上就是通过 Java 代码定义了替换清单，然后预制在 Substrate VM 框架内部。开发人员也可以根据需要声明新的替换类，但所有的替换类是在静态编译执行前就存在的，所以我们将其称为静态清单。这种方式适用针对具体的类、函数或者域进行点对点的替换。

虽然替换类的命名方式并没有强制要求，但是在 Substrate VM 中一般会以 " Target_" 开头，所以我们可以在 Substrate VM 的源码根目录下执行 Linux 命令 grep "final.*Target_" . -rI --include="*.java" | wc -l 获得 Substrate VM 中预置的替换类总量。随着 GraalVM 代码的演进，这个数量可能会变化，笔者在 GraalVM 的 master 分支上的 SHA 为 ecbf81606a16a9c-8d532cdb2d08cb9eb857b638c 的 commit 版本得到的总量是 450。这 450 个替换类是待替换类的全集，但是这些替换类并不一定总是生效。

AnnotationSubstitutionProcessor 类在初始化时会扫描每一个标注了 @TargetClass 的类，然后根据 onlyWith 属性确定该类是否生效，只将生效类纳入编译时的替换类清单中。大多数替换类的 onlyWith 属性都采用的默认值，即总是生效，但有一部分类的 onlyWith 是按 JDK 版本生效的，例如替换类 Target_java_lang_Module 的 onlyWith 属性是 JDK11OrLater. class，表示其生效条件是 GraalVM 的基础 JDK 版本大于等于 11。所以无论是使用哪个基础 JDK 版本编译出的 GraalVM 执行静态编译，编译时有效的替换类数量是一定小于 450 的。7.1 节中讨论的基于 JDK8 的 GraalVM 的有效替换类的数量就是 368 个。在编译时，AnnotationSubstitutionProcessor 的 lookup 函数就会在这 368 个替换类中寻找是否有与送入的原始类相匹配的。替换域和替换函数的清单原理也是与替换类完全一样的，在此就不再赘述。

2. 基于规则方式

替换责任链上的其他替换处理器在自己的 lookup 函数中定义了确定待替换集合的规则。在编译过程中，当替换处理器的 lookup 函数被执行到时，才会根据输入判断是否属于自己的替换范围，然后进行相应的处理。这种方式适用于对符合某种特征的所有类、函数或者域进行替换，具有批处理的特点。

典型的例子如 CFunctionSubstitutionProcessor，只负责替换有 @CFunction 注解的本地函数，其查找替换函数的 lookup 函数源码如下：

```
@Override
public ResolvedJavaMethod lookup(ResolvedJavaMethod method) {
    ResolvedJavaMethod wrapper = method;
    if (method.isNative() && method.isAnnotationPresent(CFunction.class)) {
        ...
    }
    return wrapper;
}
```

该函数里 if 判断的条件就是待替换函数的确定规则，包括两点：一是输入的函数是本地函数，二是函数上有 @CFunction 注解。符合规则就在代码中的省略号位置生成并返回代表直接函数调用的 CFunctionCallStubMethod 替换函数类型实例；不符合规则则直接返回输入的原始函数类型。

7.3.3　自定义替换内容

由上述介绍可以看出，Substrate VM 的替换机制是灵活且便于扩展的，如果在实际应用中存在超出 Substrate VM 固有替换处理器能力范围的替换需求，开发人员可以自定义替换内容。

根据具体的替换内容不同，开发人员可以采取两种不同的自定义策略。

1）添加新的替换元素：如果仅需替换某些具体的类、函数或者域，可以定义新的替换类，在其中声明对应的替换函数或者域，用相应的注解标注即可。

2）添加新的替换处理器：如果需要对符合某种特征的所有元素进行替换，那么就可以考虑定义新的替换处理器。替换责任链上注册处理器的窗口期是 Feature 的 duringSetup 阶段，所以需要创建新的 Feature 子类和 CustomSubstitution 子类，在 duringSetup 函数里调用 registerSubstitutionProcessor 函数进行注册，具体例子可以参考替换责任链上原有的替换处理器 LambdaProxyRenamingSubstitutionProcessor 的注册方式，代码在 com.oracle.svm. hosted.lambda.StableLambdaProxyNameFeature 类中。

在开发这两种自定义替换时，依赖的替换注解、Feature 接口和 CustomSubstitution 类都定义在 GRAALVM_HOME 的 ./jre/lib/svm/builder/svm.jar 库（JDK8）中，javac 编译自定义的替换代码时需要在 classpath 上添加对 svm.jar 的依赖。在执行 native-image 静态编译时，只要将 javac 编译出的自定义替换内容加到 native-image 的编译 classpath 上即可。

7.4　小结

Substrate VM 的替换机制允许开发者在不更改原始程序源码的前提下，将指定的类、函数或者域在编译时更换为指定的替换元素，使得 native image 在实际运行时执行的是替换后的元素。

（1）替换机制的典型用途

1）主要用于替换 JDK 库中不符合 native image 运行时的函数和域的内容，如对本地函数的 JNI 规范包装替换，支持 Method.invoke 反射调用时的直接调用替换等。

2）无须修改应用程序源码，替换原先程序中难以静态化的内容，如更换 MethodHandler 调用。

3）别名注解（@Alias）实现了无须反射即可开放替换目标类、函数和域的访问权限的效果。

（2）注意事项

替换类必须为 final 类，并且不能有除了 Object 之外的父类，可以说替换机制在 Substrate VM 框架中具有基础性地位。此外，替换机制也保持了开放性，支持开发人员根据自己项目的实际需要添加新的替换内容。开发人员既可以添加基于注解的、针对某些项的替换，也可以实现自己的 SubstitutionProcessor 子类并添加到替换责任链上，以定义新的替换模式。

第 8 章

类提前初始化优化

根据 JVM 规范的定义[⊖]，Java 类或接口的初始化是指调用其自身的初始化函数的行为。在运行时，Java 类在使用前都需要初始化并且只能初始化一次，所以每当执行到一个类时，都要检查其是否已经初始化过，如果没有则进行初始化。在这个过程中有两处可以优化：一是类初始化的执行耗时，二是检查类是否被初始化过的耗时。在冷启动应用程序时，因类的初始化造成的开销也相当可观。

Substrate VM 实现了将一部分可以提前初始化的类在编译时初始化的优化，带来了两大优点：一是在运行时可以直接使用初始化好的类，既不用执行初始化，也不用检查是否已经初始化，这样可以将类访问的性能提高 2 倍以上；二是在编译时，对于已提前初始化的类的静态初始化函数，无须再做静态分析，节省了分析时间。

但并不是所有的类都可以提前初始化。类初始化除了改变类本身的状态外还会产生副作用，在实际使用中，有的程序的正确性依赖于副作用，而提前初始化无法满足这种需求，可能导致运行时错误。比如在类初始化时启动线程、获取当前时间等，这些行为必须在运行时执行，在编译时执行产生的结果并不符合程序语义。所以，Substrate VM 中定义了详细的规则，确保提前初始化类优化不会影响程序执行的正确性。

本章将首先介绍 Java 中的类初始化行为，然后介绍 Substrate VM 中认定类是否可以提前初始化的标准，再介绍 Substrate VM 实现提前类初始化优化的基本过程，最后介绍该优化可能导致的问题和排查解决方法。

8.1　Java 中的类初始化

Java 类的初始化就是执行类的静态初始化函数——<clinit> 函数，以对类中定义的静态

⊖　参见 https://docs.oracle.com/javase/specs/jvms/se8/html/jvms-5.html#jvms-5.5。

域进行初始化，并且执行定义在静态代码块，即源码中 static{} 里定义的代码。

对于任意类 C，其 <clinit> 函数仅会在以下各场景中被触发检查、执行操作。

❑ 执行到 new、getstatic、putstatic 或 invokestatic 这 4 条字节码指令中的任意一个，并且指令涉及对类 C 的引用时。从源码的角度来说，就是初始化类 C 的实例、从类 C 的静态域取值、向类 C 的静态域赋值或者调用类 C 的静态函数这 4 件事情之一发生时。

❑ 通过 java.lang.invoke.MehodHandle 方式调用以上 4 条字节码指令时。

❑ 通过反射的方式调用到以上 4 种行为时触发。

❑ 初始化类 C 的任意子类时触发。

❑ 如果类 C 是程序指定的主函数所在类，那么在 JVM 启动时触发。

❑ 如果类 C 是接口并且定义了非静态、非抽象的函数，当实现了 C 的类在初始化时触发。接口中的非静态、非抽象函数是指 default 函数，以及 default 函数中使用的 private 函数。

类 C 会在以上各场景发生时被初始化，但是在初始化之前，会先检查类 C 是否已经被初始化过，只有当其没有被初始化过才会执行 <clinit> 函数，以确保类 C 只会被初始化一次。此外，为了保证在多线程环境下类初始化的唯一性，JVM 还会用同步锁保护类初始化流程。类初始化流程在 JVM 规范的 5.5 节进行了详细定义，读者如果感兴趣可以参考其中的内容。该流程至少会增加一次加锁和状态检查的开销，在多线程场景下还可能增加更多的锁竞争开销。

类初始化的过程是由 JVM 执行的，该过程对 Java 应用开发者是透明的，一般情况下用户并不需要关心。不过一种常见的利用类初始化唯一性场景的是线程安全的单例（singleton）模式的实现。单例模式是指某类只有一个实例，所有对该类实例的引用都是对这一唯一实例的引用。单例模式要求类的构造函数只能被线程安全地执行一次，以保证实例的唯一性。

代码清单 8-1 给出了这种单例模式的实现代码：Foo 类仅有 private 的构造函数，外界只能通过调用静态函数 Foo.getInstance() 获得 Foo 的实例 Foo.instance，而作为静态域的 Foo.instance 仅会在 Foo 的 <clinit> 函数中被构造出来。这种方式非常简单地实现了一个懒加载的、线程安全的单例，其核心就在于 <clinit> 仅会被线程安全地执行一次。

代码清单8-1　基于类初始化唯一性的单例模式实现

```
public class Foo{
    private static Foo instance = new Foo();
    private Foo(){…}
    public static Foo getInstance() { return instance;}
}
```

8.2　编译时的类初始化

提前类初始化优化是一把双刃剑，一方面可以降低运行时的初始化开销，但是另一方面可能会导致正确性问题。

8.2.1　类提前初始化的性能分析

在传统的 OpenJDK 中，类的初始化本身就存在一定的运行时开销，再加上为了保证初始化唯一性的多线程同步检查，开销会进一步增大。代码清单 8-2 展示了一个类初始化开销的例子。

代码清单8-2　类初始化开销示例

```java
public class InitTest {
    public static void main(String[] args) {
        new InitTest().test();
    }

    public void test(){
        long start = System.nanoTime();
        int first = DataHolder.intData[0];
        long end = System.nanoTime();
        System.out.println(end - start);

        start = System.nanoTime();
        int second = DataHolder.intData[1];
        end = System.nanoTime();
        System.out.println(end - start);
    }
}

class DataHolder {
    static int intData[];
    static {
        intData = new int[100];
        for (int i = 0; i < 100; i++) {
            intData[i] = i;
        }
    }
}
```

其中有两个类 InitTest 和 DataHolder，后者有一个 int 数组的静态域 intData，在访问它时会触发类初始化行为。我们在 InitTest.test 函数中执行两次对 intData 的访问：第一次会触发 DataHolder 类的初始化，即执行 static 代码块中初始化 intData 数组的代码，所以耗时较长；第二次对 intData 的访问也会触发 DataHolder 类的初始化流程，在执行类初始化检查时发现类已初始化过，就不会再次初始化类，仅有多线程同步加锁检查的开销。

在 JDK 中编译代码清单 8-2 的代码，然后执行 10 次取输出的平均值，可以得到第一次的平均耗时为 301843.5ns，第二次的平均耗时为 155.5ns，可见类初始化行为对运行时的性能影响十分显著。

Substrate VM 认为这种类初始化的运行时开销是可以在一定程度上避免的，如果类的初始化已经在编译时做好，那么就会在运行时节省掉类初始化、并发访问控制以及类的初始化状态检查这些耗时。根据 Substrate VM 的文档[-]，类初始化优化可以至少提升 2 倍的 native image 运行时性能。这个数据是类初始化优化前后的 native image 的性能对比，而不是 native image 与传统 JDK 的对比。

为了直观地感受类初始化优化的效果，我们使用 native-image 静态编译代码清单 8-2 中的代码，然后执行编译产物 native image 10 次取平均值，可以得到表 8-1 第二行的数据，表 8-1 中的第一行数据是 8.1 节在传统 JDK 下执行得到的。我们横向地看每种运行方式里前后两次的数据：在传统 JDK 中，由于第一次访问会执行类的 \<clinit> 函数，因此明显比第二次访问慢很多；但是在 native image 中，由于类是在编译时被初始化的，运行时不再有这部分的开销，因此前后两次的静态域访问耗时是基本相同的。可以看到，类提前初始化优化的效果是非常明显的。

表 8-1　静态编译前后访问静态域耗时表

	第一次访问（ns）	第二次访问（ns）
传统 JDK	301843.5	155.5
native image	72.5	50.5

8.2.2　类提前初始化的安全性分析

但是，提前初始化类会不会影响到程序执行的正确性呢？我们将不影响正确性称为安全，反之称为不安全，那么类的提前初始化是不是安全的呢？

这个问题无法一概而论，而是与具体的 \<clinit> 内容相关的。比如代码清单 8-2 中，DataHolder 类就是安全的，该类的 \<clinit> 初始化了 int 数组，而初始化的内容与其他类都无关，也没有依赖到运行时环境，不管在运行时还是编译时，初始化都会得到完全相同的结果。但是代码清单 8-3 中的类 Foo 就是不安全的，因为它的静态域 START_TIME 明显希望获得运行时第一次触发 Foo 类初始化时的时间值，所以提前初始化会导致 START_TIME 中保存的是编译时的时间，与程序的语义不符，会导致各种不可预知的错误。

代码清单8-3　提前初始化不安全的类示例

```
public class Foo{
    private static final long START_TIME = System.nanoTime();
    ...
}
```

Substrate VM 在实现类提前初始化优化时，建立了对类的提前初始化安全性的判断规则，只有符合规则，被确认为安全的类才会被优化。具体规则如下。

1）基本类型都被认为是安全的，会进行提前初始化。基本类型包括：注解接口[=]、枚举

[-] 参见 https://github.com/oracle/graal/blob/master/docs/reference-manual/native-image/ClassInitialization.md。

[=] 通过 @interface 声明的注解接口。

类型、原始类型、数组、为注解生成的动态代理类、包含 $$StringConcat 的动态字符串拼接类[⊖]。

2）native image 运行时的支持类：由 Substrate VM 维护的运行时类，如 Substrate VM 的框架类、JDK 核心类、垃圾回收器等都被认为是安全的，会被提前初始化。

3）应用程序定义的类和应用程序使用的三方库中的类 C：只有当类 C 所有的相关超类都是安全的，并且类 C 的 <clinit> 函数是安全的，则类 C 就是安全的。

① 相关超类，指 C 类的所有父类以及 C 类实现的含有 default 函数的接口。

② 当一个函数 M 存在以下任意一种情况时，我们认为 M 是不安全的函数。

❑ M 会最终调用到本地函数。因为本地函数是无法被分析的，不知道其中是否存在产生副作用的内容，所以统一将其视为不安全。

❑ M 函数中调用了无法唯一绑定实现的虚函数。这个限制主要是为了控制静态分析时的搜索空间范围。

❑ M 函数是 Substitution 机制的替换目标函数。

❑ M 函数调用了其他不安全的函数。

❑ M 函数中存在对另一个类的静态域的依赖。

这些规则是由以下函数具体实现的：

❑ com.oracle.svm.hosted.SVMHost.checkClassInitializerSideEffect；

❑ com.oracle.svm.hosted.classinitialization.EarlyClassInitializerAnalysis.canInitializeWithoutSideEffects；

❑ com.oracle.svm.hosted.classinitialization.ConfigurableClassInitialization.computeInitKindAndMaybeInitializeClass；

❑ com.oracle.svm.hosted.classinitialization.TypeInitializerGraph 类中的多个函数。

它们在不同阶段各自完成一部分规则的计算，最终得到完整的类初始化时机分析结果，我们将在下一节介绍它们的实现原理。

抛开技术原因而难以实现的分析场景，以上规则的核心点是，只有当一个类的初始化不会产生副作用时才可以安全地提前初始化。副作用是指会对其他类产生影响，比如会引起其他类的初始化或者会依赖其他类的状态等。如果类不能在编译时安全初始化，Substrate VM 就会将其保留到运行时，依然按照 JVM 规范中定义的时机进行初始化，以保证程序的正确性。

代码清单 8-4 中给出了一个类初始化依赖其他类状态的例子。静态域 Bar.count 的值是在另一个类的静态域 Foo.count 之上加 1 得到的，而 Bar 类是在 Foo.test 函数中给静态域 Foo.count 加 1 之后才触发初始化的。那么在 main 函数里输出 Bar.count 处对其的期望值就是 2。这个例子就要求 Bar 类是不能进行提前初始化的，否则 Bar.count 的值就是 1。

⊖ 自从 JDK 9 开始，JDK 动态生成名字以"$$StringConcat"结尾的字符串拼接类处理字符串的拼接。

代码清单8-4　依赖到其他类的状态的类初始化示例

```java
public class DependencyTest {
    public static void main(String[] args) {
        new Foo().test();
        System.out.println("Bar.count:" + Bar.count);
    }
}

class Foo {
    public static int count = 0;

    public void test() {
        count++;
        Bar.test();
    }
}

class Bar {
    public static int count = 0;

    static {
        count = Foo.count;
        count++;
    }

    static void test() {
    }
}
```

　　我们将代码清单 8-4 中的代码静态编译后执行，可以看到输出的结果是 Bar.count:2，与预期相符。如果在静态编译时加上 -H:+PrintClassInitialization 选项，就可以将每个类的初始化时机和原因输出到名为 reports/class_initialization_report_[time_stamp].csv 的报告文件中。这里的 [time_stamp] 是指打印报告的时间戳，从报告文件中可以查到 Bar 类的初始化时机是 RUN_TIME，代表会在运行时初始化。如果我们加上 --initialize-at-build-time=Bar 编译选项强制要求在编译时提前初始化 Bar，虽然也可以成功编译[⊖]，但是运行时的输出结果是 Bar.count:1，与在传统 JDK 下执行的结果不一致，意味着 Bar.count 的值是错误的。可见 Substrate VM 的提前初始化优化规则是有效的，而我们不能轻易手动控制类初始化的时机，这一点在实施静态编译适配时非常重要，我们会在 8.4 节进一步讨论手动更改类初始化时机的问题。

　　com.oracle.svm.test.clinit.TestClassInitializationMustBeSafeEarly 类中给出了针对各种类初始化场景的测试，有兴趣的读者可以阅读该类的源码以了解更多可以支持类提前初始化的场景。在 GraalVM 的源码根目录下执行下面的命令，可以静态编译并执行该测试类：

　　⊖　很多场景下强制类提前初始化可能会导致编译时错误。

```
mx -p substratevm/ clinittest
```

8.3 优化实现原理

Substrate VM 将类的初始化时机分为 3 种。

❑ 提前初始化，表示为 BUILD_TIME 初始化；

❑ 延迟初始化，表示为 RUN_TIME 初始化；

❑ 重初始化，表示为 RERUN。

重初始化主要针对 Substrate VM 框架中的类，普通用户可以忽略。提前初始化和延迟初始化是 Substrate VM 的两种主要初始化策略。如果一个类被分析认为可以提前初始化，那么它立即就会被初始化，所以一旦类被判定为可提前初始化，结果就是不可逆的。

JDK 的核心类在 com.oracle.svm.hosted.jdk.JDKInitializationFeature 类的 afterRegistration 函数里就被批量注册为提前初始化了，它们的初始化正确性由 Substrate VM 负责保证。这里一共注册了 71 个 JDK 包中的类为核心类，具体的包名可以从源码中查看，在此就不一一列举。Substrate VM 框架中有 10 个包的类在 ClassInitializatioFeature.initializeNativeImagePackagesAtBuildTime 函数里注册为提前初始化。其他的 Feature 也可以调用 RuntimeClassInitializationSupport. initializeAtBuildTime 函数以编程的方式将包或者类注册为提前初始化。用户也可以通过选项 --initialize-at-build-time=xxx 或者 -H:ClassInitialization=xxx:build_time 在编译时指定需要提前初始化的包或者类，其中 "xxx" 可以是包名或者类名。但是，**我们强烈不建议轻易使用这个选项将一个类提前初始化，除非使用者非常了解该类**，知道其初始化造成的影响范围。在大多数情况下，使用者并不知道初始化一个类是否会产生副作用。

除去这些显式设定的类之外，为了保证正确性，其他所有类的初始化时机都默认设置为运行时，然后在编译时通过初始化时机分析确定实际的初始化时机。类初始化时机的分析可以按照与静态分析的先后关系分为早期、中期、后期三个阶段，每个阶段结合当前已有的数据进行有针对性的分析。由于已经初始化过的类的 <clinit> 函数不需要参与后续的静态分析，因此尽可能地提早分析可以缩小静态分析的输入范围，降低静态分析耗时。

图 8-1 给出了初始化分析的流程示意，图中的实心方框为类初始化的分析动作。最左边两步是在静态分析开始之前的早期初始化分析，此时因为尚没有静态分析提供的详尽数据，开展的是较为简单的分析；中间的 "初始化正确性检查" 是分析过程中的初始化正确性分析，主要目的是尽早发现是否存在分析结果与实际初始化情况相矛盾的情况；右边的 TypeInitializerGraph 分析指在静态分析完成后进行的后期初始化分析，此时已经具有完整的静态分析数据，对早期认为需要延迟初始化的类再做一次分析，以得到最终的结果。

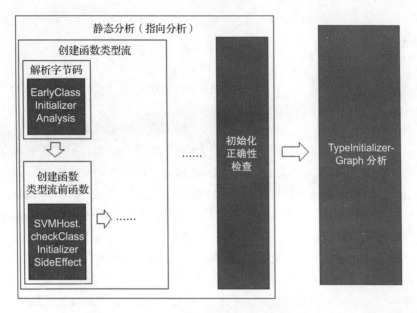

图 8-1　类初始化分析流程示意图

8.3.1　早期阶段分析

早期的分析有两项，分别在 EarlyClassInitializerAnalysis 类中的多个方法和 SVMHost. checkClassInitializerSideEffect 函数中进行。早期分析缺少静态分析提供的类型流信息，并不知道一个非 final 类的实例在其所在上下文中的可能类型，所以无法进一步得知该实例调用的虚函数会具体绑定到哪一个子类的实现，那么就不能进入具体的函数实现中做进一步分析。所以早期分析使用的规则都是保守简单的，如果一个类可以通过最保守的检查，那么它一定是可以被提前初始化的；但是如果未能通过，不代表这个类一定不能被提前初始化，我们可以将其留待下个阶段，等有了更多的分析数据时再做判断。

静态分析会从分析入口开始构造函数的类型流，该函数类型流是指从当前函数可以调用到哪些函数，尤其需要分析使用到的虚函数会绑定到哪些目标函数。在构建函数类型流之前需要先把当前函数从字节码解析到 Graal IR，当遇到会触发类初始化的字节码指令时就会最终调用 EarlyClassInitializerAnalysis.canInitializeWithoutSideEffects 函数，分析该类的初始化是否会造成副作用。如不会造成副作用，则代表该类可以被提前初始化，并会立即初始化，同时将该类在初始化状态表中记录为 BUILD_TIME；如会造成副作用，则将该类在初始化状态表中先记录为 RUN_TIME，留待后续分析获得更多数据后再次分析。

因为此时信息较少，对 <clinit> 函数有副作用的判断条件如下。

❑ 遇到除自己所在类以外的任何未初始化的类。如果类 A 的 <clinit> 函数会执行到尚未初始化的类 B，则会将类 A 判定为 RUN_TIME 初始化。假设类 A 不存在其他不能提前初始化原因，并且在后续的分析过程中发现 B 是可以提前初始化的且成功执行了初始化，那么类 A 会在后期的分析中会被判定为 BUILD_TIME 并执行初始化。本条件的执行函数是 EarlyClassInitializerAnalysis$AbortOnUnitializedClassPlugin. apply。

❑ 如果 <clinit> 中存在无法被内联（inline）的函数。在执行本条件的分析前会对调用的函数尝试不限深度的递归内联，因为在字节码解析阶段任何虚函数和本地函数都不能被内联，所以如果经过内联后的 <clinit> 中依然存在函数调用，那么就可以认为这个类初始化是有副作用的。假设当前分析的是 A 类的 <clinit> 函数，如果其中依然还有函数调用，那么被调用的函数一定是虚函数或本地函数，就先将 A 记录为 RUN_TIME。如果 A 仅因为虚函数而被判定为 RUN_TIME，那么等到后期获得静态分析的数据，就可以确定其中的虚函数是否能够唯一绑定到某个类型。如果是，则 A 会被判定为 BUILD_TIME，并立即初始化。

❑ <clinit> 中存在对其他类的静态域访问。对其他类静态域的读操作意味着存在对其他类的状态依赖，而写操作意味着其他类会依赖到当前类的状态，这两种都是副作用的表现。

对 <clinit> 函数的分析是在该函数的 IR 图上逐节点进行的，当以上三个判断条件中任意一个为真，就会认为该类的初始化存在副作用并终止对剩余节点的分析，以节省分析时间。

图 8-1 右侧所示的晚期分析是基于函数的初始化安全性进行的，而各个函数的安全性初始化工作由 SVMHost.checkClassInitializerSideEffect 函数在静态分析开始前完成。该函数基于三点规则判断一个函数是否存在副作用。

❑ 如果函数中会初始化其他尚未被初始化过的类，那么认为该函数是有副作用的。这与 EarlyClassInitializerAnalysis 中的第一点是一致的。

❑ 如果一个 <clinit> 中存在对其他类的静态域访问，那么该 <clinit> 就是有副作用的。这与 EarlyClassInitializerAnalysis 中的第三点是一致的。

❑ 如果函数中存在不安全的内存访问或 thread-local 变量访问，那么认为函数是有副作用的。因为 Java 函数中很少会使用到不安全的内存访问，所以社区认为不值得花费时间去进一步分析这个问题；而 thread-local 变量是在运行时才会生效的，所以不能在编译时初始化。

当以上三个规则之一为真时，目标函数就会被记录在 classInitializerSideEffect HashMap 表中。在后期分析中，该表会被作为函数安全性初始化时的重要依据。

早期分析比较保守，目的在于尽早将一定可以提前初始化的类识别出来，减轻后续静态分析的压力。此时被判断为 RUN_TIME 初始化的类，或者具有副作用而被认为不安全的函数，在后期的分析中依然有反转的可能。

8.3.2 中期阶段分析

中期阶段是指处于静态分析执行的过程中。在这个阶段类初始化分析的工作内容仅限于对已有的分析结果进行正确性判断,尽早发现显示需在运行时初始化但已经初始化过的类,并将这种矛盾之处作为编译错误报告出来。

ConfigurableClassInitialization.checkDelayedInitialization 函数执行提前初始化的正确性检查,该函数会在 duringAnalysis 和 afterImageWrite 两个阶段中执行,检查所有已经被判定为 RUN_TIME 初始化的类是否已经被初始化过了,如果是则会报出错误,并且提示用户可以通过设置 -H:+TraceClassInitialization 选项检查类被初始化的原因。

函数 checkDelayedInitialization 调用了 sun.misc.Unsafe.shouldBeInitialized 函数判断给定的类是否已经被初始化过。函数 shouldBeInitialized 只有一个 Class 类型的参数 c,在调用初始化类的函数 sun.misc.Unsafe.ensureClassInitialized 不产生任何效果时返回 false,否则返回 true。只有当一个类已经被初始化后,再次试图初始化它才不会产生任何效果,所以当函数 shouldBeInitialized 的返回值为 false 时,我们就可以知道它的参数 c 代表的类必然已经被初始化过了。

代码清单 8-5 构造了一个简单的测试,用于说明中期阶段检查的作用。这个例子里的入口类是 DelayInitTest,它的初始化会引起 ShouldDelay->C1->C2 的初始化,其中 ShouldDealy 和 C2 的 <clinit> 都是不安全的,因为它们都会调用本地函数。按照初始化安全性的算法,例子中所有的类都会在 RUN_TIME 初始化。

代码清单8-5 用于中期阶段检查说明的测试样例

```
public class DelayInitTest {
    static {
        ShouldDelay c = new ShouldDelay();
    }

    public static void main(String[] args) {

    }
}


class ShouldDelay {
    static {
        C1 c1 = new C1();
    }
    private static long now = System.nanoTime();
}

class C1{
    static {
        C2 c2 = new C2();
    }
}
```

```
class C2{
    private static long now = System.currentTimeMillis();
}
```

出于演示的目的，我们会用手动配置的方式刻意改变部分类的初始化时机，以触发中期阶段检查失败报错。执行的编译命令如下所示：

```
$GRAALVM_HOME/bin/native-image -cp bin --initialize-at-run-
time=ShouldDelay --initialize-at-build-time=DelayInitTest -
H:+ReportExceptionStackTraces DelayInitTest
```

命令中将 ShouldDelay 设置为 RUN_TIME 初始化，将 DelayInitTest 设置为 BUILD_TIME 初始化。这里的设置顺序很重要，如果先设置 DelayInitTest 为 BUILD_TIME，后设置 ShouldDelay 为 RUN_TIME，则会报出不一样的错误，因为初始化的设置是按设定顺序线性执行的。执行本例的命令在编译构建时就会触发如代码清单 8-6 所示报错：

代码清单8-6　中期阶段检查失败报错信息

```
[delayinittest:1613]    classlist:    3,268.85 ms,   1.11 GB
[delayinittest:1613]       (cap):    2,098.60 ms,   1.11 GB
[delayinittest:1613]       setup:    4,082.81 ms,   1.57 GB
To see how the classes got initialized, use --trace-class-initialization=ShouldDelay
[delayinittest:1613]    analysis:    3,511.06 ms,   1.63 GB
Error: Classes that should be initialized at run time got initialized during image building:
    ShouldDelay the class was requested to be initialized at run time (from the
        command line with 'ShouldDelay'). To see why ShouldDelay got initialized
        use --trace-class-initialization=ShouldDelay

com.oracle.svm.core.util.UserError$UserException: Classes that should be
    initialized at run time got initialized during image building:
    ShouldDelay the class was requested to be initialized at run time (from the
        command line with 'ShouldDelay'). To see why ShouldDelay got initialized use
        --trace-class-initialization=ShouldDelay

  at com.oracle.svm.core.util.UserError.abort(UserError.java:68)
  at com.oracle.svm.hosted.classinitialization.ConfigurableClassInitialization.
      checkDelayedInitialization(ConfigurableClassInitialization.java:555)
  at com.oracle.svm.hosted.classinitialization.ClassInitializationFeature.during
      Analysis(ClassInitializationFeature.java:168)
  ...
[delayinittest:1613]      [total]:   11,076.45 ms,   1.63 GB
```

为了节省篇幅，代码清单 8-6 中用省略号代替了部分调用栈信息。从中可以看到，错误是在分析期间报出的，错误信息告诉我们 ShouldDelay 本应在 RUN_TIME 初始化，但是在编译期间就已经被初始化了，并且提示可以使用 --trace-class-initialization=ShouldDelay 选项追踪查看 ShouldDelay 类被初始化的调用链。

当遇到 checkDelayedInitialization 函数检查失败并终止构建时，用户有两个选择：

❑ 直接将失败的类初始化时机提前到 BUILD_TIME；

❑ 检查本应在 RUN_TIME 初始化的类为何会提前初始化。

第一种做法看似简单、直接，但是风险较高，可能会引发更多的问题。因为初始化一个类会产生连锁反应，导致更多类的初始化。在代码清单 8-5 所示的例子中，如果将 ShouldDelay 设置为 BUILD_TIME 初始化，那么会导致 C1 和 C2 两个类也被提前初始化，而 ShouldDelay 和 C2 的提前初始化会引起运行时错误。只有在充分了解一个类的初始化行为时，才能安全地将其设置为 BUILD_TIME 初始化。

第二种做法则是推荐的做法，先通过 --trace-class-initialization= 选项调查类发生初始化的原因，再决定应当如何处理。--trace-class-initialization= 选项会在运行静态编译框架时加载 GraalVM 中的 native-image-diagnostics-agent（以下简称 diagnostics-agent，其库文件位于 $GRAAL_VM/jre/lib/amd64/libnative-image-diagnostics-agent.so）。diagnostics-agent 也是通过 Substrate VM 的 CLibrary 机制（详细介绍请见第 11 章和第 12 章）实现的 JVMTI agent，它在每个指定类的 <clinit> 函数上都添加了函数断点。当 <clinit> 被调用时会记录下调用栈，在中期检查失败时把调用栈信息打印出来。对于代码清单 8-5 所示的例子，当我们打开 --trace-class-initialization=ShouldDelay 选项，在发生中期阶段检查报错时，除了代码清单 8-6 中的信息之外，还会额外打印出如下错误信息：

```
Error: Classes that should be initialized at run time got initialized during image
    building:
ShouldDelay the class was requested to be initialized at run time (from the
    command line with 'ShouldDelay'). DelayInitTest caused initialization of this
    class with the following trace:
        at ShouldDelay.<clinit>(DelayInitTest.java:13)
        at DelayInitTest.<clinit>(DelayInitTest.java:3)
```

从打印出的调用栈可以看到 ShouldDelay 类是如何被初始化的，借助这个信息就可以去检查代码，确定问题的根源。在这个例子里就可以看到，如果不让 ShouldDelay 被提前初始化就不能让 DelayInitTest 类提前初始化，所以应该将 --initialize-at-build-time=DelayInitTest 的设置去掉，让 ShouldDelay 类在 RUN_TIME 初始化。

8.3.3 后期阶段分析

后期阶段分析是在静态分析完成后，分析函数可以访问全部静态分析数据时进行的，具体是在 ClassInitializationFeature.afterAnalysis 函数中经过初始化状态、计算函数状态和汇总结果三步完成。

（1）初始化状态

经过静态分析后，从程序入口可达的所有的函数和类型都保存在 AnalysisUniverse 类的唯一实例 universe 中。初始化状态这一步为 universe 中所有的类和函数都设置了提前初始化的安全性初始值，具体是在 TypeInitializerGraph 类的构造函数中执行的。所有的非替换且没有手动设置为 RUN_TIME 初始化的类都被标识为安全的，其他类则是不安全的；所有非替换函数、8.3.1 节中介绍的 SVMHost.checkClassInitializerSideEffect 函数、检查有副作用的函数、会调用本地函数或不能静态绑定虚函数的函数为不安全的，其他函数则为安全的。因为此时静态分析已经完成，所以 TypeInitializerGraph 有足够的信息判定虚函数是否能够被静态地唯一绑定，也就是虚函数是不是有唯一的实现。

（2）计算函数状态

这一步执行了 TypeInitializerGraph.computeInitializerSafety 函数，会迭代地基于以下规则依次检查各个函数的安全性，直到没有函数的状态再被更新：

❑ 调用了任何不安全的函数；

❑ 依赖了任何不安全的 <clinit>；

❑ 依赖了任何不安全的类。

如果符合以上任一条件，则当前正在检查的函数的状态会被更新为不安全。

（3）汇总结果

这一步在 ClassInitializationFeature.initializeSafeDelayedClasses 函数中执行，对先前被设置为 RUN_TIME 初始化，但是经过上一步的分析被认为安全的类执行初始化。经过三个阶段的分析，我们将所有经过算法证明安全的类都提前初始化好了。这些类的数据被写入 native heap，运行时会直接使用，无须再次初始化。编译器也不会再为它们生成初始化检查和初始化调用的代码，进一步降低了运行时开销。

8.4 手动设置类初始化时机

除了 8.3 节介绍的自动分析类初始化时机之外，Substrate VM 也支持开发人员和使用者手动对类初始化的时机进行设置。这种机制可以将某些已知初始化安全性的类的初始化时机固化下来，避免重复分析，以节省分析时间。但是，用户必须在完全了解要配置的类的初始化行为的前提下，非常小心地使用这项机制，因为错误的配置会导致编译时（如在 8.3.2 节介绍的检查中失败）或者运行时错误（如代码清单 8-4 中的例子）。

手动配置支持编程式和选项式两种方式，人们可以根据自己的实际情况选择具体的方式。

接口 org.graalvm.nativeimage.impl.RuntimeClassInitializationSupport 定义了编程式配置需要使用的函数：

❑ void initializeAtRunTime(String name, String reason);

❑ void initializeAtBuildTime(String name, String reason);

❑ void rerunInitialization(String name, String reason);

❑ void initializeAtRunTime(Class<?> aClass, String reason);

❑ void rerunInitialization(Class<?> aClass, String reason);

❏ void initializeAtBuildTime(Class<?> aClass, String reason)。

见名知义，这些函数的功能在此就不再一一详述。具体的使用方法可以参考 com.oracle.svm.hosted.jdk.JDKInitializationFeature.afterRegistration 函数。需要说明两点如下。

1）String 类型的参数既可以是类名也可以是包名。

2）使用 initializeAtRunTime(Class<?> aClass, String reason) 将 aClass 推迟到运行时初始化时，aClass 必须是尚未初始化的类，已经被初始化的类是无法推迟初始化的。那么在获取 aClass 时就不能使用会初始化结果类的 Class.forName(String name) 函数，而要使用 Class.forName(String name, boolean initialize, ClassLoader cl) 函数，并显式地将 initialize 参数设置为 false。

选项式配置有两种风格的选项：--initialize-at-[run|build]-time=<class.name> 和 -H:ClassInitialization=<class.name>:[build_time|run_time]。它们具有完全相同的效果，因为前者最终也是被解析为后者再送入 native-image 启动器的。选项的值是需要配置的类或包的全名，多个值之间使用逗号分隔。选项中的值最终会被 Substrate VM 框架以上述的编程方式注册到分析和编译过程中。

手动设置类的初始化状态可能会遇到 8.3.2 节中所介绍的检查失败问题，需要按照其中介绍 --trace-class-initialization= 选项定位问题。

8.5　小结

本章介绍了 Substrate VM 的一项重要优化——类提前初始化优化，该优化将原本应该在运行时执行的类初始化提前到了编译时执行，不仅去掉了运行时的初始化开销，而且减少了静态分析的输入内容，提高了静态分析的性能。

提前初始化的要点有：

❏ 编译时提前初始化的类不需要在运行时初始化和进行初始化检查，可以获得 2 倍左右的性能提升；

❏ 并不是所有的类都可以提前初始化，Substrate VM 实现了类提前初始化分析，最主要的判定标准是类初始化动作是否会产生副作用；

❏ 用户也可以通过选项手动指定类初始化的时机，如果不是非常了解一个类的初始化行为，则不推荐轻易将类设置为提前初始化；

❏ Substrate VM 提供了选项 --trace-class-initialization= 开启跟踪类初始化的调用栈功能，可用于发生意外提前初始化时的问题诊断。

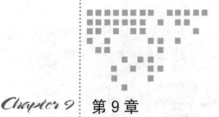

反射的实现与优化

　　反射是 Java 语言的一项重要特性，可以帮助开发人员在运行时不受限制地访问任何类、域和函数等反射目标，并且调用任何函数。反射的目标甚至不需要在编译时存在，只要在运行时存在即可。这种异常灵活的编程方式在 Java 程序中广泛存在，甚至是很多流行开源框架的实现基石，比如非常流行的 Java EE 轻量级开源框架 Spring 的核心理念——依赖注入，就是基于反射实现的。

　　但是，反射的动态性违反了静态编译的封闭性原则，为静态编译带来了巨大的挑战。对反射目标的静态分析可以归结到字符串分析问题上，因为反射的目标是用字符串表达的，而字符串的实际值在静态分析中是几乎无解的。图 9-1 给出了反射调用示意，假设从程序入口开始经过各种调用后抵达了一个通过反射执行的函数调用——Method.invoke，该调用指向了反射目标函数（用虚线表示），随后又会引出一系列调用。在静态编译中，缺少了反射目标信息就意味着从反射调用到反射目标之间的这条调用虚线中断了，那么右下方的众多程序都会被认为不可达而不会编译到 native image 中，造成程序的正确性问题。

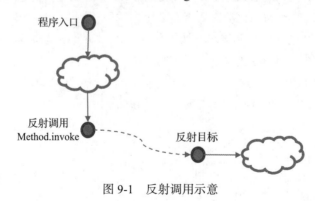

图 9-1　反射调用示意

Substrate VM 基于配置实现了对反射的支持，即在编译阶段另外提供一个反射配置文件，告诉编译器反射的目标有哪些。在掌握了反射目标信息后，Substrate VM 进一步优化了反射的运行时实现，使得静态编译的反射运行时性能较传统方式提升了 6 倍。但这种实现方式依然存在一些局限性，有待进一步完善提高。

本章将首先回顾反射在 OpenJDK 中的传统实现方式，然后分别介绍反射配置文件的产生与静态编译在编译时和运行时对反射的实现。

9.1 反射在传统 Java 中的实现

Java 的反射可以分为两个部分：获取反射目标和执行反射操作，也就是对谁做什么。首先，通过调用获取反射目标的 API 拿到拟执行反射操作的元素（包括类、域、函数和构造函数），具体的 API 为表 9-1 中的"获取反射目标"类型的所有函数。接下来，对获取的目标元素执行反射操作，具体的 API 为表 9-1 中的"执行反射操作"类型的所有函数。

表 9-1　JDK 中的反射 API 表

功　能	JDK API	类　型
获取类	java.lang.Class#forName	获取反射目标
获取类中声明的指定名称的域、函数、构造函数	java.lang.Class#getDeclared[Field/Method/Constructor]	
获取类中指定名称的公有域、函数、构造函数	java.lang.Class#get[Field/Method/Constructor]	
获取类中所有域、函数、构造函数	java.lang.Class#getAllDeclared[Field/Method/Constructor]s	
获取类中所有公有域、函数、构造函数	java.lang.Class#getAll[Field/Method/Constructor]s	
设置访问权限	java.lang.reflect.AccessibleObject#setAccessible	执行反射操作
获得引用类型域的值	java.lang.reflect.Field#get	
获得原始类型域的值	java.lang.reflect.Field#get[Int/Float/Double/…]	
设置引用类型域的值	java.lang.reflect.Field#set	
设置原始类型域的值	java.lang.reflect.Field#set[Int/Float/Double/…]	
调用构造函数得到新实例	java.lang.reflect.Constructor#newInstance	
调用函数	java.lang.reflect.Method#invoke	

无论获取哪种反射目标元素，都要先拿到元素所在的类，所以 Java 反射的隐含条件是反射目标元素所在的类必须在 classpath 上。接下来会检查元素所在类对象的 reflectionData 域中是否已经缓存了拟反射的元素，如有则返回缓存值，如果没有再通过本地函数查找反射目标，然后把结果填入缓存再返回。图 9-2 以获取指定名的 Method 对象的 getDeclared Method 函数为例展示了这一过程，除了获取类的 Class.forName 函数流程有所不同⊖，获取其他元素的流程均与其相似。

⊖　Class.forName 没有缓存，总是调用本地函数的 Class.forName0 来获取指定类。

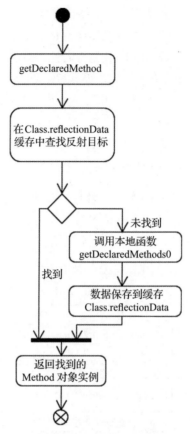

图 9-2 JDK 反射获取函数的流程

由上述内容可知，获取反射目标元素至少需要调用一次本地函数，性能较差。代码清单 9-1 展示了缓存反射目标前后的性能差距，代码对 java.util.ArrayList 的 DEFAULT_ CAPACITY 域执行了两次反射访问。由以上介绍可知，第一次反射执行了 JNI 调用，第二次反射则从缓存中读取数据。运行这段代码可以看到两次调用有 10 倍左右的性能差距。

代码清单9-1 反射获取域的性能对比代码示例

```
int loop = 2;
Class<?> arrayListClazz = ArrayList.class;
while (loop > 0) {
  long start = System.nanoTime();
  Field f = arrayListClazz.getDeclaredField("DEFAULT_CAPACITY");
  long end = System.nanoTime();
  System.out.println(String.format("Consume time %d nanoseconds", (end - start)));
  loop--;
}
//输出结果
Consume time 81000 nanoseconds
Consume time 7200 nanoseconds
```

　　需要注意的是，虽然通过缓存可以提高第二次及以后的反射访问性能，但 reflectionData 域是 SoftReference，所以当程序内存吃紧时会被 GC 回收。也就是说，反射数据的缓存并不是持久的，通过缓存得到的性能提升依然会发生退化。

　　执行反射操作的实现思路与获取目标元素的思路是类似的，也要先通过本地函数调用，当调用次数超过一个名为 inflationThreshold 的阈值（默认为 15）后才使用动态生成的实现反射调用操作的快速版本，这个生成快速版本的过程被称为反射膨胀（reflection inflation）。

　　图 9-3 展示了反射执行函数 javal.lang.reflect.Method.invoke 对目标函数进行反射调用的流程。

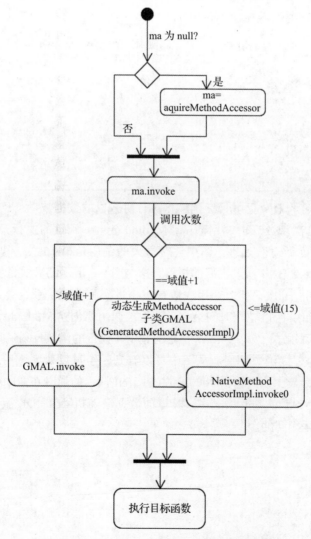

图 9-3　Method.invoke 在 JDK 中的实现过程

当第一次调用 invoke 时，会调用 Method. acquireMethodAccessor 函数构建新的 Method-Accessor 对象，即 Method.invoke 函数中的变量 ma，这一步会比较耗时。在之后的 invoke 调用中，都会使用 ma 代理的类执行 invoke 操作。当调用次数小于等于 inflationThreshold 时，代理的类是执行本地函数调用的 NativeMethodAccessorImpl；当调用次数首次超过阈值时，会为当前的反射调用动态生成一个调用类 GeneratedMethodAccessorImpl（以下简称 GMAL），然后把 ma 的代理类设置为 GMAL，新的代理类会在下次反射调用时生效，本次依然使用本地函数进行反射调用；当调用次数大于阈值加 1 时，才通过 GMAL 执行。假设拟反射执行的函数为 M，参数列表为 P，返回值为 R，则动态生成的 GMAL.invoke 代码会先对 P 中的原始类型参数进行拆箱，然后调用 M，最后将 R 装箱返回。

代码清单 9-2 展示了反射膨胀前后的性能变化。

代码清单9-2　反射膨胀前后的性能对比示例

```
while(loop < 30) {
  long start = System.nanoTime();
  m.invoke(null);
  long end = System.nanoTime();
  System.out.println(String.format("%d: invoke time is %d nanoseconds", loop + 1,
      end - start));
  loop++;
}
```

在上述代码中，为避免反射目标函数在执行时造成的数据波动，反射调用了一个空函数。重复执行了 30 次函数反射调用测试，Method.invoke 函数的执行开销结果如图 9-4 所示，图中纵坐标轴已做对数处理。图中耗时最大的调用是第 16 次，其次是第 1 次。从第 2～15 次的耗时大致是第 17 次及以后的 2 倍，这与图 9-3 展示的算法是相符的。

当调用次数达到 16 次，此时调用次数首次超过膨胀域值，系统会生成 GMAL 类，但是依然通过 JNI 执行，所以花费时间最多。第 1 次调用要创建 MethodAccessor 实例，所以花费时间也比一般调用多。第 2～15 次都是通过 JNI 执行的函数反射调用，第 17 次以后是通过 GMAL 执行的直接函数调用。从图中可以看到，经过反射膨胀后，通过调用 GMAL 执行反射调用的耗时最少，大概在 3000ns 左右，JNI 调用的耗时在 4000ns 左右，而反射膨胀当次的耗时是 GMAL 的 660 倍之多。具体的数据会随机器和 JDK 版本的不同而有所不同，但是总体趋势是相同的。

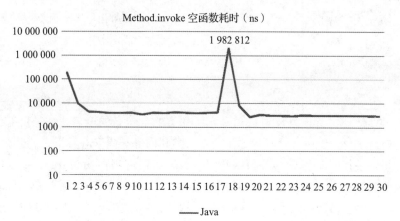

图 9-4　传统 Java 执行 Method.invoke 函数开销（纵坐标已做对数处理）

9.2　基于配置的支持

因为反射的目标信息往往只有在运行时才能获得，在编译时几乎无法从源码中静态地分析出来，所以在静态编译中支持反射的最大困难在于如何在编译时知道反射的目标元素是什么。这个问题至今没有一个完美的解决方案，目前的解法是将反射的目标信息以配置的形式额外提供给 Substrate VM，虽然可以应对一般的使用，但是仍然存在较明显的局限性。

9.2.1　反射配置文件

表 9-1 中"获取反射目标"类型的函数都是由 String 类型的参数指定反射目标的，当该参数是字符串常量时，编译器可以掌握反射的目标，但是当该参数为变量时，静态分析就无能为力了，因为字符串的值只有在运行时才能得到。对于这个问题，Substrate VM 只能借助人为干预，要求用户将反射目标信息以配置文件的形式作为编译的输入之一提供给编译器。反射配置文件是默认文件名为 reflect-config.json 的 json 文本，其 json schema 如代码清单 9-3 所示。

代码清单9-3　反射配置的json schema

```
{
String name; // 含包名的类全名
boolean allDeclaredConstructors; // 对应Class.getDeclaredConstructors()
boolean allPublicConstructors;    // 对应Class.getConstructors()
boolean allDeclaredMethods;       // 对应Class.getDeclaredMethods()
boolean allPublicMethods;         // 对应Class.getMethods()
boolean allDeclaredFields;        // 对应Class.getDeclaredFields()
boolean allPublicFields;          // 对应Class.getFields()
{
    String name;                  // 函数名
```

```
    String[] parameterTypes; // 参数类型列表（可选项，函数名不能唯一确定时使用）
  }[] methods;
  {
      String name;            // 域名
  }[] fields;
}[];
```

Schema 的第一项 name 是反射目标元素所在类的含包名的全名，如果反射目标元素是类，那么就是它本身。类的名字用"$"将外部类和内部类隔开。接下来的几个 boolean 项是指，当代码中使用了注释中的反射函数时，可以将对应项声明为 true，如果没有使用则不必添加该项。当代码中使用了获取某个具体函数的反射 API 时，需要在函数列表中填写对应的函数名，构造函数的函数名为 <init>。函数的参数类型列表上填写参数的类型（含包名的全名）；原始类型则写其 Java 关键字，如 int、float 等；数组则在类型元素类型名后加"[]"后缀。代码清单 9-4 给出了一组配置示例。

代码清单9-4 反射配置文件示例

```
[
 {
   "name" : "java.lang.Class",
   "allDeclaredConstructors" : "true",
   "allPublicConstructors" : "true",
   "allDeclaredMethods" : "true",
   "allPublicMethods" : "true"
 },
 {
   "name" : "java.lang.String",
   "fields" : [
     { "name" : "value" },
     { "name" : "hash" }
   ],
   "methods" : [
     { "name" : "<init>", "parameterTypes" : [] },
     { "name" : "<init>", "parameterTypes" : ["char[]"] },
     { "name" : "charAt" },
     { "name" : "format", "parameterTypes" : ["java.lang.String", "java.lang.Object[]"]
       },
   ]
 },
 {
   "name" : "java.lang.String$CaseInsensitiveComparator",
   "methods" : [
     { "name" : "compare" }
   ]
 }
]
```

当反射配置文件保存为编译时 classpath 的 META-INF/native-image/reflect-config.json

文件时，可以被 Substrate VM 自动识别生效。如果放在其他位置则需要通过编译时选项 -H:ReflectionConfigurationFiles= 指定配置文件的位置，多个文件用逗号分隔。

从代码清单 9-3 的 json schema 和代码清单 9-4 的配置样例中我们可以发现，手动配置反射信息是一项烦琐且容易出错的工作。在一个简单的 Spring Boot 应用中就可能会有上百条反射项，这是难以手动完成的。因此 Substrate VM 另外提供了可以自动生成反射配置文件的工具——native-image-agent，帮助开发人员快速得到应用程序的反射及其他动态特性的配置。

native-image-agent 是一个基于 JVMTI 的运行时代理，可以挂载在被编译的应用程序上监控"获取反射目标"类型的 JDK API 函数（见表 9-1）。开发人员需要先运行一遍拟编译的应用程序，每当这些 API 被执行到时，代理都会记录下它们的反射信息，最后生成配置文件。这种方式可以高效地生成静态编译所需的配置文件。

9.2.2　配置局限性

虽然配置文件作为补充输入，为静态编译支持动态特性提供了基础，从而实现了从无到有的突破，但这依然不是一个完善的解决方案。因为目前的配置文件和自动生成过程对反射覆盖率是不可控的，所以不能保证对传统 Java 应用中反射的 100% 兼容。

这里的覆盖率不可控有三层含义。

（1）不知道反射调用覆盖率

反射调用覆盖率指配置文件的反射调用占程序中所有反射调用的比例。Substrate VM 在编译时知道程序中所有的反射调用点（call site），但是并不知道这些反射调用点有哪些已经被配置覆盖，哪些还没有被配置覆盖。这是因为配置信息中只有反射目标元素，而没有对应该元素的调用点，因此编译器并不知道配置文件的质量如何，是否已经覆盖了足够的调用点。

最简单的支持方式是在记录反射目标元素时，将调用点信息也记录下来，但这样做不但会显著增大配置文件，并且不充分，因为程序中有可能并不直接调用表 9-1 中的反射函数，而是通过一层代理函数间接调用，所以只记录第一层的直接调用点将会漏掉实际的调用点。但是究竟反射是透过几层函数代理调用的呢？这个问题很难通过预执行记录或由静态编译器回答。

（2）不知道反射类型覆盖率

反射调用覆盖率的本质是反射类型覆盖率，即已配置的反射目标元素占所有运行时可能的反射目标元素的比例。这是我们真正关心的问题，但是很难有一个确切的答案。因为同一个反射调用点上可能有多个不同的反射目标，而编译器并不知道该点的反射目标全集是什么，即便该点从调用的维度已经被配置覆盖，依然无法判断该调用点上的所有可能反射目标是否都已配置覆盖。

（3）技术上难以通过预执行保证以上两种覆盖率达到 100%

对于有两个分支的程序，单一输入无法驱动程序执行到所有可能路径，覆盖所有路径所需的输入数与分支数呈指数关系上升，因此仅凭若干次简单执行无法达成 100% 的反射类型覆盖率。在软件测试领域有一种自动化测试技术，可以从一组给定的"种子"输入出发，通过不断改变输入值以尽可能多地覆盖被测试程序的代码。但目前在静态编译的预执行方面还没有相关的技术支持。

综上所述，即便有了 native-image-agent 的帮助，我们仍然既不能自动化地提供输入以驱动预执行覆盖所有的反射类型，也不能衡量配置的质量是否足以支持静态编译程序正常运行。但是以上是从理论上进行的分析，在实际场景中，一般通过若干次预执行得到的配置文件已经足以支持静态编译程序的正常执行了，只是覆盖不到一些边角情况而已。

9.3　Substrate VM 的反射实现

我们将 9.1 节中提到的反射缓存和 GMAL 称为反射的元数据，那么从 9.1 节的回顾中可以看出：这些元数据可以显著提高反射在运行时的执行性能。Substrate VM 能够借由反射配置文件在编译时得到反射元数据，从而不仅支持了反射功能的实现，甚至还大幅提升了静态编译后反射的运行时性能。

反射特性是由 com.oracle.svm.reflect.hosted.ReflectionFeature 类实现的，该类实现了 Feature 接口，在准备阶段解析配置文件，在 duringAnalysis 阶段将反射数据填入 DynamicHub.reflection-Data，在 registerGraphBuilderPlugins 阶段注册了调用插件。运行时的支持则由 java.lang.Class 的替换类 DynamicHub，以及 Method、Field、Constructor、AccesibleObject 和 Executable 等反射类所对应的替换类完成。编译阶段的反射特性支持实现的总体过程如图 9-5 所示，图中仅给出了实现的核心部分，而没有将所有细节一一展示。

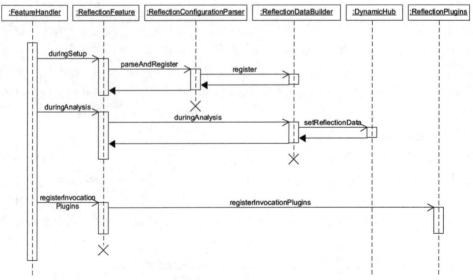

图 9-5　Substrate VM 编译阶段实现反射特性简化顺序图

　　ReflectionFeature 是标注了 @AutomaticFeature 的 Feature 接口子类，会被识别并注册到 FeatureHandler 里，由其在相应阶段统一控制调用（关于 Feature 的详细介绍请参见第 6 章）。

　　ReflectionFeature 实现了 Feature 中的 duringSetup、duringAnalysis、afterAnalysis、beforeCompilation 和 registerGraphBuilderPlugins 等函数。其中 duringSetup 函数在设置阶段解析配置文件，并将反射信息保存在 ReflectionDataBuilder 中，然后由 duringAnalysis 函数在分析阶段生成反射元数据，并保存到 DynamicHub 的 reflectionData 中。之所以不在设置阶段直接生成反射元数据，是因为其他 Feature 也可能会注册反射信息（如序列化），推迟到分析阶段是为了等所有的反射数据都已经注册完毕后统一生成元数据。registerGraphBuilderPlugins 函数则注册了用于处理目标元素为常量的反射的 InvocationPlugin。接下来我们分别仔细看一看各个阶段的具体内容。

9.3.1　解析配置并注册反射信息

　　解析注册的过程如图 9-5 中 FeatureHandler 发起的前两次调用所示，分两步在静态编译的设置和分析阶段完成。在 ReflectionFeature 的 duringSetup 函数里会创建出 ReflectionConfigurationParser 类型的配置文件解析器，然后根据代码清单 9-3 中列出的 json schema 解析 reflect-config.json 文件中的反射。反射配置的 schema 以类为单位组织，如果只有对类的反射（如 Class.forName），则只需要提供类名即可；如果有对函数和域的反射，则会在类的配置项中增加对应的函数项和域项。函数项至少需要函数名，如果在类中存在同名函数，则还要提供函数的参数类型列表以唯一确定对应的函数；域项只需要域名即可，因为类中的域名都是唯一的。解析器按照上述规则将反射元素从配置中一一读出，然后注册到 ReflectionDataBuilder 类中，等到分析阶段才将 ReflectionDataBuilder 中保存的数据写入 DynamicHub 的 ReflectionData 类型的 rd 域中。

　　看似可以一步直接完成的任务，为什么要在两个不同的阶段分成两步实现呢？主要有两个原因。

　　一是解析配置文件在静态编译的整体流程中处于偏前的位置，此时反射目标类的 DynamicHub 极有可能尚未创建。从静态编译流程开始到 duringSetup 函数执行时，只有如 java.lang.Object、java.lang.Class 和 org.GraalVM.word.WordBase 等 246 个 Java 和 Substrate VM 的核心类所对应的 DynamicHub 被创建，其余绝大多数 DynamicHub 都是在分析阶段才创建的，所以此时还不能直接将反射数据注册到 DynamicHub。

　　二是除了通过配置文件设置反射外，Substrate VM 还提供了位于 RuntimeReflection 类中的一组注册反射信息的 API，用于支持通过编程的方式注册反射，其他 Feature 可以根据需要注册反射。这样实现的效果与配置文件相同，但是减少了 I/O 操作，具有更好的性能，同时，通过编程添加比写配置文件更具便利性。

　　序列化 Feature（详情请参考 10.1.2 节）就是典型地使用了 RuntimeReflection 注册反

射元数据的例子，它在 duringSetup 阶段为序列化目标类的部分函数注册了相应的反射元数据。ReflectionFeature 要保证在所有的反射信息都注册完成后才一次性地将它们全部批量填写到对应 DynamicHub 的 rd 域中，各 Feature 都要在 duringAnalysis 阶段之前将反射数据注册到 ReflectionDataBuilder 中。因为 FeatureHandler 在触发所有注册的 Feature 的各个阶段函数时并不保证各个 Feature 的执行次序，假设某特性 Feature1 也在 duringAnalysis 中调用 RuntimeReflection.register 函数将反射数据注册到了 ReflectionDataBuilder，但是很有可能 Feature1.duringAnalysis 的执行晚于 ReflectionFeature.duringAnalysis，进而导致反射数据并没有被填入 DynamicHub，那么就不会在运行时生效。但是，如果在 Feature 的 duringAnalysis 阶段之前就注册了反射数据，则这些数据一定可以被写入 Dynamic。

DynamicHub 是 java.lang.Class 的替换类，它的 rd 域对应 Class 类用于缓存反射目标数据的 reflectionData 域。在传统的 Java 实现模型中，reflectionData 是在运行时经过一次 JNI 调用，获得反射目标数据后被填写的。但是 Substrate VM 在编译时就已经将其中的内容填好，运行时可以直接读取，性能更好。从代码清单 9-1 的示例可以看到，通过缓存执行的反射目标访问的性能相比通过 JNI 访问提升了 10 倍，静态编译后的反射目标访问都是通过缓存执行的，其性能优势相当于传统 Java 执行模式下的缓存加充分 JIT 编译。我们将代码清单 9-1 中的代码静态编译后执行，得到的结果为：

```
Consume time 900 nanoseconds
Consume time 800 nanoseconds
```

两次的性能相同，因为都是从缓存中取值，没有进行 JNI 访问。静态编译的性能则是传统 Java 的 8 倍。相关的测试代码已经上传到本书的 Gitee 仓中，执行测试的运行脚本为 https://gitee.com/ziyilin/GraalBook/blob/master/reflection/performancetest.sh，读者可以在自己的机器上重现测试。

9.3.2 反射函数常量折叠优化

图 9-5 中从 FeatureHandler 发出的最下边一条 registerGraphBuilderPlugins 调用，将反射调用插件 ReflectionPlugin 注册到了编译器的插件集合中，用于在编译时对参数为常量的反射函数做常量折叠优化。

反射函数常量折叠优化是针对表 9-1 中"获取反射目标"类型的反射函数的优化。当这些反射函数中指定目标元素的参数为字符串常量时，Substrate VM 不需要额外的配置信息即可在编译时用反射的结果替换反射调用，这种优化被称为函数常量折叠优化。

反射目标为常量的例子如图 9-6 所示，其中第 22 行的 forName 的反射目标是函数的第一个参数指定的 A 类，第 23 行的 getDeclaredMethod 反射调用获取的目标是由函数的第一个参数指定的 A 类的 add 函数。因为这两行的反射目标都是字符串常量，编译时就可以确定反射函数的执行结果了，所以可以在编译时执行反射函数，然后为 aClass 和 aAdd 变量分别赋予对应的执行结果。

```
21    private static void testConstants() throws ClassNotFoundException, NoSuchMethodExce
22        Class<?> aClazz = Class.forName("A");
23        Method aAdd = aClazz.getDeclaredMethod("add", int.class, int.class);
24        int ret = (Integer) aAdd.invoke(null, 1, 2);
25        if (ret == 3){
26            System.out.println("Good");
27        }else {
28            System.out.println(String.format("Bad!expected is 3, but is %s", ret));
29        }
30    }
```

图 9-6　反射目标为常量的代码样例

优化的实现代码位于在 ReflectionFeature.registerInvocationPlugins 函数里被注册到编译 Plugin 集合中的 com.oracle.svm.hosted.snippets.ReflectionPlugins 类。因为 forName 和其他 "获取反射目标" 类别的函数在结构上不同，所以折叠优化代码也是分开实现的。forName 的优化代码定义在 ReflectionPlugins.processClassForName 函数里，其他的优化代码定义在 ReflectionPlugins.foldInvocationUsingReflection 函数里。

这两种优化的具体实现代码有所不同，但是思路是完全一致的：在将字节码解析编译 到 IR 的过程中，当解析到反射函数调用时，先检查反射的参数是否为字符串常量，如果是 则执行该反射函数，否则终止优化。因为编译器也运行在 Java 环境中，并且有与运行时相 同的 classpath，所以在编译时执行的结果与运行时应当是一致的，于是编译器用该执行结 果替换掉整个反射函数调用，这样在运行时就没有原先的反射调用了。

函数常量折叠优化不需要注册反射元数据到 DynamicHub 的 rd 域，而是用反射函数获 取的目标结果替换了函数调用，进一步省去了运行时查找 rd 中数据的开销。

9.3.3　函数反射调用过程优化

Method.invoke 在传统 Java 中默认通过性能开销较大的 JNI 调用函数执行，经过反射膨 胀后改由动态类生成的代码直接调用，可以达到最佳性能，但是反射膨胀本身有着很大的 开销。Substrate VM 则在静态编译时实现了反射膨胀，使得 Method.invoke 在运行时始终保 持最佳性能而没有额外开销。

Substrate VM 通过替换机制（第 7 章），将 Method.invoke 替换为直接函数调用，从而 实现了静态编译下的反射膨胀。替换由替换责任链的 ReflectionSubstitution 类负责，替换的 直接调用代码由 ReflectionSubstitutionType$ReflectiveInvokeMethod.buildGraph 函数构造的 IR 定义。ReflectiveInvokeMethod 类的 method 域存放了要执行的目标函数，buildGraph 函 数的第二个参数 ResolvedJavaMethod m 是运行时的实际反射执行函数。

以图 9-6 中的代码为例，method 域代表的函数是 A.add，m 是 Substrate VM 动态生成 的反射辅助类的 invoke 函数。这里的 m 是位于 Method.invoke 和实际执行的目标函数 A.add 之间的纽带。Method.invoke 作为通用的反射调用虚函数，不能直接与某一个实际调用函数绑定。Substrate VM 根据目标函数名自动生成一个唯一的反射辅助类，运行时的 Method. invoke 调用会根据 method 的所在类名加函数名再加 SHA 值的方式，找到唯一对应的辅助函数类，然后把函数调用的动作代理给辅助类的 invoke 函数。

buildGraph 函数的工作就是生成辅助类的 invoke 函数中的 IR 代码：首先为 method 的原始类型参数执行拆箱，然后调用 method，再将 method 的结果装箱（如果是原始类型）返回。此外还有各种类型检查和异常处理代码。

与 9.1 节介绍的传统反射函数调用相比，我们可以发现，上述过程就是在编译时实现了反射膨胀。反射辅助类就相当于 GMAL 类，只是 GMAL 在执行 Method.invoke 时动态生成，天然地知道与调用点的关系，不需要额外的绑定工作。但是反射辅助类是编译时生成，必须通过一种机制让其在运行时能够被找到，所以就会有一个根据 method 的信息生成的可以唯一识别的名字。

静态编译后的 Method.invoke 始终在反射膨胀优化后的场景下执行。我们将代码清单 9-2 中的示例代码静态编译后，在与得到图 9-4 数据相同的机器环境上执行，可以得到如图 9-7 所示的 Method.invoke 在静态编译的 native image 上和传统 Java 上执行的对比数据。图中纵坐标是经过处理的对数刻度，浅色折线为图 9-4 中的传统 Java 数据，深色折线为静态编译后的 native image 执行数据。从图中可以看到 native image 版本的 Method. invoke 调用的耗时平稳地保持在一个较低的水平上，大概在 150ns 左右，只有传统 Java 在反射膨胀后的性能的 1/20。具体的数据会随机器硬件和 GraalVM 的基础 JDK 版本的不同而发生变化，但是总体的趋势不变。由此可见，静态编译可以为反射的运行时性能带来显著的提高。

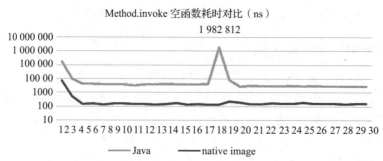

图 9-7　传统 Java 与 native image 的 Method.invoke 执行耗时对比（纵坐标已做对数处理）

9.4　其他类似动态特性的支持

与反射的实现类似的还有 JNI 调用、动态代理、资源访问（getReso-urce\Bundle）和序列化等，它们都需要提前准备配置文件，然后在编译时根据配置注册相关内容，将其编译到 native image 中。

9.4.1　JNI 调用

JNI 调用是指从 JNI 的本地函数中访问 Java 程序。因为 JNI 与调用的 Java 程序运行在相同的 JVM 中，所以能够通过 JNI 的 API 访问到 JVM 环境里的任意类、函数和域，进而实现更丰富的操作，如执行 Java 函数、获取和设置域的值、创建新的类实例等。以调用一个 Java 实例函数为例，可以首先通过 GetMethodID 获取指定函数名和函数签名的实例函数 ID，然后用 Call<Type>Method 函数根据函数 ID 调用返回类型为 <Type> 的实例函数。这些操作对于 Substrate VM 是不可分析的，因为它们都是位于共享库中的本地二进制代码，而 Substrate VM 的静态分析框架只能分析 Java 的字节码，所有本地函数都被视为黑盒。所以从 JNI 到 Java 的访问和调用的目标需要由开发人员以配置的形式提供给 Substrate VM。

本地函数中的执行内容不仅对于静态分析是黑盒，对于开发人员往往也是黑盒，因此还是需要使用 native-image-agent 在预执行时将 JNI 的访问和调用行为记录到配置文件（默认为 jni-config.json）中。JNI 配置文件复用了代码清单 9-3 所示的反射配置的 schema。配置文件可以由 -H:JNIConfigurationFiles= 选项指定，也可以保存为能够被 native-image 在编译时自动识别的 classpath 路径下的 META-INF/native-image/jni-config.json 文件。除了配置文件外，Substrate VM 在 JNIRuntimeAccess 类中提供了一组 register 函数，用于支持通过编程的方式注册从 JNI 到 Java 的访问和调用。

9.4.2　动态代理

动态代理通过动态类载入和反射实现对一组接口的行为扩展，用户可以自定义在执行指定接口的所有函数的前后运行其他内容。传统 Java 中需要在运行时调用 java.lang.reflect.Proxy.newProxyInstance 函数动态生成代理类的实例 proxy。该函数有 3 个参数：

- ❑ Classloader 类型的 loader，指定了 proxy 的类加载器；
- ❑ Class 类型的 interfaces，指定了需要代理的接口；
- ❑ InvocationHandler 类型的 h，是调用处理器。

proxy 将 interfaces 中的所有函数的实现都代理到了 h 的 invoke 函数，开发人员可以通过 invoke 在反射调用实际的目标函数前后添加任意代码。

从动态代理的实现过程可以看出，只要拟代理的接口列表可以在编译时确定，那么在 newProxyInstance 中动态生成的代理类就可以在编译时生成，反射执行的目标函数对象也可以在编译时注册。如果 newProxyInstance 函数的 interfaces 参数是常量数组，那么开发人员无须做任何配置，Substrate VM 就可以通过静态分析找到代理的接口类。例如，可以自动分析出如下代码的 interfaces 中的具体内容：

```
class ProxyFactory {

    private static final Class<?>[] interfaces = new Class<?>[]{java.util.Comparator.
        class};

    static Comparator createProxyInstanceFromConstantArray() {
```

```
        ClassLoader classLoader = ProxyFactory.class.getClassLoader();
        InvocationHandler handler = new ProxyInvocationHandler();
        return (Comparator) Proxy.newProxyInstance(classLoader, interfaces, handler);
    }
```

但是，由于 Java 的数组是可变的，即使是 final 数组中的内容也是可以被改变的，而静态分析只能确定初次声明时数组中的内容，因此这种自动分析存在一定的风险。Substrate VM 也提供了基于配置的支持，开发人员可以通过 native-image-agent 把动态代理的类列表记录到配置文件中（默认为 proxy-config.json）。配置文件的内容样例如下，其中每个数组对应于一个 newProxyInstance 的 interfaces 参数。配置文件可以由 -H:DynamicProxyConfigurationFiles= 选项指定，也可以保存为能够被 native-image 在编译时自动识别的 classpath 路径下的 META-INF/native-image/proxy-config.json 文件。

```
[
    ["java.lang.AutoCloseable", "java.util.Comparator"],
    ["java.util.Comparator"],
    ["java.util.List"]
]
```

9.4.3 资源访问

Java 程序通过 ClassLoader.getResource 及其他类似函数将 classpath 上的指定文件读入内存中，但是在默认情况下 Substrate VM 并不会将 classpath 上的资源文件编译到 native image 中，导致 native image 的 getResource 函数得到的结果为 null 值。要想得到与传统 Java 程序兼容的行为，就必须显式配置资源文件，让 Substrate VM 知道需要将哪些资源文件的内容保存到 native image 中，以供运行时使用。

默认的资源配置文件为 resources-config.json，配置样例文件如代码清单 9-5 所示。其中的 includes 和 exclude 分别指定要加入和排除的资源，内容与 getResource 函数的参数相同，都是正则表达式。资源配置文件可以由 -H:ResourceConfigurationFiles= 选项指定，也可以保存为能够被 native-image 在编译时自动识别的 classpath 路径下的 META-INF/native-image/resource-config.json 文件。

代码清单9-5　资源配置文件样例

```
{
  "resources": {
    "includes": [
      {"pattern": "<Java regexp that matches resource(s) to be included in the image>"},
      {"pattern": "<another regexp>"},
      ...
    ],
    "excludes": [
      {"pattern": "<Java regexp that matches resource(s) to be excluded from the image>"},
      {"pattern": "<another regexp>"},
```

```
            ...
        ]
    }
}
```

9.4.4　序列化特性

我们将 Java 内存中的对象实例写出字节数组，进而保存到持久化介质的过程称为序列化，反之，根据字节数组在内存中恢复出对象实例的过程被称为反序列化，我们将两者统称为序列化特性。JDK 的原生序列化特性是通过 java.io.ObjectOutputStream.writeObject 函数将一个对象实例序列化到输出流中，或通过 java.io.ObjectInputStream.readObject 函数从输入流中反序列化出对象实例。它们的序列化对象一般只能在运行时获得，静态编译时无法通过静态分析得到，因此需要由配置文件额外指定。详细的序列化支持请参见第 10 章。

native-image 启动器默认以 classpath 下的 META-INF/native-image/serialization-config.json 文件作为序列化的配置文件，此外用户也可以通过设置用逗号分隔的 -H:Serialization-ConfigurationFiles= 选项指定配置文件，用逗号分隔的 -H:SerializationDenyConfigurationFiles= 选项指定出于安全原因需要拒绝的序列化目标对象类型。

因为 Substrate VM 不会试图为没有出现在配置文件中的类准备序列化的运行时支持，所以如果某类型只出现在拒绝清单而没有出现在配置文件里，那么该类型是不会被处理的。只有当该类型同时出现在拒绝清单和配置文件中时，拒绝才会生效。不过无论是哪种情况，实际效果都是一样的，即被拒绝的类型不会被序列化。

配置文件和拒绝清单的格式是相同的，都只需在 json 文件中指定序列化的目标对象类型即可，典型的配置例子如下所示：

```
[
    {
        "name":"java.util.ArrayList"
    }
]
```

JDK 的原生序列化过程比较复杂，即使给定了一个序列化目标类型也很难人工定位出所有由其引发的序列化对象，所以推荐使用 native-image-agent 在目标程序预执行时自动生成序列化配置文件。

9.5　小结

Substrate VM 采用了动静结合的方式实现了对反射的支持。"动"是指需要通过运行程序搜集反射信息生成配置文件，"静"是指在静态编译中根据配置信息编译出反射目标，并进一步将反射调用优化为直接调用，提高了运行时性能。这种方案虽然可以解决大多数实际场景中的反射支持问题，但是并不够完备，不能完全保证 native image 的运行时正确性。其他的动态特性如从本地函数到 Java 函数的回调、动态代理、动态类生成、序列化、资源访问等，都是以相同的动静结合方式实现的静态编译支持。

反射支持的要点如下：

❑ 在拟编译程序执行时挂载 native-image-agent，记录程序执行时遇到的反射，生成反射配置文件；

❑ 静态编译时将反射配置作为输入，反射的目标函数被注册为根函数加入静态分析和编译；

❑ 在 DynamicHub 中缓存反射元数据，在运行时直接读取；

❑ 将反射函数调用生成直接函数调用，在编译时实现了传统 JDK 的反射膨胀优化，提高了运行时性能。

序 列 化

序列化特性[⊖]是将 Java 对象转换为字节数组再恢复回来的技术，在进程间通信、数据持久化、对象深度克隆等场景中有非常广泛的用途，是 Java 实现数据交换的基础性功能。序列化的主要概念和实现过程由 Java 序列化规范[⊜]（Java Object Serialization Specification，OSS）定义，各 JDK 厂商在实现自己的产品时必须遵照 OSS 规范，以保证序列化数据在不同 JDK 之间的兼容性。Substrate VM 在实现对序列化特性的静态支持时也遵循了 OSS 规范。

本章首先分析了 OSS 中定义的序列化特性的实现方式，发现 Java 的序列化过程深度依赖反射和动态类加载等多种动态特性，因此违反了静态编译的封闭性原则，不能 "天然" 地被静态编译支持。

然后本章介绍 Substrate VM 解决这些问题的思路和方案。在仔细研究了 OSS 之后，我们可以发现，只要给定序列化的目标对象，其他的动态特性都可以由其推导得出，具备了静态实现的技术基础。但是，序列化的对象信息无法在编译时静态分析得出，仍然需要采用 "动静结合" 方案，由提前准备的配置文件提供序列化目标对象信息。

本章最后探讨了对序列化特性支持的局限性和未来可能进一步优化的方向。

10.1　序列化特性的 JDK 原生实现

序列化特性作为 Java 的一项重要基础特性有着广泛的应用，除了 JDK 自己提供的原生

实现之外，还有众多效率更高、使用更便捷的第三方库实现，比如 Hessian⊖等。本章讨论的内容仅限于 JDK 的原生实现，不包括这些第三方库。

10.1.1 序列化 / 反序列化基本流程

序列化是将 Java 对象从 JVM 的内存堆中转换为二进制流的过程，至于序列化后的二进制流具体以何种形式、用于何处则与具体的场景相关，比如既可以将二进制流写到磁盘的文件，也可以直接在网络上传输。反序列化与序列化相反，是将外界的数据读入内存。

序列化特性主要涉及三个类和一个接口，分别是负责序列化的 java.io.ObjectOutputStream 类、负责反序列化的 java.io.ObjectInputStream 类、负责描述序列化对象的描述器 java.io.ObjectStreamClass 类，以及序列化接口 java.io.Serializable。序列化一个对象实例就是把该实例的状态原封不动地从内存中提取出来；反序列化则相反，是将对象实例的状态从输入的流中读入内存。实例的状态有两层含义：一是实例的数据结构；二是该数据结构中各个域的值。ObjectOutputStream 和 ObjectInputStream 类分别实现了对数据结构的读写，ObjectStreamClass 则实现了对域值的读写。

图 10-1 简要描述了序列化和反序列化的大致过程，但是并没有面面俱到地给出所有细节，比如图中没有反映出当对象的域为非原始数据类型时会递归地调用序列化 / 反序列化对象的方法，但是图中已反映出序列化特性的实现流程，以及 ObjectOutputStream、ObjectInputStream、ObjectStreamClass 三个类之间的关系。

序列化的过程如图 10-1 左边两个泳道（UML 中的术语）所示。序列化过程的入口 API 为 java.io.ObjectOutputStream.writeObject(Object obj) 函数，其参数是拟序列化的目标类实例。序列化时会先调用 java.io.ObjectStreamClass.lookup 函数找到序列化目标类所对应的 java.io.ObjectStreamClass 描述器实例 desc，之后通过 desc 遍历数据结构并向域中写数据。如果序列化目标类中定义了 writeObject⊜函数，desc 就会以反射的方式调用该函数，按照其自定义的方式将域中数据写入输出流（典型实现样例可参考 java.util.ArrayList 类）；否则就分别遍历序列化对象中的原始类型域和非原始类型域，并将其中的数据写入输出流。

与之类似，反序列化的过程如图 10-1 中右边两个泳道所示。从入口函数 java.io.ObjectInputStream.readObject 开始从输入流中解析出描述器实例 desc，然后用 desc 构造出反序列化目标类的对象实例。如果在目标类中定义了 readObject⊕函数则反射调用该函数（典型实现样例可参考 java.util.ArrayList 类）；否则遍历该对象的数据结构，从输入流中读入各个域的值。

⊖ 参见 http://hessian.caucho.com/。
⊜ 完整函数签名：private writeObject(Ljava/io/ObjectOutputStream;)V。
⊕ 完整函数签名：private readObject(Ljava/io/ObjectInputStream;)V。

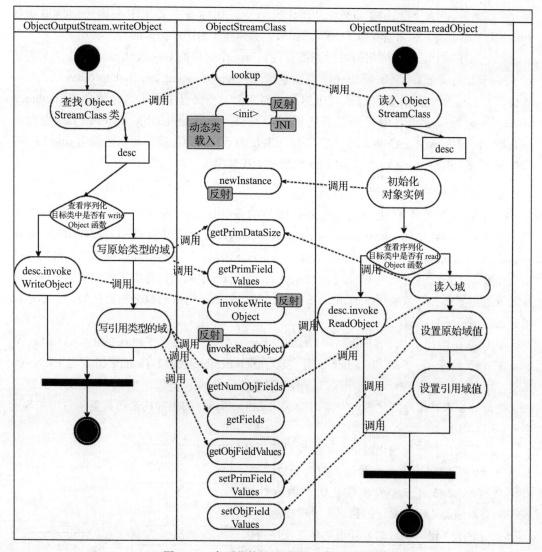

图 10-1　序列化特性 JDK 原生实现示意图

10.1.2　序列化中的静态编译不友好特性

　　描述器类 ObjectStreamClass 位于序列化特性中的核心地位，负责具体目标类创建、读写数据的工作。该类多处违反静态编译的封闭性假设，图 10-1 里中间列里的灰底标签代表了违反静态编译封闭性假设的动态特性——反射、JNI 回调和动态类载入。贴有标签的函数就代表在该函数中使用了标签上的动态特性，因此不能被直接静态编译；没有贴标签的函数都是可以被直接静态编译的。从图中可以看到总共只有 4 个贴有标签的函数：描述器构造函数 <init>、目标类构造函数 newInstance、自定义的读对象调用函数 invokeReadObject

和自定义的写对象调用函数 invokeWriteObject 等，而标签主要集中在描述器构造函数 <init> 上，本节将为读者详细介绍该构造函数中具体违反封闭性假设的特性实现。

每个拟序列化/反序列化的目标类都有且只有一个对应的 ObjectStreamClass 类实例缓存在 ObjectStreamClass$CachedEntity 类中。调用 ObjectStreamClass.lookup(Class<?> cl) 函数会首先在缓存中查找参数 cl 所对应的描述器实例，当缓存中找不到时才会调用 Object-StreamClass 的构造函数创建一个新的描述器实例。在初始化 ObjectStreamClass 类中的 cons 域（声明为 private Constructor<?> cons）时使用了动态类加载，而在初始化 suid 域（声明为 private volatile long suid）时使用了反射和 JNI 调用。

1. cons 中的动态类加载

cons 域保存了序列化/反序列化目标类的 java.lang.reflect.Constructor 构造器类实例，而该构造器类中的 constructorAccessor 域的值则是通过调用 MethodAccessorGenerator. generateSerializationConstructor[⊖] 函数（简称 generate 函数）在运行时动态构造的。根据 Java 序列化规范 3.1 节[⊖] 关于反序列化时在 ObjectInputStream 中构造目标类实例的描述，该实例是通过调用其第一个未实现 Serializable 接口的超类的无参构造函数来初始化的，而不是调用自己的构造函数实例化。

图 10-2 中给出了 Son、Father 和 GrandFather 三个类：Son 是 Father 的子类；Father 是 GrandFather 的子类，Son 和 Father 分别实现了 Serializable 接口；GrandFather 是 Father 的父类，但是没有实现 Serializable 接口，因此它是 Son 类的第一个不可序列化超类。根据序列化规范的要求，反序列化 Son 对象时会调用 GrandFather 的无参构造函数新构造出的 Son 实例。

这样的设计在反序列化时避免了触发目标类及其所有域的类的初始化，也避免了构造函数调用，满足规范 5.6.2 节对于类发生变化时的兼容性要求——当本地类（反序列化的目标）中存在流中类（反序列化的源）没有的域时，新增的域在反序列化后会被赋予其类型的默认值。假如反序列化时通过目标类的构造函数初始化，那么新增域则会由构造函数中的代码进行赋值，未必符合规范的要求。

另一个好处是减少了一次不必要的域初始化操作，提高了性能。由于反序列化的对象中的非 transient、非静态域的值必然要从序列化流中读取，

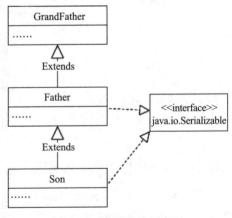

图 10-2　序列化类示意图

⊖ 在 JDK8 中为函数签名为 Ljava/lang/reflect/MethodAccessorGenerator;/generateSerializationConstructor(Ljava/lang/Class;[Ljava/lang/Class;[Ljava/lang/Class;ILjava/lang/Class;)Ljava/lang/reflect/SerializationConstructorAccessorImpl。

⊖ 参见 https://docs.oracle.com/javase/8/docs/platform/serialization/spec/input.html#a961。

那么通过其构造函数初始化的值就注定会被覆盖，因此会徒增一次初始化的开销。

但是，这种设计需要写出类似 " Son son = new GrandFather();" 这样不符合 Java 语法无法通过 javac 编译的代码，所以 JDK 在实现这个特性时就采用了动态类加载的方式，在运行时直接生成对应的字节码，绕过了 javac 的语法检查。generate 函数会动态生成并加载一个继承了 SerializationConstructorAccessorImpl 抽象类的、名为 GeneratedSerialization-ConstructorAccessor[id] 的类（简称 GSCA 类），其中的 [id] 是一个表示生成顺序的数字。generate 函数在 GSCA 类的 newInstance 函数中生成了如代码清单 10-1 所示意的字节码。实际上，generate 函数基于统一的模板为不同的目标类生成 GSCA 类，模板中只有 new 和 invokespecial 指令后的对象会变，其余内容都是完全相同的。这个 newInstance 函数仅会在反序列化构造目标类的实例时被调用。

代码清单10-1　动态生成的初始化反序列化目标类的字节码

```
new #index_for_Son //Son
…
invokespecial #index_for_constructor //GrandFather.<init>()
```

在初始化序列化 / 反序列化目标类所对应的 ObjectStreamClass 描述器实例时，会沿着目标类的继承结构向上为其每一个可序列化的超类都构造一个对应的描述器，因此会为每一个超类都动态生成出对应的 GSCA 类。以图 10-2 中的类结构为例，会为 Son 和 Father 类各生成一个 GSCA 类。

值得注意的是，如果超类中存在抽象类，那么 GSCA 类中就会存在一个 new 抽象类的字节码的 new 指令。JVM 规范中关于 new 指令的定义[脚注]明确说明，当用 new 指令新建抽象类时会抛出 InstantiationError，可见此处生成的字节码会违反 JVM 规范。在 OpenJDK 的序列化实现中也有这个问题，但是其实这段错误的代码并不会被执行到，因为当反序列化目标类被构造时才会调用对应 GSCA 类的 newInstance 函数，其超类所对应的 newInstance 函数都不会被调用。而一个抽象类本身又永远不可能成为反序列化的目标类，所以虽然为抽象类生成的 newInstance 函数的字节码是错误的，但因为其永远不会被执行到，故而不会有实质上的影响。

以图 10-2 中的结构为例，假设 Father 为抽象类，那么在序列化 Son 时只会调用 Son 的 newInstance 函数，而且抽象的 Father 类也不会成为序列化的目标类，所以 Father 的 newInstance 函数是永远不会被调用到的。

2. 计算默认 suid

根据 Java 序列化规范 4.6 节定义，每个序列化 / 反序列化目标类都有一个用于确认类的定义是否发生变化的版本号域 serializationUID。规范推荐由用户自己维护 serializationUID，因为不同厂商的 JDK 实现可能会略有差异，导致该版本号不一致。描述器在初始化时会尝试从目

　⊖　参见 https://docs.oracle.com/javase/specs/jvms/se8/html/jvms-6.html#jvms-6.5.new。

标类中获取 serializationUID 域的值并将其赋给描述器的 suid 域。如果目标类中没有提供 serializationUID，描述器类则根据序列化规范 4.6 节中描述的算法计算出默认 suid。如读者感兴趣，可以从脚注给出的链接[一]查阅规范，在此不再详述算法。

该算法是由 ObjectStreamClass.computeDefaultSUID[二] 函数实现的，其中需要通过反射获取序列化 / 反序列化目标类的所有域、函数和构造函数，通过本地函数 ObjectStream-Class.hasStaticInitializer[三]检查目标类是否具有静态初始化函数。

这些反射和 JNI 函数调用都是对静态编译不友好的。反射不必多说，JVM 中的本地函数 hasStaticInitializer 不能直接在 native image 中使用，因为经过类的提前初始化优化后，提前初始化的类也不再含有 <clinit> 函数，导致与其他 JDK 中的实现就不相同了。

10.2　静态编译的序列化实现

针对 10.1 节所述的动态类加载、反射和 JNI 调用等违反了静态编译封闭性假设的问题，Substrate VM 分别设计了对应的解决方案。从整体上看，支持序列化特性的基本思路是首先通过预执行程序将序列化 / 反序列化目标类信息记录到配置文件，然后在编译时：

1）根据配置信息生成并保存原本应该在 native heap 中运行时动态生成的 GSCA 类；

2）替换必要的运行时 JDK 函数；

3）注册必要的反射元数据，最后在运行时从 native heap 中读入所需的 GSCA 类，以避免动态生成。

这个解决方案可以处理绝大多数序列化 / 反序列化的应用场景，但是仍然有两点局限性：

1）不能支持多 classloader 的序列化 / 反序列化；

2）不能处理 Lambda 对象的序列化 / 反序列化。

10.2.1　解决动态类加载问题

静态编译支持序列化特性要解决的核心问题就是动态类加载问题。Substrate VM 的序列化支持代码也基本是围绕这一问题展开的。

解决动态类加载问题的一般思路是在预执行时通过 native-image-agent 将所有动态生成的类保存下来，在编译时读入并静态编译到 native image 中，运行时将 defineClass 函数动态生成类的逻辑替换为查找逻辑，即从 native image 中查找出预先准备好的同名类并加载。但是序列化 / 反序列化中动态生成的类是特定类——抽象类 SerializationConstructorAccessor-Impl 的子类，且动态生成时遵循的类生成模板只有两个变量，序列化 / 反序列化的目标类

[一]　参见 https://docs.oracle.com/javase/8/docs/platform/serialization/spec/class.html#a4100。
[二]　函数签名：private static computeDefaultSUID(Ljava/lang/Class;)J。
[三]　函数签名：private static native hasStaticInitializer(Ljava/lang/Class;)Z。

和其第一个不可序列化的超类，甚至可以认为只有一个变量，因为当前者给定时后者也是固定的（这里有 classloader 不变的隐含条件）。这就意味着当序列化 / 反序列化的目标类被确定时，动态生成的 GSCA 类的内容就完全确定了。

OSS 规范 5.3 节提出序列化的多个前提假设条件，其中之一是类由类名唯一确定，所以 native-image-agent 只要在预执行时将序列化 / 反序列化的目标类名记录下来，Substrate VM 就可以在编译时根据类名得到类，进而生成对应的 GSCA 类，而无须在预执行时保存动态生成类。这样 Substrate VM 的序列化支持实现方案就无须依赖于动态类加载的实现。

静态编译解决序列化特性中动态类加载问题的整体示意如图 10-3 所示，可以分为三部分。

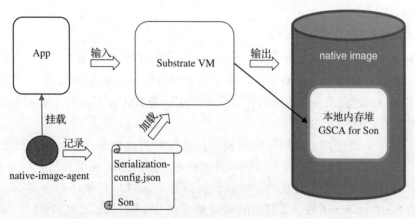

图 10-3　静态编译序列化实现流程

（1）预执行时

运行 Java 应用，通过 native-image-agent 监控序列化 / 反序列化关键路径上的 Object-StreamClass.lookup 函数，将每次调用时的目标类信息记录到配置文件 serializationconfig.json 中。具体的实现是 com.oracle.svm.agent. BreakpointInterceptor.objectStreamClassConstructor 函数。

（2）native image 编译时

Substrate VM 中处理序列化 / 反序列化的 SerializationFeature 在 beforeAnalysis 阶段解析 serialization-config.json 文件，为其中记录的目标类一一生成对应的 GSCA 类，然后以类名和 GSCA 类为键值对保存在 Map 类型的 com.oracle.svm.reflect.serialize.Serialization-Support. constructorAccessors 域中，最终写入 native image。编译时所有实现的入口是 com.oracle.svm.reflect.serialize.hosted.SerializationFeature.beforeAnalysis 函数，生成并保存 GSCA 类的具体实现是 com.oracle.svm.reflect.serialize.hosted.SerializationBuilder.addConstructor-Accessor 函数。

（3）native image 运行时

Substrate VM 通过 Substitution 替换机制在编译时将 JDK 中动态生成 GSCA 类的函

数 MethodAccessorGenerator.generateSerializationConstructor 的动态类加载逻辑更换为从 SerializationSupport.constructorAccessors 中查找对应类的查找逻辑。因此，在 native image 的运行时执行到 generateSerializationConstructor 函数时，不会再动态生成并加载 GSCA 类，而是将直接从 constructorAccessors 中查找需要的类。如果找不到则说明在运行时遇到了没有提前准备的序列化目标类型，只能提示报错。具体实现是 com.oracle.svm.core. jdk.Target_jdk_internal_reflect_MethodAccessorGenerator.generateSerializationConstructor 函数。

经过上述三部分的配合，Substrate VM 消除了序列化特性中动态类加载的动态性，将所需信息全部在编译阶段准备完成。

10.2.2　解决 new 抽象类问题

对于 10.1.2 节中提到的生成 GSCA 类时存在的 new 抽象类的问题，在静态编译时必须注意解决。在传统 Java 执行模型中，对 new 抽象类的检查是在运行时执行到该指令时进行的，只要不执行到这条指令就不会有任何问题，实际上 GSCA 类中的 new 抽象类指令确实是不可能被执行到的。

但是，静态编译会将 new 抽象类的检查从运行时提前到编译时。因为静态编译模型会编译所有可达类，而 Substrate VM 在编译时生成了所有 GSCA 类并将它们加入了 native heap，编译器认为这些类是可达的，所以会对其进行编译。当编译器遇到抽象类对应的 GSCA 类的 newInstance 函数字节码中的 new 抽象类指令时，就会发现其违反了 JVM 规范并报告该错误。

因为我们已经知道抽象类对应的 GSCA 类的 newInstance 函数是一定不会在运行时被实际执行的，所以只要符合 JVM 规范，无论里面是什么内容都不会对程序执行的正确性造成影响。基于此，Substrate VM 提供了一个 stub 类 SerializationSupport$StubForAbstractClass，以在编译时生成和运行时查找 GSCA 类时来代表所有抽象类，其所对应的 GSCA 类中的关键指令如代码清单 10-2 所示。

代码清单10-2　stub类对应的GSCA类中newInstance函数关键指令

```
new #index_for_StubForAbstractClass //StubForAbstractClass
...
invokespecial #index_for_constructor //Object.<init>()
```

new 指令的目标为 StubForAbstractClass 类，稍后的 invokespecial 指令调用了 StubForAbstractClass 类的第一个不可序列化超类的无参构造函数，也就是 java.lang.Object 类的无参构造函数。此时的字节码中已不存在 new 抽象类指令，满足了 JVM 规范要求，可以通过编译；而这段代码在运行时并不会被调用执行，满足了正确性。

当在编译时需要为一个抽象类生成 GSCA 类时，Substrate VM 会将输入的抽象类替换为 stub 类，得到的实际是 stub 类对应的 GSCA 类；同样，在运行时查找一个抽象类的

GSCA 类时，返回的是 stub 类对应的 GSCA 类。因此在静态编译模型中，所有的抽象类都会对应到同一个 GSCA 类，由此避免了 new 抽象类的问题。具体的代码实现在 com.oracle.svm.reflect.serialize.hosted.SerializationBuilder.addConstructorAccessor 函数中。

10.2.3　静态初始化函数检查

根据序列化规范 4.6 节的第 5 条（关于计算 serialVersionUID 的算法），在计算序列化 / 反序列化目标类的默认 serialVersionUID 时需要检查目标类是否有类静态初始化函数，即如果类中具有类静态初始化函数，则需要将 <clinit>、static 的修饰符的实际值 0x00000008 和 "()V" 添加为计算 serializationUID 的输入。

ObjectStreamClass.computeDefaultSUID 函数中的相关代码实现如下：

```
if (hasStaticInitializer(cl)) {
    dout.writeUTF("<clinit>");
    dout.writeInt(Modifier.STATIC);
    dout.writeUTF("()V");
}
```

在 Substrate VM 中，类初始化是一个比较复杂的问题。因为类可以在编译时或者运行时初始化，所以在 native image 运行时检查静态初始化函数是否存在的结果是经过 Substrate VM 类初始化优化后的结果，不一定与传统 Java 模型中得到的结果相同。假设某类 A 原本存在静态初始化函数，但是在类初始化优化阶段发现 A 类可以被优化为编译时初始化，那么编译器就会将其提前初始化并保存在 native heap 中，同时其静态初始化函数也会被删除，以避免运行时进行不必要的检查。但是，A 类仅在 native image 的运行时不再具有类初始化函数，而在传统 Java 模型的运行时依然具有类初始化函数。如果此时发生关于 A 类在 native image 和传统 Java 之间的序列化 / 反序列化数据交互，那么就会发现两边由 computeDefaultSUID 函数计算得到的 suid 并不相同。

为了解决这一问题，必须保证 native image 在运行时依然使用类初始化优化前的类结构数据计算默认 suid。Substrate VM 在保存类初始化信息的 com.oracle.svm.core.classinitialization.ClassInitializationInfo 类中增加了一个布尔类型的域 hasInitializer，用于标识在类初始化优化前该类中是否有 clinit 函数。此外，Substrate 还把 java.io.ObjectInputStream 类中判断给定类是否具有 clinit 函数的本地函数 hasStaticInitializer(Class<?>) 的实现逻辑替换为对 ClassInitializationInfo 的 hasInitializer 域值的检查，具体的实现在 com.oracle.svm.core.jdk.Target_java_io_ObjectStreamClass.hasStaticInitializer 函数。

10.3　局限性

Substrate VM 当前的序列化方案可以支持绝大多数的应用场景，但是存在一个隐含的假设条件——序列化目标类的不变性，即目标类在预执行和运行时都是恒定不变的。

假设某类在预执行时被序列化的类名为 A，编译时 Substrate VM 根据配置信息为 A 生成了对应的 GSCA 类并保存在了 constructorAccessors 中。但是在运行时执行到对该类的序列化时，类名成了 A'，那么 native image 无法从 constructorAccessors 中检索到 A' 的存在，会认为遇到了未曾准备的序列化类，便会报错。

序列化 Lambda 类时就会遇到上述情况。因为 Lambda 类的类名是在运行时根据一个计数器动态产生的，每次运行的类名都可能发生变化，所以目前 Substrate VM 还不能支持对 Lambda 类的序列化。

在功能性的局限之外，目前的 Substrate VM 序列化方案还存在性能问题。笔者在 Graal workshop 2021 国际会议的报告⊖中也提到这一点。SPECjvm2008 的 serial 是序列化性能测试集，用传统 JDK 和 native image 分别设置相同的运行时堆大小，然后以单线程执行 100 次 serial 测试行为，测试结果如图 10-4 所示，native image 的序列化性能只有传统 JDK 的一半。图中左上部分是 SPECjvm2008 的分数对比，数字越大越好，表示每分钟可执行的测试次数，可以看到 native image 得分低于传统 JDK 的一半。图中左下是序列化（即执行 ObjectOutputStream.writeObject(Class) 函数）所花费时间的累积和反序列化（即执行 ObjectInputStream.readObject() 函数）所花费时间的累积的对比，这个对比除去了序列化和反序列化之外的其他行为的干扰，数值越小越好。从图中可以看到在序列化方面，native image 所花时间是传统 JDK 的约 2.5 倍（92/37），在反序列化方面 native image 所花时间是传统 JDK 的约 2 倍（169/84）。图的右边部分是两者的内存对比，数值越小越好，这一项 native image 相对传统 JDK 有显著的优势。

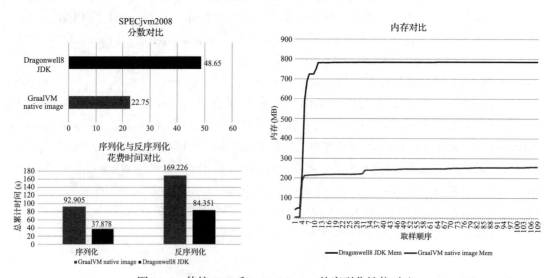

图 10-4　传统 JDK 和 native image 的序列化性能对比

⊖ 参见 https://graalworkshop.github.io/2021/slides/3_One_more_gap_bridged_towards_practice_-_support_serialization_feature_in_native_image.pdf。

10.4　小结

序列化是 Java 的一项重要特性，在通信、持久化和深度克隆等场景中有着广泛的应用。Java 通过序列化规范 OSS 详细定义了序列化的实现细节，以保证不同厂商的实现的序列化数据可以互相兼容。

从 OSS 规范中可以发现，序列化特性实现中的绝大多数内容都是可以被直接静态编译的，但是因为以下 3 点而使得其不能被静态编译。

- ❑ 反射：对序列化目标的域、构造函数和特定函数的反射调用存在于序列化和反序列化的多个环节中。
- ❑ 动态类加载：序列化过程中存在违反 Java 语法的初始化操作，该操作无法通过源码的方式写出，只能通过动态类加载的方式实现。
- ❑ 本地函数 ObjectStreamClass.hasStaticInitializer：获取序列化目标对象的 <clinit> 函数信息，作为生成 SUID 的输入之一。

Substrate VM 需要用户通过配置文件提供序列化目标类信息，然后在编译时基于序列化目标类信息注册所需反射内容、生成并缓存动态类以及重新实现所需的 JNI 函数，最终实现对序列化的静态编译支持。

目前 Substrate VM 的序列化支持还有一定的局限性，有待 GraalVM 社区进一步解决。

- ❑ 功能性方面：依然不支持 Lambda 类的序列化。
- ❑ 性能方面：运行时性能只有传统 JDK 的一半。

总体而言，对于大多数场景而言，Substrate VM 对于序列化特性的支持已经足够使用。很多依赖于序列化的框架，如 Junit 也能够被静态编译支持。

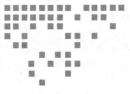

Chapter 11 第 11 章

跨语言编程：用 Java 语言 编写共享库

人们可以使用 C 或 C++ 编写本地共享库文件给其他本地程序使用，但是因为缺少必要的编译器和运行时支持，所以不能使用 Java 语言编写共享库。这导致面向多语言平台的中间件需要维护多语言版本，增加了开发难度和维护成本。如果可以将同一份 Java 程序编译为面向 Java 应用的 jar 包类库文件和面向 C/C++ 应用的 so 共享库文件，那么 Java 语言的应用场景会被开拓出更多的可能性。

Substrate VM 既支持将 Java 代码编译为本地可执行文件（默认模式），也支持编译为本地共享库文件（用 --shared 选项开启），两者的主要差异在于：

1）入口函数不同，可执行文件的入口就是 main 函数，库文件是一组显式声明的 API；

2）库文件会被 C 程序调用，需要一套能够保证调用双方相互理解的数据结构和基本语义的协议。

传统的 Java 和 C 的互访协议是 JNI，Substrate VM 中是 CLibrary。我们可以将拟编译为库文件的 Java 应用的代码内容分成两部分：

1）用 CLibrary 协议定义的与 C 语言交互的接口部分，包括 API 声明以及数据结构的映射和转换；

2）业务逻辑代码，这部分与用 Java 编写其他应用并无二致。

前者是我们在此要讨论的重点。

我们将用两章的篇幅介绍 Substrate VM 对编译共享库的支持，本章将从 Substrate VM 提供的用 Java 编写库文件的官方样例类 com.oracle.svm.tutorial.CInterfaceTutorial 入手，带领读者了解 CInterfaceTutorial 类的整体结构，然后展示将其编译为共享库文件的过程并查看编译后的运行效果，最后再深入 CInterfaceTutorial 类的源码，提纲挈领地介绍其中涉及

CLibrary 的重要元素。CLibrary 机制将在第 12 章进行详细的介绍。在阅读完本章后，读者就能够仿照样例用 Java 写出自己的库文件程序并编译为动态库文件，提供给 C++ 程序使用。

11.1　样例项目 cinterfacetutorial

Substrate VM 提供了静态编译共享库文件的样例项目 cinterfacetutorial，通过阅读、编译和运行该样例，我们可以建立对静态编译共享库文件的全局概念和感性认识。

样例项目并不复杂，其组织结构如代码清单 11-1 所示，由两个目录中的三个文件组成。

代码清单11-1　静态编译共享库样例cinterfacetutorial项目组织结构

```
com.oracle.svm.tutorial
├── native
│   ├── cinterfacetutorial.c
│   └── mydata.h
├── src
│   └── com
│       └── oracle
│           └── svm
│               └── tutorial
│                   └── CInterfaceTutorial.java
```

样例项目位于 GraalVM 源码 substratevm/src/com.oracle.svm.tutorial 目录，其下有两个子目录——native 和 src。

native 目录下保存了项目 C 调用端的源码文件 cinterfacetutorial.c 和共享库暴露的 API 中用到的数据结构声明文件 mydata.h。C 程序调用端在编译时必须获得 mydata.h 和共享库的头文件，从调用端源码的 include 部分可以看到期望的共享库头文件是 libcinterfacetutorial.h，但是该文件并没有在样例项目的目录中提前给出，因为它将会在 Substrate VM 静态编译库文件的过程中自动生成。src 目录下存放的是项目的 Java 源码 com/oracle/svm/tutorial/CInterfaceTutorial.java 文件。

Substrate VM 为 cinterfacetutorial 样例项目准备了一个 mx 的同名命令，在 GraalVM 项目源码的根目录执行如下命令：

```
mx -p substratevm/ cinterfacetutorial
```

这条命令会先执行 mx build 编译 GraalVM JDK，接下来用其将 cinterfacetutorial 样例项目静态编译为共享库，然后编译调用该库的 C 语言 main 函数，最后执行编译出的 main 程序。因为 mx 框架较为复杂不易讲解，所以笔者在本书的 Gitee 仓库中准备了一个实现相同效果的 bash shell 脚本 build.sh[⊖]，将该脚本放在 com.oracle.svm.tutorial 项目源码的根目录

⊖　参见 https://gitee.com/ziyilin/GraalBook/blob/master/cinterfacetutorial/build.sh。

下即可编译并执行样例项目。图 11-1 展示了 build.sh 脚本的内容。

```
1   #!/bin/bash
2   HOME_DIR=$(pushd $(dirname $BASH_SOURCE[0]) > /dev/null && pwd && popd >
    /dev/null)
3   WORK_DIR=$HOME_DIR/working-tutorial
4   if [ ! -d "$WORK_DIR/bin" ];then
5       mkdir -p $WORK_DIR/bin
6   fi
7   case "$1" in
8       8)
9           GRAALVM_CP=
            "$GRAALVM_HOME/jre/lib/svm/builder/svm.jar:$GRAALVM_HOME/jre/lib/jvm
            ci/jvmci-api.jar:$GRAALVM_HOME/jre/lib/boot/graal-sdk.jar"
10          ;;
11      11)
12          GRAALVM_CP="$GRAALVM_HOME/lib/svm/builder/svm.jar --add-module
            jdk.internal.vm.ci,org.graalvm.sdk --add-exports
            jdk.internal.vm.ci/jdk.vm.ci.meta=ALL-UNNAMED"
13          ;;
14      *)
15          echo "Argument must be 8 or 11!"
16      exit 1
17          ;;
18  esac
19  $GRAALVM_HOME/bin/javac -cp $GRAALVM_CP -d $WORK_DIR/bin $HOME_DIR/src/com/
    oracle/svm/tutorial/CInterfaceTutorial.java
20  pushd $WORK_DIR > /dev/null
21  $GRAALVM_HOME/bin/native-image -cp bin --shared -H:Name=
    libcinterfacetutorial -H:CLibraryPath=$HOME_DIR $2
22  cp $HOME_DIR/native/* .
23  gcc cinterfacetutorial.c -I. -L. -lcinterfacetutorial -ldl -o main
24  export LD_LIBRARY_PATH=$LD_LIBRARY_PATH:.
25  ./main
26  popd > /dev/nul
27
```

图 11-1　用于编译并执行 cinterfacetutorial 样例项目的脚本 build.sh

　　脚本首先根据 GraalVM 的 JDK 版本准备编译 CInterfaceTutorial.java 文件所需的 Graal VM 的类库（第 7 ~ 18 行）。因为 CInterfaceTutorial.java 中使用的 CLibrary 的相关注解和类并不在 JDK 的标准库中，而在 GraalVM 的 jar 包（JDK8）或者 module（JDK9 及以上版本）里，所以在 javac 编译时需要根据 JDK 的版本指定依赖的 classpath 和导入的 module。用脚本执行时的第一个参数选项设置编译使用的 JDK 版本。第 20 行将 CInterfaceTutorial 类的源码编译为字节码。

　　接下来第 21 行用 native-image 启动器开始静态编译 CInterfaceTutorial.class。--shared 选项，告诉 Substrate VM 要将 Java 字节码编译为共享库文件。编译共享库文件时如果像编译可执行文件时一样指定了主类，那么 Substrate VM 会自动将其中的 main 函数设置为 API 入口，并将共享库默认命名为主类的全小写名，如需另外命名则可由 -H:Name 选项设置；如果不指定主类，则必须用 -H:Name=libcinterfacetutorial 选项指定共享库的名字，最终编译产生的共享库和共享库的头文件名都是由这个选项决定的。因为我们已经从 cinterfacetutorial.c 源码的 include 中知道它期望的共享库名是 cinterfacetutorial，所以就将共享库命名为 libcinterfacetutorial。

　　-H:CLibraryPath=$HOME_DIR 将 CLibraryPath 设定为 com.oracle.svm.tutorial 项目的根目录。Substrate VM 会在 CLibraryPath 指定的路径下搜索编译共享库时所需的头文件。经过大约 30s 的等待后，静态编译会生成如代码清单 11-2 所示的一组成品，包括共享库文件 libcinterfacetutorial.so 和 4 个头文件。

代码清单 11-2　静态编译 CInterfaceTutorial Java 程序生成的内容

```
[SHARED_LIB]
libcinterfacetutorial.so

[HEADER]
graal_isolate.h
libcinterfacetutorial.h
graal_isolate_dynamic.h
libcinterfacetutorial_dynamic.h
```

第 23 行使用 GCC 编译 cinterfacetutorial.c。选项 "-I." 指定搜索 C 代码中 include 的头文件的位置为当前目录；选项 "-L." 指定 GCC 编译器在链接时搜索依赖共享库的位置为当前目录；选项 "-lcinterfacetutorial" 将第 21 行静态编译生成的 libinterfacetutorial. so 指定为需要链接的依赖库；选项 "-ldl" 链接系统的 libdl.so 库，以避免 GCC 编译时报 "undefined reference to symbol 'dlsym@@GLIBC_2.2.5'" 链接错误；选项 "-o" 指定编译结果的输出名，这里为简便起见将其指定为 main。

📖注意　GCC 的 -l 链接选项只需指定共享库的本名，不必写上前缀 lib 和后缀 .so。

第 25 行则执行刚刚编译好的可执行文件 main，如果程序执行正常结束并打印出以 **** In Java **** 开头的一组输出，则说明 Java 程序已成功编译到共享库文件并且执行结果符合预期。

11.2　共享库的 Java 实现源码解析

11.1 节介绍了样例项目的结构和编译过程，读者将图 11-1 中的内容复制到 com.oracle. svm.tutorial 根目录中保存为 build.sh 文件，然后根据自己的 GraalVM JDK 版本执行 ./build. sh 8 或者 ./build.sh 11，即可看到将 Java 程序静态编译到共享库文件的执行效果。那么，Substrate VM 在静态编译共享库文件时需要被调用的 Java 端做哪些工作呢？本节结合 CInterfaceTutorial.java 的源码为读者逐步解析说明。

11.2.1　声明共享库上下文

共享库一般是由两部分内容编译而成：一是其他库和自己的声明了类型和函数的头文件；二是定义业务逻辑的实现代码。

在传统的 C/C++ 世界里，第一部分就是 .h 文件，第二部分是 .c/.cpp 文件；在 Substrate VM 的静态编译共享库中，第一部分是 .h 和与之对应的定义了类型映射的 Java 程序，第二部分就是具体实现的 Java 程序。这两部分合在一起构成了共享库上下文。

在实现 Java 共享库时必须先定义共享库上下文，规划出共享库的整体框架。图 11-2 列出了 CInterfaceTutorial 类中定义共享库上下文的前几行代码。图中第 67 行在类声明上标注了 value() 为 CInterfaceTutorialDirectives.class 的 @CContext 注解，表示 CInterfaceTutorial 类属于名为 CInterfaceTutorialDirectives 的共享库上下文。一个共享库只有一个上下文，上下文可以通过至少一个标注了具有相同 value() 的 @CContext 的类实现。图中第 70～80 行是 CInterfaceTutorialDirectives 的实现，CContext.Directives 接口定义了编译共享库时对外界必需的依赖，如头文件、类库、宏定义、编译参数等。

```
67    @CContext(CInterfaceTutorialDirectives.class)
68    public class CInterfaceTutorial {
69
70        static class CInterfaceTutorialDirectives implements CContext.
          Directives {
71
72            @Override
73            public List<String> getHeaderFiles() {
74                /*
75                 * The header file with the C declarations that are
                     imported. We use a helper class that
76                 * locates the file in our project structure.
77                 */
78                return Collections.singletonList(ProjectHeaderFile.resolve(
                  "com.oracle.svm.tutorial", "native/mydata.h"));
79            }
80        }
81
```

图 11-2　CContext 和 Directives 声明示例

12.3.1 节详细介绍了 @CContext 和 Directives 接口的定义和使用。在本例中只有对依赖的头文件的声明，第 78 行指定了编译时要依赖的头文件为 native/mydata.h。静态编译时会以 -H:CLibraryPath 选项的值为前缀，与这里指定的文件路径拼接出完整的头文件路径。

但是如果共享库没有任何数据映射，暴露的接口 API 函数的参数和返回值都是原始类型，那么就不需要定义共享库上下文了。因为实现部分的 Java 程序已经可以自举，它自己就是整个上下文。这种情况无论是否定义共享库上下文都可以。

11.2.2　实现 C 基本数据结构

Java 共享库的 API 在参数和返回值中所有用到的数据结构都跨越了 C 与 Java 的边界，需要在 C 端和 Java 端各有一份声明，并且能够被联系在一起。在 C 端的声明是 Directives 接口的 getHeaderFiles 函数所返回的头文件，具体在 cinterfacetutorial 样例项目中就是图 11-2 中第 78 行处所获取的 mydata.h。在 Java 端的声明则是由 @CContext 标注的类中所有具有 CLibrary 机制注解的函数构成的。

CInterfaceTutorial.java 的源码覆盖了 C 的基本数据结构类型在 Java 端的声明，表 11-1 给出了 C 的各个基本数据结构的对应代码示例。表中 Java 端涉及的注解说明和 WordBase 接口说明请参阅 12.1 节和 12.3 节的详细介绍。

表 11-1 C 基本数据结构和 CLibrary 注解对应表

数据结构		C 端 (mydata.h)	Java 端 (CInterfaceTutorial.java)	说　明
常量		`#define DATA_ARRAY_LENGTH 4`	`@CConstant("DATA_ARRAY_LENGTH")` `protected static native int getDataLength();`	CConstant 关联 C 中常量，且必须位于 CContext 类中

结构体		`typedef struct`
		`my_data_struct {`
		`...`
		`} my_data;`
			`@CStruct("my_data")`
			`interface MyData extends PointerBase`
			`{`
			`...`
			`}`
				结构体必须继承 Pointer-Base

结构体中的域（本栏内容均在上一行的结构体内声明）	原始类型	`int f_primitive;`	`@CField("f_primitive")`
			`int getPrimitive();`
			`@CField("f_primitive")`
			`void setPrimitive(int value);`
				结构体中域分别对应读写函数

	数组	`int` `f_array[DATA_ARRAY_LENGTH];`	`@CFieldAddress("f_array")` `CIntPointer addressOfArray();`	为数组域返回类型指针地址

	字符串	`char* f_cstr;`	`@CField("f_cstr")`
			`CCharPointer getCString();`
			`@CField("f_cstr")`
			`void setCString(CCharPointer value);`
				字符串对应 char* 类型

	对象	`void*`
		`f_java_object_handle;`
			`@CField("f_java_object_handle")`
			`ObjectHandle getJavaObject();`
			`@CField("f_java_object_handle")`
			`void setJavaObject(ObjectHandle value);`
				对象对应到 void*

	函数指针	`void`
		`(*f_print_function) (void`
		`*thread, char* cstr);`
			`@CField("f_print_function")`
			`PrintFunctionPointer getPrintFunction();`
			`@CField("f_print_function")`
			`void`
			`setPrintFunction(PrintFunctionPointer printFunction);`
				实际调用信息在函数指针接口的 invoke 函数中

（续）

数据结构	C 端（mydata.h）	Java 端（CInterfaceTutorial.java）	说　明
枚举	```typedef enum {
    MONDAY = 0,
    TUESDAY,
    WEDNESDAY,
    THURSDAY,
    FRIDAY,
    SATURDAY,
    SUNDAY,
} day_of_the_week_t;``` | ```@CEnum("day_of_the_week_t")
enum DayOfTheWeek {
    SUNDAY,
    MONDAY,
    TUESDAY,
    WEDNESDAY,
    THURSDAY,
    FRIDAY,
    SATURDAY;

    @CEnumValue
    public native int getCValue();

    @CEnumLookup
    public static native DayOfTheWeek fromCValue(int value);
}``` | Java 端和 C 端的枚举值顺序可以不同，只要名字一致即可。@CEnumValue 注解的函数用于获取 Java 枚举值对应的 C 值；@CEnumLookup 则相反，从 C 值查找对应的 Java 枚举值 |

11.2.3　实现 C 的结构体继承

C 语言是面向过程的语言，并不存在面向对象中的继承概念，但是在实践中人们通过将公共部分作为结构体的第一个域的方式，在 C 语言中实现了和继承等价的语义。例如，在 cinterfacetutorial 样例的 mydata.h 中用如图 11-3 所示的代码实现了一个"基类"h_t 以及它的"子类"subdata_t。

```
48
49  typedef struct header_struct {
50      unsigned char type;
51      char name[3]; // "d1", "d2"
52  } h_t;
53
54  typedef struct {
55      h_t header;
56      int f1;
57      char * f2;
58  } subdata_t;
59
```

图 11-3　mydata.h 中的 struct 继承实现代码

与之对应的 Java 端代码如图 11-4 所示。图中第 274 行的接口 Header 代表了"基类"结构体，其中的 3 个 @Field 注解函数声明实际对应了 C 中的两个域，277 行的 type() 与 283 行的 typePtr() 以域和域地址两种方式映射了相同的域。@CStruct 标注的类中支持三种声明对应域的方式，详细说明请参考 12.3.1 节的 @Field 部分。第 326 行的接口 Substruct2 代表了"子类"结构体，其中以地址和偏移两种方式声明了 header 域，分别在第 329 和 332 行。

```
273      @CStruct("h_t")
274      interface Header extends PointerBase {
275
276          @CField
277          byte type();
278
279          @CFieldAddress("name")
280          CCharPointer name();
281
282          @CFieldAddress("type")
283          CCharPointer typePtr();
284      }
285
325      @CStruct("subdata_t")
326      interface Substruct2 extends PointerBase {
327
328          @CFieldAddress
329          Header header();
330
331          @CFieldOffset("header")
332          int offsetOfHeader();
333
```

图 11-4　Java 端实现结构体继承示例

11.2.4　暴露共享库 API

上述各种类型声明都是为暴露共享库的 API 函数而做的准备工作，共享库的核心是为外界提供本地 API 函数。所有要作为 API 暴露的函数必须用 @CEntryPoint 标注，函数必须是静态的，并且第一个参数总是代表了调用端执行环境上下文的 IsolateThread 或 Isolate 类型的值，从第二个参数开始才是实际的参数。12.3.2 节详细介绍了 @CEntryPoint 注解的使用方式。Java 共享库 API 支持两种调用方式：一是直接调用，二是以函数指针的方式调用。

1. 直接调用

以调用 void java_entry_point(graal_isolatethread_t*, my_data*) 函数为例，相关代码在 cinterfacetutorial.c 的 main 函数中的实现如图 11-5 所示。首先要准备 API 的第一个参数 graal_isolatethread_t，即 IsolateThread 在 C 端的数据类型。图 11-5 中第 106 行处声明了 graal_isolatethread_t 类型的指针 thread，然后在第 107 行通过调用 graal_create_isolate 函数获得 thread。第 112 行的 fill 函数准备 my_data 参数中的内容。当参数都准备完毕后在第 115 行调用执行 java_entry_point 函数。除了需要额外准备 isolate thread 外，这一过程与直接调用其他本地库函数并无不同。

```
106    graal_isolatethread_t *thread = NULL;
107    if (graal_create_isolate(NULL, NULL, &thread) != 0) {
108        fprintf(stderr, "error on isolate creation or attach\n");
109        return 1;
110    }
111
112    fill(&data);
113
114    /* Call a Java function directly. */
115    java_entry_point(thread, &data);
116
```

图 11-5　直接调用共享库 API 函数示例代码

API 函数 java_entry_point 在 Java 端的定义如图 11-6 所示。所有要暴露的 API 接口必须用 @CEntrypoint 注解标注，它们会被 Substrate VM 静态编译器自动识别为程序的入口函数，然后通过静态分析找到以这些入口函数为起点的所有可达代码，再将它们静态编译到 native image 中。@CEntryPoint 的 name 属性指定了 API 在 C 端的函数名，在这里是 java_entry_point，所以在静态编译时在自动生成的 API 头文件中，当前 Java 函数对应的 C 语言端函数名就是 java_entry_point，以供 C 语言调用端调用。@CEntryPoint 注解的函数必须是静态的，以保证库函数被调用时的无状态性。图中第 199 行的函数声明的 thread 参数上添加了限制"未使用"编译报警的注解，因为该参数是提供给编译器的，在函数的实现中并不需要使用。关于 @CEntryPoint 的更多详细内容请参阅 12.3.2 节。

```
197    /* Java function that can be called directly
       from C code. */
198    @CEntryPoint(name = "java_entry_point")
199    protected static void javaEntryPoint(
       @SuppressWarnings("unused") IsolateThread thread
       , MyData data) {
```

图 11-6　共享库 API 的 @CEntryPoint 声明

2. 以函数指针方式调用

CLibrary 也支持通过函数指针方式调用 @CEntryPoint 标注的 API 函数，这种方式下的 Java 端声明如图 11-7 所示。图 11-7 的第 143～150 行声明了函数指针接口 PrintFunctionPointer。CLibarary 中 CFunctionPointer 接口是所有函数指针接口的基类，在子接口中必

须声明由 @InvokeCFunctionPointer 标注的函数，这个接口函数会绑定到实际要执行的函数。CLibarary 对该函数的命名并没有规范性要求，开发人员可以按实际情况自主命名，但是参数必须与要绑定的函数完全一致。

第 165 和 166 行创建的 javaPrintFunction 变量负责连接函数指针接口和 Java 函数实现。CEntryPointLiteral 类型的泛型为函数指针接口，CEntryPointLiteral.create 函数的参数则分别指定要绑定的 Java 函数的所在类、函数名和参数类型。

第 169 行的 @CEntryPoint 没有指定 name 属性，所以第 170 行的 printingInJava 函数最终由编译器结合类名、函数名和 SHA 值生成了一个 CInterfaceTutorial__printingInJava__cd e6d1b3af0de19ec45ab86c04e2f59e7c4a2d53 的名字。这个名字虽然很长，但在本例中并不需要在 C 语言端直接调用，所以并没有易用性方面的问题。当然我们也可以为 name 属性设置一个值，以增强其可读性。

```
142    /* Import of a C function pointer type. */
143    interface PrintFunctionPointer extends
       CFunctionPointer {
144
145        /*
146         * Invocation of the function pointer. A
                 call to the function is replaced with an
                 indirect
147         * call of the function pointer.
148         */
149        @InvokeCFunctionPointer
150        void invoke(IsolateThread thread,
                 CCharPointer cstr);
151    }
165    protected static final CEntryPointLiteral<
       PrintFunctionPointer> javaPrintFunction =
       CEntryPointLiteral.create(CInterfaceTutorial.
       class, "printingInJava", IsolateThread.class,
       CCharPointer.class);
166
167    /* The function addressed by the above function
       pointer. */
168    @CEntryPoint
169    protected static void printingInJava(
       @SuppressWarnings("unused") IsolateThread thread
       , CCharPointer cstr) {
170        System.out.println("J: " + CTypeConversion.
                 toJavaString(cstr));
171    }
172
173    protected static CCharPointerHolder pin;
174
```

图 11-7　以函数指针方式暴露的 API 的 Java 端声明示例

代码清单 11-3 给出了 @CEntryPoint 函数指针在 Java 端和 C 端的设置和调用代码样例。在样例程序实际运行时，函数指针的代码执行顺序是第 3、1、2、4 行，C 端与 Java 端代码交错设置并调用函数指针。第 3 行在 C 端先把传入 Java 端的结构体 data 的函数指针域 f_print_function 设置为指向 c_print 函数，然后在 Java 端用第 1 行所示方式回调了 c_print 函数。第 2 行将 javaPrintFunction 中的函数指针设置给了 data 的 f_print_function，然后在 C 端用第 4 行所示的代码调用了 printingInJava 函数。由此可见，CLibrary 的函数指针结构实现了 C 端和 Java 端的函数互相调用，可以实现在 C 调用端定义的函数可以被 Java 端回调，使得静态编译的 Java 共享库在函数调用方面的实际使用体验与 C 语言编写的共享库完全一致。

代码清单11-3　@CEntryPoint函数指针的设置调用

```
//Java端函数指针设置与调用
1. data.getPrintFunction().invoke(currentThread, data.getCString());
2. data.setPrintFunction(javaPrintFunction.getFunctionPointer());

//C端函数指针设置与调用
3. data->f_print_function = &c_print;
4. data->f_print_function(thread, data->f_cstr);
```

11.2.5　直接调用 C 函数

还有一种函数调用场景是从共享库中直接调用 C 函数，如 libC 库中的标准 C 函数或者 C 端定义的函数等。CLibarary 通过 @CFunction 标注函数实现了这一需求，12.3.1 节中给出了 @CFunction 的具体定义和功能。样例项目 cinterfacetutorial 中的代码如图 11-8 所示。

图 11-8a 的第 154、155 行声明了 @CFunction 函数 memcpy，其代表了 libc 标准库中的同名函数。第 158、159 行的本地函数则对应于 cinterfacetutorial.c 中定义的 c_print 函数。通常在 Java 程序中声明的本地函数都会在运行时通过 JNI 实现对对应本地函数的调用，但是第 154～158 行的 @CFunction 注解告诉编译器对应的函数的调用不需要通过 JNI 本地函数，而应该被编译为直接进行本地调用。关于 @CFunction 的详细说明请参考 12.3.1 节的 @CFunction 部分。图 11-8b 则展示了在 Java 中调用 printingInC 函数的代码，除了必须设置 IsolateThread 之外，和调用其他 Java 函数并没有区别，但是目前这种直接调用的方式还不支持 Windows 平台。

```
153    /* Import of a C function from the standard C
       library. */
154    @CFunction
155    protected static native PointerBase memcpy(
       PointerBase dest, PointerBase src, UnsignedWord
       n);
156
157    /* Import of a C function. */
158    @CFunction("c_print")
159    protected static native void printingInC(
       IsolateThread thread, CCharPointer cstr);
160
```

a）CInterfaceTutorial.java 中直接调用的本地函数声明

```
184    IsolateThread currentThread = CurrentIsolate
       .getCurrentThread();
185    /* Call a C function directly. */
186    if (!Platform.includedIn(Platform.WINDOWS.
       class)) {
187        /*
188         * Calling C functions provided by the
            main executable from a shared library
            produced by
189         * the native-image is not yet
            supported on Windows.
190         */
191        printingInC(currentThread, data.
           getCString());
192    }
```

b）CInterfaceTutorial.java 中调用本地函数示例

图 11-8　从共享库的 Java 代码中调用 C 函数示例

11.2.6　共享库函数的返回值

在 CInterfaceTutorial.java 中定义的共享库 API 函数的返回值只有原始类型和 void 两种，这也是共享库函数仅支持的两种返回值类型。虽然 CLibrary 机制从语法和编译的角度并不排斥从函数中返回引用类型的值，但是在运行时会遇到不能获取期望的值的问题。

因此为了运行时的正确性，我们需要通过引用参数，向调用者返回非原始类型值。也就是由调用方创建好返回值的数据结构，然后将其指针作为参数传入 API。在 API 函数执行完成后，将要返回的值写入该指针所指向的内存地址中。但是在使用这种返回方式时必须考虑内存的释放问题，我们将在 12.4 节详细讨论这一问题。

11.3　静态编译 JNI 共享库

Substrate VM 不仅支持如样例项目 cinterfacetutorial 中提供给 C 程序调用的本地共享库，也支持将 Java 程序静态编译为提供给 Java 程序调用的本地共享库，也就是 JNI 库。在本书中，我们将这种 JNI 库称为 CLibrary JNI 库，将传统的用 C 语言编写的 JNI 库称为传统 JNI 库。CLibrary JNI 共享库与 C 共享库有两点主要不同。

一是**数据结构的映射不同**。在 C 共享库中需要 C 和 Java 之间的数据类型和结构映射（参见 11.2.2 节），但是 JNI 库中使用的是由 JNI 规范定义的 JNI 类型和数据结构[一]，因此映射的内容发生了变化。

二是**存在对从 C 到 Java 的访问**。在 C 共享库中，从库到调用端的回调依然是 C 到 C 的调用，一般通过函数指针方式实现（见 11.2.4 节）。但是 JNI 库从库到调用端的回调则是从 C 到 Java 的调用，比如在 C 中创建 Java 对象，或者从以参数形式传入的 Java 对象中读到某个域的值等，这些操作是 JNI 规范中定义的 JNI 函数[二]实现的。

对以上两点的支持已经在 Substrate VM 的 com.oracle.svm.jni 包里实现了，开发人员可以使用其中提供的功能开发出自己的 CLibrary JNI 共享库。我们在本书的 Gitee 仓库里放置了一个完整的 CLibrary JNI 项目示例——JNIDemo[三]。本节将以 JNIDemo 为例为读者介绍如何开发 CLibrary JNI 库。

11.3.1　JNIDemo 项目组织结构

JNIDemo 项目的根目录下有两个子目录和一个 make.sh 文件。src 子目录中保存了 Java 程序的源码，其中的 caller/Main.java 是调用端的 Java 主程序运行了一个简单的单线程测试函数和 3 个多线程测试函数，用于展示如何在单线程和多线程场景中通过 JNI 使用静态编译的库文件；caller/Point.java 定义了仅有两个 int 域 x 和 y 的简单数据类型 Point，作为 JNI

[一]　参见 https://docs.oracle.com/javase/8/docs/technotes/guides/jni/spec/types.html。

[二]　参见 https://docs.oracle.com/javase/8/docs/technotes/guides/jni/spec/functions.html。

[三]　参见 https://gitee.com/ziyilin/GraalBook/tree/master/JNIDemo。

函数的参数类型和返回值类型；jni/SVMImpl.java 和 jni/JNIInterface.java 两个 Java 文件定义了 CLibrary JNI 库的 Java 实现代码。c_src 子目录的 jni_demo.cpp 中是传统 JNI 库的 C 语言代码，实现了与 src/jni 中的 Java 程序完全相同的功能。

Test.sh 文件是 Linux Shell 脚本，可以接受一个含有两个有效值（jni 和 svm）的参数。当参数为 jni 时，脚本将 c_src 中的 C 程序编译传统 JNI 库，然后用 src/caller 中 Java 源码编译出的 Java 应用程序调用共享库执行；当参数为 svm 时则将 src/jni 中的 Java 代码静态编译为 CLibrary JNI 库，再由 src/caller 中的 Java 程序调用执行。

执行参数为 svm 的脚本得到的输出，如图 11-9 所示：单个线程正确执行会输出“This is setting from Java”和“Good”；在多线程场景下，前两个测试展示了正确调用 CLibrary JNI 函数的方式，第三个函数则展示了错误的调用方式，并且预期会导致应用程序的崩溃。关于多线程部分的详细解释请参见 12.1 节。

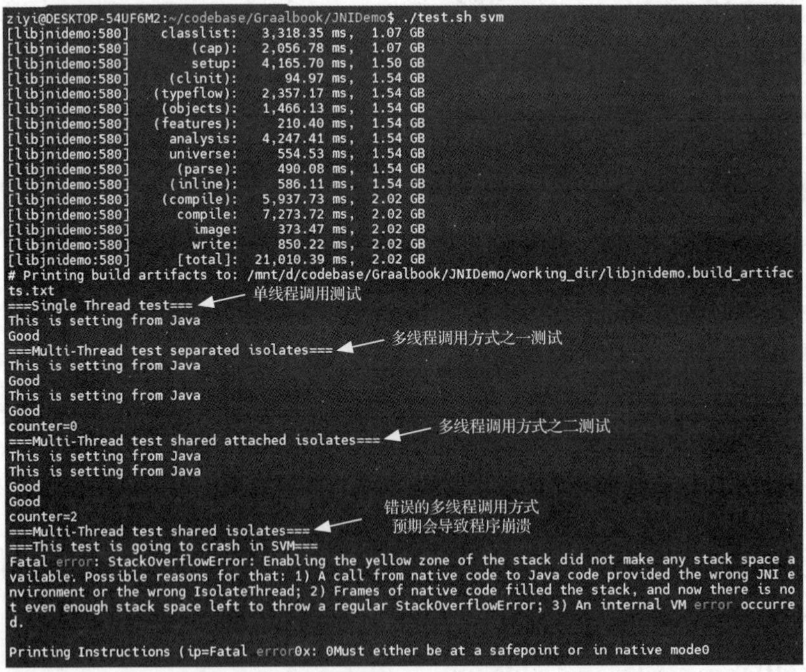

```
ziyi@DESKTOP-54UF6M2:~/codebase/Graalbook/JNIDemo$ ./test.sh svm
[libjnidemo:580]    classlist:   3,318.35 ms,  1.07 GB
[libjnidemo:580]        (cap):   2,056.78 ms,  1.07 GB
[libjnidemo:580]        setup:   4,165.70 ms,  1.50 GB
[libjnidemo:580]     (clinit):      94.97 ms,  1.54 GB
[libjnidemo:580]   (typeflow):   2,357.17 ms,  1.54 GB
[libjnidemo:580]    (objects):   1,466.13 ms,  1.54 GB
[libjnidemo:580]   (features):     210.40 ms,  1.54 GB
[libjnidemo:580]     analysis:   4,247.41 ms,  1.54 GB
[libjnidemo:580]     universe:     554.53 ms,  1.54 GB
[libjnidemo:580]      (parse):     490.08 ms,  1.54 GB
[libjnidemo:580]     (inline):     586.11 ms,  1.54 GB
[libjnidemo:580]    (compile):   5,937.73 ms,  2.02 GB
[libjnidemo:580]      compile:   7,273.72 ms,  2.02 GB
[libjnidemo:580]        image:     373.47 ms,  2.02 GB
[libjnidemo:580]        write:     850.22 ms,  2.02 GB
[libjnidemo:580]      [total]:  21,010.39 ms,  2.02 GB
# Printing build artifacts to: /mnt/d/codebase/Graalbook/JNIDemo/working_dir/libjnidemo.build_artifac
ts.txt
===Single Thread test===
This is setting from Java
Good
===Multi-Thread test separated isolates===
This is setting from Java
Good
This is setting from Java
Good
counter=0
===Multi-Thread test shared attached isolates===
This is setting from Java
This is setting from Java
Good
Good
counter=2
===Multi-Thread test shared isolates===
===This test is going to crash in SVM===
Fatal error: StackOverflowError: Enabling the yellow zone of the stack did not make any stack space a
vailable. Possible reasons for that: 1) A call from native code to Java code provided the wrong JNI e
nvironment or the wrong IsolateThread; 2) Frames of native code filled the stack, and now there is no
t even enough stack space left to throw a regular StackOverflowError; 3) An internal VM error occurre
d.

Printing Instructions (ip=Fatal error0x: 0Must either be at a safepoint or in native mode0
```


图 11-9 静态编译执行 JNIDemo 的屏幕输出

编译过程的脚本代码如图 11-10 所示，这个脚本默认基于 GraalVM-JDK8 运行，对更高版本的 JDK 的支持以注释的形式保留在脚本内。

代码内容并不复杂，读者可以自行阅读，在此不一一详述，但是需要注意两点。

一是第 8 行用 javah 生成 JNI 头文件的做法仅限于 JDK10 之前，从 JDK10 开始取消了 javah 工具，而是用 javac 的 -h 选项代替。第 6 行的注释内容给出了 JDK10 及其以后版本生成 JNI 头文件的方式。

```
1   #!/bin/bash
2   MODE=$1
3   mkdir bin
4   rm -rf bin/*
5   # Use javac -h since JDK10 like:
6   # $GRAALVM_HOME/bin/javac -d bin -h headers src/caller/*.java
7   $GRAALVM_HOME/bin/javac -d bin src/caller/*.java
8   $GRAALVM_HOME/bin/javah -cp bin -d headers caller.Main

10  mkdir working_dir
11  pushd working_dir > /dev/null
12  mkdir bin
13  if [ "$MODE""x" = "jnix" ];then
14      cp ../c_src/* .
15      cp ../headers/* .
16      g++ -c -fPIC -I${JAVA_HOME}/include -I${JAVA_HOME}/include/linux
        jni_demo.cpp -o jnidemo.o
17      g++ -shared -fPIC -o libjnidemo.so jnidemo.o -lc
18  elif [ "$MODE""x" = "svmx" ];then
19      $GRAALVM_HOME/bin/javac -d bin -cp ../bin:$GRAALVM_HOME/jre/lib/svm/
        builder/svm.jar:$GRAALVM_HOME/jre/lib/boot/graal-sdk.jar ../src/jni/*.
        java
20  #For GraalVM-JDK11
21  #   $GRAALVM_HOME/bin/javac -d bin -cp
    ../bin:$GRAALVM_HOME/lib/svm/builder/svm.jar ../src/jni/*.java
22      $GRAALVM_HOME/bin/native-image -cp bin:../bin --shared -H:Name=
        libjnidemo -H:-DeleteLocalSymbols -H:+PreserveFramePointer
23  else
24      echo "The argument must be jni or svm."
25      exit 1
26  fi
27  $GRAALVM_HOME/bin/java -cp ../bin -Djava.library.path=. caller.Main
28
29  popd > /dev/null
30
```

图 11-10 JNIDemo 编译流程脚本 make.sh

二是关于 JNI 头文件的使用。虽然第 8 行将 Java 应用程序中声明的本地函数的头文件生成到了 headers 目录，但是仅在 jni 模式下编译时需要用到该头文件；在 svm 模式下编译时并不需要，不过在 src/jni/SVMImpl.java 中定义 JNI 库的入口函数时需要保证 @CEntryPoint 的 name 属性所设的函数名与 JNI 头文件中所声明的函数名一致，在缺少头文件作为参考时，开发者可能并不清楚 @CEntryPoint 的 name 属性应该如何设置。所以在 test.sh 脚本中为 jni 和 svm 两种编译模式都生成了 JNI 头文件。

11.3.2 JNI 库 API 函数的声明

CLibrary JNI 库同时遵循 JNI 规范和 CLibrary 规范，因此它与这两种规范相比都略有区别。

因为 CLibrary 规范要求本地 API 接口必须包含 isolate 信息，所以 CLibrary JNI 的本地函数相比传统 JNI 增加了创建和使用 isolate 的步骤。Substrate VM 的 isolate 是指同一进程内的线程间隔离环境，cLibrary 共享库的每个 API 都有一个 isolate 参数，用于指定函数执行的隔离环境。isolate 隔离环境的详细介绍请参见 12.1 节。

从图 11-11 展示的 Java 端源码的第 18、19 行可见，每个本地函数的第一个参数即为 isolate 的 id。在首次调用本地函数前，需要调用第 17 行的 createIsolate 函数创建出 isolate，在随后的本地函数调用中可以按需重用该 isolate 或创建新的 isolate。图 11-12 代码的第 6 行创建 isolate 后在第 8、9 两行的本地函数调用中就使用了这个 isolate。在执行完 JNI 函数后还应该再用 destroyIsolate 函数销毁先前创建的 isolate，以免发生内存泄漏，有关这些内容的代码我们在例子中没有写出，读者可以尝试自己补充。

```
4    public static void main(String[] args) {
5        System.loadLibrary("jnidemo");
6        long isolate = createIsolate();
7        String msg = "This is from Java";
8        print(isolate, msg);
9        Point ret = add(isolate, new Point(1, 1), new
         Point(2, 2));
10       if (ret.getX() == 3 && ret.getY() == 3) {
11           System.out.println("Good");
12       } else {
13           System.out.println("Bad");
14       }
15   }
16
17   private static native long createIsolate();
18   private static native void print(long isolate,
         String msg);
19   private static native Point add(long isolate,
         Point a, Point b);
```

图 11-11 Java 调用端的 CLibrary JNI native 函数声明

另一方面，因为 JNI 规范要求本地函数在实现时，其前两个参数必须是代表 JNI 环境的 JNIEnv 指针和代表调用类的 jclass，所以与一般的 CLibrary 本地库 API 相比，CLibrary JNI 库的 API 会多两个参数。例如图 11-11 中的本地函数 add 对应的 JNI 共享库的 API 函数声明为：

```
@CEntryPoint(name = "Java_caller_Main_add")
public static JNIObjectHandle add(JNIEnvironment jni, JNIObjectHandle clazz,
    @CEntryPoint.IsolateThreadContext long isolateId, JNIObjectHandle a,
    JNIObjectHandle b) {
```

这里的 Java 函数名为 add，对应 JNI 函数 @CEntryPoint 的 name 属性值 Java_caller_Main_add，这个名字是由 JNI 规范定义的。函数的返回值类型为 JNIObjectHandle，JNI 的所有引用类型都对应到 CLibrary 的单一类型 JNIObjectHandle（详见 12.2 节）。add 函数有 5 个参数：第一个参数是 JNI 环境指针；第二个参数是调用类，这两个参数不必在 Java 端的本地函数声明中出现，而由编译器负责填写；第三个参数是 CLibrary 规范强制要求的 isolate；最后两个参数是 add 函数的实际参数。

11.3.3 JNI 函数编程基本过程

在 JNI 本地函数的实现中，常常需要通过 JNI 函数与 Java 环境进行交互。JNI 函数以函数指针的形式定义在 jni.h 的 JNINativeInterface_ 结构体中，而 JNINativeInterface_ 结构体被包含在 JNIENV_ 结构体中，图 11-12 的左边部分展示了上述 jni.h 中的定义层次结构，右边部分则给出了 CLibrary 在 com.oracle.svm.jni.nativeapi 包中与 jni.h 里数据结构一一对应的 Java 实现。

从图 11-12 中可以看到，JNIEnvironment 接口对应 JNIENV_ 结构体，JNINativeInterface 接口对应 JNINativeInterface_ 结构体。JNINativeInterface 接口里的 getter 和 setter 函数对应 JNINativeInterface_ 结构体里的各个函数指针域。虽然 JNINativeInterface 接口中声明了所有的 JNI 函数指针域的 getter 和 setter 函数，但是并没有为全部的函数指针都声明对应的接口。比如图 11-12 中的 getGetVersion() 返回了代表所有函数指针类型的基类 CFunctionPointer，但并没有定义对应到 GetVersion 的接口；而 getDefineClass() 函数返回

的 DefineClassFunctionPointer 类型是已经实现的对 getDefineClass 函数指针的映射。关于
函数指针的映射的更多内容请参见 11.2.4 节的样例说明和 12.2 节的详细介绍。

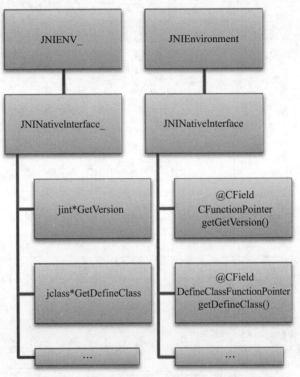

图 11-12　jni.h 与 CLibrary JNI 定义映射关系图

由以上描述可知，CLibrary JNI 的编程方式与传统 JNI 是基本一致的。在实现一项具体
的功能时我们首先要知道应该使用哪个 JNI 函数，然后调用 CLibrary JNI 中的对应方法即
可。接下来我们会详细介绍几种常见的 JNI 编程场景以供读者参考。

11.3.4　JNI 函数参数传入 String

JNI 类型中的 jstring 对应于 Java 的 String。传统 JNI 编程处理从 Java 程序传入的
jstring 时会用 GetStringUTFChars 函数将 jstring 转为 C 程序可处理的 char*。在 CLibrary
JNI 中也需要执行类似的操作，先将传入的字符串从 JNIObjectHandle 转到 CCharPointer，
再把 CCharPointer 转换为 String。

我们通过一个简单的例子来详细介绍这一过程，即图 11-11 中的 print 函数。图 11-13
对比展示了用 CLibrary JNI 方式和传统 JNI 方式实现的 JNI 代码。

图 11-13a 中的代码第 48 行对传入的参数 msg 进行空指针检查，对应于图 11-13b 的第
45 行的空值检查。因为 msg 是基于 WordBase 的类型，所以检查空指针时不能与 null 做简
单比较，而要通过 equal 函数与 nullHandle() 函数的返回值比较（关于 WordBase 的详细介

绍请参见 12.2 节）。

```
45    @CEntryPoint(name = "Java_caller_Main_print")
46    public static void printMsg(JNIEnvironment jni,
      JNIObjectHandle clazz, @CEntryPoint.
      IsolateThreadContext long isolateId,
      JNIObjectHandle msg) {
47        String message = null;
48        if (msg.notEqual(nullHandle())) {
49            CCharPointer cstr = jni.getFunctions().
              getGetStringUTFChars().invoke(jni, msg,
              nullPointer());
50            if (cstr.isNonNull()) {
51                try {
52                    message = CTypeConversion.
                      toJavaString(cstr, SubstrateUtil
                      .strlen(cstr), StandardCharsets.
                      UTF_8);
53                } finally {
54                    jni.getFunctions().
                      getReleaseStringUTFChars().
                      invoke(jni, msg, cstr);
55                }
56            }
57        }
58        System.out.println(message);
59    }
```

a）Java 实现的打印字符串 JNI 本地函数

```
42    JNIEXPORT void JNICALL Java_caller_Main_print
43    (JNIEnv *env, jclass clazz, jlong, jstring
      contents){
44    char buf[128];
45    if( contents != NULL ){
46        const char *str = env->GetStringUTFChars(
          contents, 0);
47        printf("%s\n", str);
48        env -> ReleaseStringUTFChars(contents, str);
49    }
50    }
```

b）传统 C 实现的打印字符串 JNI 本地函数

图 11-13　打印 Java 传入字符串的 JNI 本地函数实现

从 Java 端传入的字符串在 JNI 中是 jstring 类型，在 CLibrary JNI 中是 JNIObjectHandle 类型，只有被转为 char* 或 String 后才能被 C 或 Java 操作。图 11-13b 第 46 行 env->GetStringUTFChars 将 jstring 转换为 char*，在 CLibrary JNI 中的对应操作是图 11-13a 第 49 行的 jni.getFunctions().getGetStringUTFChars().invoke，将 JNIObjectHandle 转换为 CCharPointer。

因为 Java 代码依然不能直接处理 CCharPointer，所以图 11-13a 中第 52 行代码调用 CLibrary 的工具类 CTypeConversion.toJavaString 将 CCharPointer 转为 String，然后才能在 Java 中使用该字符串。因为调用 GetStringUTFChars 时分配的内存并不在 native image 的 GC 控制范围之内，所以还要调用 JNI 的 ReleaseStringUTFChars 函数显示地释放。图 11-13b 中第 48 行和图 11-13a 中第 54 行分别展示了在 C 和 CLibrary 中的相应代码。

11.3.5　自定义 JNI 函数指针类型

CLibrary JNI 的编程模型就是对传统 JNI 的映射，com.oracle.svm.jni.nativeapi.JNIFunction PointerTypes 类中是 Substrate VM 已经实现的 JNI 函数指针类型。JNINativeInterface 中声

明了各个 JNI 函数指针域的 getter 和 setter。大多数函数指针域类型已经在 JNIFunction-PointerTypes 中定义了，但也有部分类型是函数指针的基类 CFunctionPointer，这表示该函数指针还没有被实现过，需要先定义对应的函数指针类型。

图 11-11 中的 add 函数实现了自定义的 Point 类型的加法操作。在本地代码中，要将两个 Point 类型的入参的 int 类型的 x 域和 y 域分别读出，然后用 x 与 y 相加的结果构造出新的 Point 实例并返回。在 JNI 中应当使用 GetIntField 函数获取对象中 int 类型域的值，但是 JNINativeInterface 接口的 getGetIntField() 函数返回值是代表所有函数指针类的父类 CFunctionPointer，表示并没有为其声明对应的函数指针。所以，我们在 JNIDemo 的 src/jni/JNIInterface.java 文件中自定义了如图 11-14a 所示的对应函数指针类型。

接口 GetIntFieldFunctionPointer 必须继承 CFunctionPointer，其中仅有一个被 @Invoke-CFunctionPointer 注解标注的函数。该函数的参数和返回值类型必须与 jni.h 中的 GetIntField 函数相符：

第一个参数是所有 JNI 函数所固有的；

第二个为 JNIObjectHandle，映射了 jobject，代表要取出的域值的对象实例；

第三个参数为 JNIFieldId，映射了 jfieldID，代表要取的域。

返回值的类型为 int。

在使用时，我们将 JNINativeInterface.getGetIntField() 得到的结果强制类型转换为 GetIntFieldFunctionPointer，然后调用 invoke 函数即可，具体代码如图 11-14b 所示。

```
9  public interface JNIInterface {
10     interface GetIntFieldFunctionPointer extends
       CFunctionPointer{
11         @InvokeCFunctionPointer
12         int invoke(JNIEnvironment env, JNIObjectHandle
           obj, JNIFieldId fieldId);
13     }
14
15  }
```

a）定义 GetIntField 函数指针类型

```
66     JNIInterface.
       GetIntFieldFunctionPointer function
       = (JNIInterface.
       GetIntFieldFunctionPointer) env.
       getFunctions().getGetIntField();
67     return function.invoke(env, obj,
           fieldId);
```

b）使用 GetIntField 函数指针类型

图 11-14 自定义的 GetIntField 函数指针类型声明与使用

11.3.6 调用 Java 函数

JNI 规范中提供了用于从本地函数中回调 Java 实例函数的接口——Call\<Type\>Method、Call\<Type\>MethodA 和 Call\<Type\>MethodV。\<Type\> 是被调用的 Java 函数的返回类型，这 3 种函数的差别在于对拟调用的 Java 函数的入参的提供方式，详细说明可以参考 JNI 规范[一]。Substrate VM 在 JNIFunctionPointerTypes 中只定义了对应到 Call<Type>MethodA 的这一组函数指针类型，而忽略了其他两种，这是因为 Substrate VM 认为只靠这一种接口已经能够满足所有的调用需求，不必再定义其他两种。

Call<Type>MethodA 接口函数共有 4 个参数。前 3 个的含义和用法都很明显，我们在此不再额外说明；第 4 个参数是传给拟调用的 Java 函数的参数 args，在 JNI 规范中为 jvalue 类型，在 CLibrary JNI 中的对应类型是 JNIValue。

当被调用的 Java 函数没有参数时，需要将 args 设为 null，在 CLibrary JNI 中是 WordFactory.nullPointer() 函数的返回值。

当被调用的 Java 函数有参数时，就要构造 JNIValue 实例，往里面填充要传给 Java 函数的参数。具体做法是先通过 StackValue 类从栈上获取 JNIValue 实例：

```
JNIValue javaArgs = StackValue.get(2, JNIValue.class);
```

StackValue.get 的第一个参数是被调用的 Java 函数的参数个数，第二个参数是要获取的实例类型。然后向 javaArgs 变量中填入参数内容：

```
javaArgs.addressOf(0).setObject(objhandle);
javaArgs.addressOf(1).setInt(123);
```

setObject 函数的参数是 JNIObjectHandle 类型，用于设置所有引用类型的参数。开发人员需要先获得代表 Java 引用类型的 JNIObjectHandle 实例，再将其设置到参数中。设置原始类型参数就用 setInt、setDouble 之类即可。

对 Java 静态函数调用的方法与非静态函数调用相同，我们不再赘述。

11.4　小结

本章通过编译执行样例项目和分析样例源码，为读者介绍了如何开发 CLibrary 普通共享库和 JNI 共享库，主要步骤有以下 5 点。

1）定义 @CEntryPoint 标注的共享库 API。这些 API 是静态编译不可或缺的入口。

2）定义 @CContext 和 Directives 上下文环境。如果上一步定义的 API 的参数和返回值中存在非原始类型的数据，则必须在 @CContext 里定义 @CStruct 的数据结构，并且准备声明这些数据结构的 .h 头文件。

3）根据实际需要定义其他内容。

4）native-image 编译共享库时使用 --shared 选项。

5）静态编译会生成共享库的 so 文件、共享库的函数声明头文件以及其他 Graal 内置数据结构的头文件，用户在编译 C 端调用程序时可以按需使用。

这 5 点是编译共享库的最基本操作，在实际应用时可以根据具体情况进一步丰富和完善，但是不能再进行裁剪。读者按照这 5 步规范并结合文中示例代码就可以开发并编译出自己的共享库文件。

[一]　参见 https://docs.oracle.com/javase/8/docs/technotes/guides/jni/spec/functions.html#Call_type_Method_routines。

第 12 章 *Chapter 12*

CLibrary 机制

共享库暴露出一组 API 以供其他程序调用,在静态编译 Java 程序共享库的场景下,API 的调用端是其他本地程序,实现端是 Java 程序。可以说 API 是一座连接了 C 世界和 Java 世界的桥梁。在发起 API 调用时,从 C 世界送往 Java 世界的参数数据在"上桥"前是用 C 的数据结构描述的,在"下桥"时转换成了 Java 的数据结构;API 调用的返回值在桥上则经历恰好相反的过程。透过这样的直观形容,我们可以看到这个调用不同于普通的共享库调用,静态编译 Java 共享库的接口不仅需要提供函数定义,还需要实现 C 和 Java 两种语言之间的数据结构转换,而这种转换需要遵照某种双方都能理解的协议。Substrate VM 中的这种协议就是 CLibrary 机制。

Java 原本就有一套从 Java 到 C 的交互协议——JNI,为什么 Substrate VM 需要定义 CLibrary,而不是复用 JNI 呢?因为 JNI 解决的是从 Java 调用 C 的问题,用 C 语言实现了对 Java 数据结构的描述,但 CLibrary 要解决的是从 C 调用 Java,用 Java 描述 C 数据结构的问题。如果将 Java 比作英语,C 比作汉语,JNI 就是用英语单词寻找汉语解释的英汉词典,CLibrary 则是用汉语单词寻找对应的英语表述的汉英词典。英汉词典和汉英词典各有用途,不能相互取代。

CLibrary 是一套用 Java 语言编写 C 代码的支持框架,在功能维度上提出了 isolate 的概念,用于支持进程内的库文件复用;在语言维度上则包括 WordBase 接口系统和注解系统两大部分,这两部分分别用 Java 语言映射了 C 语言的数据类型和数据结构。本章将首先介绍 isolate 的概念,然后分别介绍 WordBase 和注解系统。

12.1 isolate

Substrate VM 将在进程内独立运行的 VM 实例称为 isolate(VM 指由 native image 中的程

序代码和运行时代码组成的微型虚拟机）。每个 isolate 都有自己的内存堆空间，不同的 isolate 之间的内存堆不能共享。一个 isolate 与多个线程绑定，被这些线程共享，但是从非绑定线程试图进入 isolate 时可能会导致程序崩溃，绑定的线程在 CLibrary 中被称为 isolateThread。

一个进程里可以运行多个 isolate，当创建一个新的 isolate 时，同时会为其创建一个新的运行时内存堆。该运行时内存堆的起点是 native image 中在编译时创建的、保存了程序中的静态数据⊖的 native heap。

为了在共享 native heap 的同时保持运行时内存堆的独立性和运行时内存的低占用，isolate 采用了 copy-on-write 的内存访问策略。isolate 并不会保存整个 native heap 的副本，而只是持有它的起始地址，通过起始地址加相对偏移量的方式就可以实现对 native heap 中内容的只读访问。当需要对 native image 中的内容进行写操作时，再将目标地址的内容复制、保存到自己的空间。这种隔离方式提供的独立运行时内存堆使得 isolate 之间不能共享 Java 对象引用，但同时 GC 也是相互独立的，甚至一个 isolate 退出时销毁内存堆的行为也不会影响其他 isolate 的内存堆。

CLibrary 共享库暴露的所有 API 都必须显式指定一个 isolate 或者 isolateThread 作为入参，开发人员可以根据实际需要决定在调用 API 时是重用相同的 isolate 还是创建新的 isolate。重用的优点在于 API 函数在带状态的 VM 中执行，先前函数对 VM 产生的副作用在下次函数执行时依然有效；新建 isolate 的优点除了 VM 无状态性，每次调用互不干扰外，还可以避免创建大内存堆，保持小尺寸的内存堆，从而提高 GC 效率，进一步提高共享库的运行时性能。可以认为，isolate 机制为 CLibrary 共享库调用实现了函数级别的隔离。

因为 isolate 与线程存在绑定关系，所以在多线程并发场景中使用 CLibrary 的 JNI API 就必须要格外注意 isolate 与线程的关系。

12.1.1　错误的多线程调用：简单复用 isolate

图 12-1 展示了错误的多线程调用代码样例。图中第 55 行调用本地函数创建 isolate，得到了指向新建的 isolate 所绑定的 isolateThread，然后在函数的其他线程（如第 58 行和第 61 行）都直接使用了这个 isolateThread。

```
52    private static void multiThreadSharedIsolates() {
53        System.out.println("===Multi-Thread test shared
          isolates===");
54        System.out.println("===This test is going to crash in
          SVM===");
55        long isolateThread = createIsolate();
56        resetCounter(isolateThread);
57        Thread t1 = new Thread(() ->
58            test(isolateThread)
59        );
60        Thread t2 = new Thread(() ->
61            test(isolateThread)
62        );
63        runThreads(t1, t2);
64        System.out.println("counter=" + getCounter(isolateThread
          ));
65    }
66
```

图 12-1　多线程场景下使用 CLibraryJNI 函数的错误样例⊜

⊖　如 static final 常量、经过静态分析发现只读不写的 field 值、提前初始化的类等。
⊜　源码位于 https://gitee.com/ziyilin/GraalBook/blob/master/JNIDemo/src/caller/Main.java#L52。

这种做法在 3 个线程（主线程、t1 线程和 t2 线程）中简单复用了同一个 isolate，在运行时执行到第 58 行中的函数时系统就会发现提供的 isolate 和当前线程信息不一致，就会报出如下的崩溃错误信息：

```
Fatal error: StackOverflowError: Enabling the yellow zone of the stack did not
    make any stack space available. Possible reasons for that: 1) A call from native
    code to Java code provided the wrong JNI environment or the wrong IsolateThread;
    2) Frames of native code filled the stack, and now there is not even enough
    stack space left to throw a regular StackOverflowError; 3) An internal VM error
    occurred.

JavaFrameAnchor dump:Fatal error
:
Must either be at a safepoint or in native mode
  Anchor  0
0 0 0
7fad3e6ef2a8  LastJavaSP  0An error occurred while printing diagnostics. The
    remaining part of this section will be skipped.0
    0 0 7fad3e6ef290Fatal errorTopFrame info::
    Must either be at a safepoint or in native mode
[以下省略]
```

错误信息中列出了 3 个可能的错误原因，第一个就是提供了错误的 isolate，也就是我们在本例中犯的错误。

正确的多线程调用方式有两种：一是为每个线程都新建一个 isolate；二是通过挂载的方式将多个线程绑定到同一个 isolate。

12.1.2　正确的多线程调用：为每个线程新建 isolate

这种方式为每个线程都创建了属于自己的 isolate，保证了各个线程之间的隔离性。图 12-2 展示了这种多线程调用方式：第 19 行创建了主线程的 isolate；第 22 行和第 26 行则在 t1 线程与 t2 线程中分别创建了各自的 isolate 用于运行测试；第 23 行和第 27 行在线程工作执行完毕时销毁各自的 isolate；第 31 行则销毁了主线程的 isolate。

这种各线程使用独立 isolate 的方式具有良好的隔离性，线程之间不会相互影响，但其隔离性又造成了线程间不能共享变量的问题，不符合传统的 JNI 调用模型。比如，我们在共享库中有一个全局的静态变量 counter，图 12-2 第 20 行的 resetCounter 函数会将 counter 设置为 0，第 80 行的 test 函数会调用 increase 函数为其加 1。那么在使用传统的 JNI 模型时，当我们执行完 t1 和 t2 线程，在第 30 行获取 counter 值时期望的值是 2。但实际上 counter 仍然是 0，因为 t1 和 t2 线程中只是将自己线程绑定的 isolate 中的 counter 加 1，效果仅限于自己的 isolate，不会影响到其他 isolate。

如果我们希望各个线程能够共享同一内存堆，对内存的修改彼此可见，那么就要通过手动指定线程和 isolate 绑定的方式实现。

```
17    private static void multiThreadSeparateIsolates() {
18        System.out.println("===Multi-Thread test separated
          isolates===");
19        long isolateThread = createIsolate();
20        resetCounter(isolateThread);
21        Thread t1 = new Thread(() -> {
22            long isolateThread = test();
23            tearDownIsolate(isolateThread);
24        });
25        Thread t2 = new Thread(() -> {
26            long isolateThread = test();
27            tearDownIsolate(isolateThread);
28        });
29        runThreads(t1, t2);
30        System.out.println("counter=" + getCounter(isolateThread
          ));
31        tearDownIsolate(isolateThread);
32    }
33
78    private static long test() {
79        long isolateThread = createIsolate();
80        test(isolateThread);
81        return isolateThread;
82    }
83
```

图 12-2　多线程场景下使用 CLibrary JNI 函数的正确样例之一：为每个线程创建自己的 isolate [⊖]

12.1.3　正确的多线程调用：映射线程与 isolate

将多个线程绑定到同一个 isolate 的方式完全符合传统 JNI 调用的语义，所有线程都共享同一个 isolate，任一线程对内存的修改都是全局可见的。图 12-3 展示了实现的代码，第 37 行在主线程创建了 isolate，然后在第 40 行和第 44 行将这个 isolate 挂载到了 t1 与 t2 线程上。这样 t1 和 t2 就都绑定到了主线程的 isolate，这 3 个线程就共享了同一个 isolate，它们对内存的操作就会相互可见。当 t1 和 t2 执行结束时，再由第 41 行和第 45 行的 detachThread 函数将线程与 isolate 解绑，最后在第 49 行的主线程中将 isolate 销毁。isolate 必须先解绑再销毁，否则会导致程序挂起。

执行图 12-3 中的代码就可以看到 counter 的输出是 2，符合我们的预期。图中的代码比较简略，读者可以通过脚注给出的源码链接进一步查看细节。使用的 getIsolate、attachThread、detachThread 等本地函数最终都调用了 12.3.2 节中介绍的 CEntryPoint 内置函数。

```
34    private static void multiThreadSharedAttachedIsolates() {
35        System.out.println("===Multi-Thread test shared attached
          isolates===");
36        long isolateThread = createIsolate();
37        long isolateId = getIsolate(isolateThread);
38        resetCounter(isolateThread);
39        Thread t1 = new Thread(() -> {
40            test(attachThread(isolateId));
41            detachThread(getCurrentThread(isolateId));
42        });
43        Thread t2 = new Thread(() -> {
44            test(attachThread(isolateId));
45            detachThread(getCurrentThread(isolateId));
46        });
47        runThreads(t1, t2);
48        System.out.println("counter=" + getCounter(isolateThread
          ));
49        tearDownIsolate(isolateThread);
50    }
51
```

图 12-3　多线程场景下使用 CLibrary JNI 函数的正确样例之二：映射线程与 isolate [⊖]

⊖　源码位于 https://gitee.com/ziyilin/GraalBook/blob/master/JNIDemo/src/caller/Main.java#L17。
⊖　源码位于 https://gitee.com/ziyilin/GraalBook/blob/master/JNIDemo/src/caller/Main.java#L34。

12.2　WordBase 接口系统

为了表达 C 语言中的数据类型，CLibrary 机制基于计算机基本数据长度单位"字"的概念定义了 WordBase 接口系统，表示基于字的本地数据结构系统，与 Java 基于对象的数据结构系统相区别。

1. WordBase 系统组成

WordBase 系统是以 org.graalvm.word.Word 接口为根的一棵庞大的继承树。图 12-4 给出了 WordBase 接口系统的局部类图，可以看到 WordBase 接口是整个系统的根，而 WordBase 只有一个子节点——ComparableWord，这表示 WordBase 中的所有类型都是可比较的。从第三层开始因为实际的接口数量较多，图中只列出少数几个典型的接口作为示意。

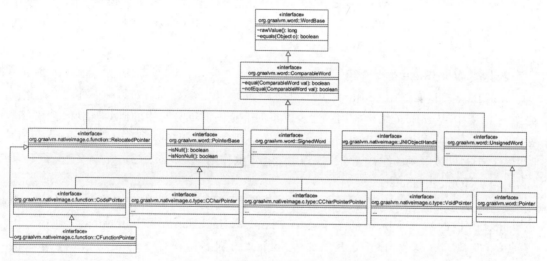

图 12-4　WordBase 接口树（部分）

WordBase 接口树上的所有节点都是接口，没有实现类，Substrate VM 中也没有实现这些接口的类。因为它们只是作为映射符号存在，编译时编译器会用编译后的本地代码换掉这些符号，所以虽然它们看起来是 Java 的接口，但是并不能与 Java 中以 Object 为根的对象系统互通。在 Java 中可以代表一切对象的 java.lang.Object 并不能用于代表 WordBase 中的任何一个接口。虽然从 Java 语法上来讲，Object 是 WordBase 的父类，但是在 Substrate VM 的静态编译器中，我们认为 Object 和 WordBase 是两套独立的系统，相互之间没有关系。静态编译器负责检查是否在只能使用 WordBase 类型的场景中使用了 Object 类型，如果存在，则将其视为编译错误报告。这就意味在使用 WordBase 系统时必须注意以下两点。

（1）不能直接与 null 比较

Java 通过直接比较对象与 null 是否相等，可以确定对象是否为空。但是 null 也是 Object 的一种，不能与 WordBase 比较。正确的比较方式是：

1）对于所有的 PointerBase 接口（PointerBase 本身及其子接口），用 PointerBase 的 isNull() 和 isNonNull() 函数比较；

2）对于所有的 PointerBase 接口，调用 ComparableWord 定义的 equal() 函数或 notEqual() 函数，与 WordFactory.nullPointer() 函数的返回值比较；

3）其他 WordBase 接口可以用 equal() 或 notEqual() 与 WordBoxFactory.box(0L) 的返回值比较。

第三种实际上是万能的比较法，适用于所有的 WordBase 场景。开发人员可以根据自己的实际需求对其进行包装，以简化调用方式。

（2）声明泛型时不能声明为 <T> 的形式

在 Java 中，将泛型声明为 <T> 等价于声明为 <T extends Object>，表示 T 为 Object 的子类。但是如前文所述，WordBase 并不是 Object 的子类，所以用 <T> 形式声明的泛型中的 T 在实际使用时不能是 WordBase 类型。正确的泛型声明方式是 <T extends WordBase>，即在泛型中显式地将 T 声明为 WordBase 的子类。

2. 典型 WordBase 类型介绍

WordBase 接口类型在 Substrate VM 中有大量的子类，篇幅所限难以一一列举，在此仅介绍图 12-4 中 WordBase 结构树第三层及以下的节点中的部分常用的典型类型，了解了这些类型即可管中窥豹地了解 WordBase 系统的设计理念。读者在遇到其他的 WordBase 接口时就可以通过阅读源码的注释说明快速理解该类型的作用。

（1）JNIObjectHandler

JNIObjectHandler 用于代表 JNI 中的引用类型 jobject。JNI 引用类型的结构是一个以 jobject 为根的树⊖，jobject 的子节点有 jclass、jstring、jarray 和 jthrowable 等。在 C 语言的 JNI 实现中，这些子节点其实都是 jobject 的别名，在 C++ 的实现中是 jobject 的子类。在支持 JNI 的引用类型时，Substrate VM 在 com.oracle.svm.jni.nativeapi 包中用 JNIObjectHandler 接口统一映射 JNI 的所有引用类型。

（2）PointerBase

PointerBase 用于代表指针类型。指针是 C 语言中的基本类型，用于指向任意类型数据的内存地址，为 C 语言编程提供了极大的灵活性。但是 Java 中并没有指针的概念，因此 CLibrary 特别定义了 PointerBase 接口作为指针类型的基类，其中只有两个函数——isNull() 和 isNonNull()，用于判断当前指针是否为空指针。

PointerBase 的子类则定义了各种针对不同数据类型的指针，例如 CCharPointer 接口代表指向 char 的指针，即 char*；CCharPointerPointer 接口代表 char**；CIntPointer 接口代表 int*；VoidPointer 接口代表 void*，也就是任意类型的指针，可以用于表示 Java 中的 Object。如果用户需要自定义一个指针类型，只需要定义一个继承了 PointerBase 的接口。

　⊖　参见 https://docs.oracle.com/javase/8/docs/technotes/guides/jni/spec/types.html#reference_types。

（3）CFunctionPointer

CFunctionPointer 是代表函数指针的接口的基类，继承了 CodePointer 和 RelocatedPointer 两个接口。CodePointer 接口表示指向可执行代码的指针，以区别于指向数据的指针；RelocatedPointer 接口表示在运行时会被重定位的指针。native image 中的函数指针具有这两个特点，所以多重继承了它们，任何代表函数指针的接口都要继承 CFunctionPointer，并且定义一个由 @CInvokeFunctionPointer 注解标注的函数作为 Java 端的调用点。

12.3　注解系统

CLibrary 定义了一套代表 C 语言中的基本数据结构（常量、结构体、域、枚举和函数等）的注解类，只要在 Java 代码的类、函数或者域上使用相应的注解，即可在编译时被自动映射为对应的 C 语言结构。图 12-5 描述了 CLibrary 中的基本注解类型及其之间的依赖关系。

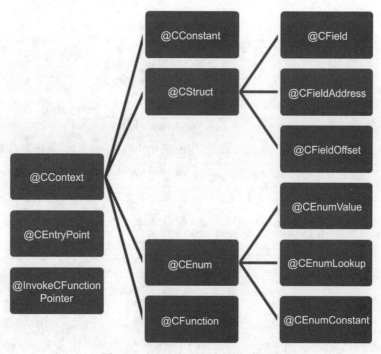

图 12-5　CLibrary 基本注解关系图

从图 12-5 中可以看到，CLibrary 的注解可以分为 3 层，最左边为顶层注解，不必包含在由其他注解标注的元素中。顶层注解有 3 个：@CContext、@CEntryPoint 和 @Invoke CFunctionPointer。

12.3.1　@CContext 注解

@CContext 注解标注在类上，代表共享库环境的上下文。@CContext 的 value 属性是实现了 Directives 接口的类，唯一定义了共享库的名称和依赖的文件结构。@CContext 必须显式地设置其 value 属性，两个具有相同 value 属性的 @CContext 是相同的。所有用相同 @CContext 注解的类共同组成了共享库的上下文环境。作为 CLibrary 注解系统的根元素，@CContext 代表的上下文中还包含了 @CConstant、@CStruct、@CField、@CEnum 和 @CFunction 等注解，图 12-5 将它们展示为 @CContext 的子节点。本节将依次为读者介绍 Directives 接口及这 5 个注解。

1. Directives 接口

Directives 接口（全名 org.graalvm.nativeimage.c.CContext.Directives）用于定义共享库所需的头文件、类库、宏定义、编译参数等，其接口声明如下。

```
interface Directives {
        default boolean isInConfiguration() {
            return true;
        }

        default List<String> getHeaderFiles() {
            return Collections.emptyList();
        }

        default List<String> getMacroDefinitions() {
            return Collections.emptyList();
        }

        default List<String> getOptions() {
            return Collections.emptyList();
        }

        default List<String> getLibraries() {
            return Collections.emptyList();
        }

        default List<String> getLibraryPaths() {
            return Collections.emptyList();
        }
    }
```

函数 isInConfiguration 用于检查当前的上下文的配置是否应该生效。如果返回值为 false，则 Directives 中其余各个函数的返回值都会被忽略。

函数 getHeaderFiles 注册了编译当前共享库所需的头文件，相当于一般 C/C++ 程序的 #include 声明。在这里注册的是头文件的相对地址，其地址是编译时的 -H:CLibraryPath 参数的值。

函数 getMacroDefinitions 注册了当前共享库所需的无参宏定义。列表中的元素必须以 "<宏名>"或"<宏名><宏值>"（注意：中间有空格）的形式定义，相当于一般 C/C++ 程序中的如下声明：

```
#ifndef <宏>
#define <宏>
#endif
```

函数 getOptions 注册了编译 Directives 时的编译参数，注意并不是编译共享库的参数。Directives 在静态编译的准备阶段的 cap 子阶段被编译，详见 5.2.2 节。

函数 getLibraries 和 getLibraryPaths 指定依赖的其他本地库和路径。

以上函数在 Directives 接口中都有默认实现，因此我们在实际使用时只要按需实现相应的函数就可以了。另外需要注意的一点是，Substrate VM 的编译器要求 Directives 接口的实现类必须具有无参构造函数，所以一般会将其声明为静态内部类。

2. @CConstant

@CConstant 是函数注解，代表了 C 中的常量。注解的 value() 值为常量在 C 端的名称，如果没有显式设置 value()，则以函数名去掉 get 前缀（如有）后的部分为常量名。@CConstant 函数在静态编译时，会被编译器用从在 Directives 类中指定的头文件中找到的同名常量替换掉，所以函数中的代码并不会被实际执行到。因此一种简便的做法是将函数声明为本地函数，从而无须提供函数体。

3. @CStruct

@CStruct 注解标注的接口代表 C 中的结构体。假设该接口为 T，则 T 必须继承 PointerBase 接口，并且在 Java 端永远不应该被实现。@CStruct 的 value() 为 C 中结构体的名称，如果没有设置 value，则用 T 的名字作为结构体名。T 必须声明在 @CContext 类内部，或者由 @CContext 进行标注。在 Java 端创建一个结构体的实例可以通过调用 StackValue.get 或 UnmanagedMemory.malloc 两种方式实现，前者在函数的栈上分配出 T 代表的结构体的大小的空间，而后者在内存中使用 malloc 函数分配出一块指定大小的空间。这两种方式返回的 T 实例中的内容都是未定义的，需要逐项设置。

结构体包含了域，@CStruct 中支持 3 种域的声明方式：@CField 标注的函数为域值访问函数；@CFieldAddress 标注的函数为域地址访问函数；@CFieldOffset 标注的函数为域偏移量访问函数。图 12-5 的右上部分将这 3 种注解显示为 @CStruct 的子节点。

4. @CField

@CField 标注的域值访问函数，可以获取和设置结构体里的指定域的域值。函数签名为：

```
@CField([FieldName])
void setFieldName([IntType index], FieldType value, [LocationIdentity locationIdentity]);

@CField([FieldName])
FieldType getFieldName([IntType index], [LocationIdentity locationIdentity]);
```

函数签名里的中括号中内容为可选项。FieldType 只能是原始类型或 WordBase 类型，IntType 只能是 int 或代表 int 的 WordBase 类型。当通过 @CField 的 value 指定域名时，函数名可以随意设置；当 @CField 的 value 为空时，函数名必须为域名加可选的 get 或 set 前缀。返回 void 值时函数就被视为 set 函数，而返回非 void 值时被视为 get 函数。get 函数会被编译为对内存的读操作，set 函数被编译为对内存的写操作。当访问的域为数组时，可以使用 index 参数指定要访问的元素的索引值。LocationIndentity 是内存的位置标识符，用于保证两次内存访问之间的隔离性。

这里对域值访问函数的命名要求比较宽松，假设某结构体有类型为 int 的域 x，那么以下几种函数声明均是正确的：

```
@CField("x")
void setTheValueOfX(int value); //随意起一个函数名

@CField
void x(int value)

@CField
int x();                        //仅用域名做函数名

@CField
int getX();                     //加上get前缀
```

@CFieldAddress 标注的域地址访问函数用于获取结构体里指定域的地址或者指针，其函数签名为：

```
IntType addressOfFieldName([IntType index]);
```

域名的设置规则与 @CField 基本相同，但是此处的可选函数名前缀是"addressOf"。可选参数 index 与 @CField 中的用法相同，在此不再赘述。

@CFieldOffset 标注的域偏移量访问函数，用于获取指定域的偏移量。域偏移量访问函数没有特定的函数签名，但是一定不能有任何参数，返回值必须为原始 int 类型或 WordBase 的指针类型。域名的设置规则与 @CField 基本相同，但是此处的可选函数名前缀是"offsetOf"。

域偏移量在编译时就已经确定，因此对域偏移量访问函数的调用会在编译时被替换为常量，所以如果域偏移量访问函数是非静态的，无论其接收方（receiver）是什么都会被忽略；如果函数是静态的，那么必须是非本地函数，因为 Java 的接口中不能声明静态本地函数，而此时静态函数的实现体会被忽略掉。下边两种函数声明示例均来自 CInterfaceLibrary.java 的 Substruct1 接口：

```
@CFieldOffset("header")
static int offsetOfHeader() {
throw VMError.shouldNotReachHere("Calls to the method are replaced with a compile time
    constant for the offset, so this method body is not reachable.");
}

@CFieldOffset
```

```
int offsetOff1();
```

第一个静态函数的函数体内抛出了一个异常，但实际上这个函数体是不会被执行的。第二个为非静态函数的示例，去掉函数名的 "offsetOf" 前缀后可知其要获取 f1 域的偏移量。

5. @CEnum

@CEnum 注解标注在枚举类型上，用于代表 C 中的枚举类型。假设标注的枚举类型为 E，则 E 必须位于 @CContext 的类中，或者 E 由 @CContext 进行注解。C 中的枚举值是整型的数字，一个枚举名的实际值会和其在枚举列表中的顺序有关；而 Java 中的枚举值是常量对象，并不会随着声明的位置发生变化而改变。C 和 Java 之间的枚举映射是编译器按枚举名实现的，当我们需要获取 Java 的枚举对象所对应的 C 枚举值时，就要调用 @CEnumValue 标注的函数；当反过来从 C 的枚举值（也就是整型数字），获取 Java 的枚举对象时，就要调用 @CEnumLookup 标注的函数。

@CEnumValue 标注的函数用于返回当前枚举对象对应的 C 的枚举整型值。假设被标注的函数为 M，则 M 必须声明在标注了 @CEnum 的类中，必须是非静态的、没有任何参数的本地函数。M 的名字不限。

@CEnmuLookup 标注的函数用于返回给定 C 的枚举整型值所对应的 Java 枚举对象。假设被标注的函数为 M，则 M 必须声明在标注了 @CEnum 的类中，且 M 必须是静态本地函数。C 的枚举值作为参数传递给 M，返回值是对应的 Java 枚举对象。M 的名字不限。

@CEnumConstant 标注在枚举值上，用于为 C 的枚举值指定一个额外的 Java 枚举对象，被标注的枚举值所在的枚举类型必须有 @CEnum 的标注。Java 和 C 的枚举映射原本是用名字实现的，两边的同名枚举项被自然绑定。@CEnumConstant 用注解的 value() 值与 C 枚举名绑定，而无须被标注的枚举值与 C 中对应的枚举值同名，这样 Java 的枚举值就可以按照需要另外命名。例如 Substrate VM 中的 com.oracle.svm.jni.nativeapi.JNIObjectRefType 声明如下，将 jni.h 中的 jobjectRefType 枚举类型的 JNIInvalidRefType 枚举项映射到了 Invalid 枚举值。

```
@CEnum("jobjectRefType")
public enum JNIObjectRefType {
    @CEnumConstant("JNIInvalidRefType") //
    Invalid,
    …
}
```

这种别名映射会导致同一个 C 枚举值被映射到多个 Java 枚举对象，给 @CEnumLookup 的查找造成困扰。这时就需要设置 @CEnumConstant 的 includeInLookup() 属性，指示 @CEnumLookup 函数查找时应该返回哪个 Java 枚举值。如果存在多个标注了 @CEnumLookup 的域实际映射到同一个 C 枚举值，那么只能有一个 includeInLookup 属性值为 true，其余都必须显式设置为 false。

6. @CFunction

@CFunction 标注在本地函数上，代表从共享库中可以直接调用的本地函数。一般从 Java 中调用本地函数必须通过 JNI 方式，而 JNI 函数总有一个 JNI 环境参数，并且需要将参数中的 Java 对象打包（marshaling）为 JNI 对应的数据类型。这个过程对于共享库编程是没有必要的，因为共享库中的代码会被静态编译为本地代码，共享库中从 Java 到本地函数的调用本质上只是用 Java 编写从本地到本地的调用，与传统的 JNI 调用并不一样。因此我们需要一种可以区分这两种本地调用的手段，这就是 @CFunction 注解。

假设被 @CFunction 标注的函数为 M，那么 M 必须位于 @CContext 类中。如果 M 是非静态函数，接收方会被忽略，即 M 是无状态的。M 的参数和返回值的类型只能是原始类型、WordBase 类型或 @CEnum 标注的类型。M 在 C 端对应的函数名由 @CFunction 的 value 属性指定，当未设置 value 时为 M 的名字。M 的实现不必定义在共享库中，只要在共享库依赖的头文件（即 Directives 接口的 getHeaderFiles 函数的返回列表）中声明过即可。

12.3.2　@CEntryPoint 注解

@CEntryPoint 标注的函数是静态编译的入口函数，用于在共享库场景下将函数作为公开的 API 暴露给外界。假设被 @CEntryPoint 标注的函数为 M，则 M 必须是静态函数。M 必须有一个参数用于传递上下文，合法的参数类型有 org.graalvm.nativeimage.IsolateThread 和 org.graalvm.nativeimage.Isolate 两种，前者就是 C 端调用 M 时的线程，后者代表包含了线程的隔离环境类型。M 的其余参数和返回值类型只能是 Java 的原始数据类型、WordBase 类型或者标注了 @CEnum 的枚举类型。如果参数的类型是枚举，则其中必须包含 @CEnumLookup 标注的从 C 到 Java 的枚举值查找函数；如果返回值的类型是枚举，则其中必须包含 @CEnumValue 标注的从 Java 到 C 的枚举值查找函数。

@CEntryPoint 的属性包括如下几个。

1）name：指定了 M 在 C 端的函数名。未指定 name 时会以 M 的类型名、函数名和一个 SHA 值编码为默认的 C 端函数名[⊖]。

2）exceptionHandler：M 中的异常不能跨过语言的边界从 Java 抛到 C 中处理，所有 M 中的未处理异常都会在打印异常信息后中断调用端程序。有两种方式可以显式地处理 M 中的异常。

一是使用一个 try 语句将 M 中的代码全部包住，然后在 catch 代码块里处理，这种方式 try 的粒度太大，写起来显得非常"丑陋"。

二是用 @CEntryPoint 的 exceptionHandler 属性，为该属性设置一个异常处理类。异常

⊖ 实现代码为 com.oracle.svm.hosted.code.CEntryPointData#create(CEntryPoint annotation, CEntryPointOptions options, Supplier<String> alternativeNameSupplier) 函数。

处理类的类型没有限制，但是类中只能有一个函数作为异常处理函数。该函数必须是静态的，只有一个 Throwable 或 Object 类型的参数并且只能返回 M 的返回值的子类型。异常处理函数会在 M 中发生未捕获的异常时被触发，该异常被作为参数传入，异常函数执行完成后的返回值会作为 M 的返回值被返回调用端。

3）builtin：Substrate VM 内置了一组常用的 isolate 相关的 @CEntryPoint 函数。指定了builtin 属性的函数 M 无须实现函数体，M 会被编译器视作对应内置函数的别名。builtin 枚举类型中声明了所有内置函数对应的枚举值，包括 NO_BUILTIN、CREATE_ISOLATE、ATTACH_THREAD、GET_CURRENT_THREAD、GET_ISOLATE、DETACH_THREAD和 TEAR_DOWN_ISOLATE。NO_BUILTIN 是 builtin 属性的默认值，表示 M 不是内置函数，其余各枚举值对应的内置函数的定义都位于 com.oracle.svm.core.c.function.CEntry-PointBuiltins 类中。

12.3.3　@InvokeCFunctionPointer 注解

@InvokeCFunctionPointer 用在 Java 中标识函数指针的调用函数上。CLibrary 中用函数指针接口 I 映射 C 中的函数指针，用接口中的一个函数声明 M 映射对函数指针的调用。那么，I 必须是 CFunctionPointer 接口的子接口，M 必须用 @InvokeCFunctionPointer 标注。M 的参数必须与 C 中对应的函数指针相匹配，参数和返回值的类型要求与 @CFunction 标注的函数一样，只能是原始类型、WordBase 或 @CEnum 标注的枚举。

要在 Java 端使用的函数指针必须在结构体的域中声明，然后在 Java 端可以通过@CStruct 的 @CField 关联设置。@CField 的 name 属性为函数指针在 C 中的名字，@CField标注的 getter 或者 setter 函数的返回值或参数的类型为实际的 CFunctionPointer 的子接口类型。@InvokeCFunctionPointer 标注的函数名可以为任意名称。

Substrate VM 中内置实现了基于 JNI 和 JVMTI 的多个共享库，com.oracle.svm.jvmtiagentbase.jvmti.JvmtiInterface 接口里定义了 JVMTI 中用到的函数指针，com.oracle.svm.jni.nativeapi.JNIFunctionPointerTypes 接口里定义了 JNI 中用到的函数指针。读者可以通过阅读这两个接口，加深对函数指针使用的理解。

12.4　正确释放内存

CLibraby 库中的代码分为接口数据处理和业务逻辑实现两个部分，后者代码与普通Java 程序一样，内存完全由 Substrate VM 运行时自动管理，只有前者需要开发人员手动管理。

CLibrary 中的 org.graalvm.nativeimage.PinnedObject 接口代表了内存被固定住的对象，这种对象不会被 GC 自动回收，除非显式地关闭。PinnedObject 继承了 java.lang.Auto-Closable 接口，因此可以在 try-catch-finally 代码块中被自动关闭，这也是推荐用法。但是当一个 PinnedObject 对象中的内容恰好是要返回给调用方的，那就不能轻易将其放在 try-catch 代码块中了，因为调用方拿到的地址中的内容可能会在调用方不知情的情况下被共享库内部的 GC 自动释放。比如在代码清单 12-1 这段经过简化的代码中，C 语言调用端通过引用参数 ret 从函数 m 中获取返回值。而 ret 指针里的内容在 CLibrary Java 实现端代码的第 5 行被创建到 Java 数组 array 里，在第 6 行的 try 声明中 array 被包装为 PinnedObject，然后在第 7 行从 PinnedObject 实例中拿到指向 array 内容的指针地址，赋给 ret 以传回调用端。如此一来，C 语言调用端的第 3 行 ret[0] 中保存的就是 array 数组的第一个元素了。但是，在第 8 行结束后，PinnedObject 已经被自动关闭了，第 3 行的 ret 指针其实已经是不安全的了，其指向的内容可能在某个时刻被 CLibrary 中的 GC 自动回收掉。

代码清单12-1　在CLibrary中使用引用参数作为返回值的错误示例

```
//C语言调用端
1. int* ret;
2. m(...,ret);
3. int a = ret[0];

//CLibrary Java实现端
@CEntryPoint(name="m")
4. public static void m(..., CIntPointer ret){
5.     int[] array = ...
6.     try (PinnedObject pin = PinnedObject.create(array)) {
7.         ret = pin.addressOfArrayElement(0);
8.     }
}
```

如何在保证第 3 行的 ret 是安全的同时，保证 ret 指向的内容可以被释放掉，避免引起内存泄漏？我们看看以下几种思路。

是否可以将代码清单 12-1 第 6 行的 try 语句去掉，不让 PinnedObject 被自动关闭，而是在第 3 行使用完 ret 之后在调用端释放呢？这样做可以释放掉 array 的内容，但是 PinnedObject 对象并没有被释放，依然存在内存泄漏的问题，只是泄漏的量小了很多。另一个问题是内存的分配和释放被隔离到了两个模块中，不利于代码的维护。

那么是不是可以把释放内存的操作放在 CLibrary 端的另一个函数中，比如 release，由调用端在使用完 ret 后调用 release 释放呢？这样做看起来保持了内存分配和释放代码所处位置的一致性，但是这个方案比上一个更糟糕，因为内存的分配与释放被放到了两个静态函数中，原先的局部变量 pin 要提升为静态域变量，才能被两个 m 和 release 访问到，这就带来了并发同步的问题。如果 C 语言调用端存在多线程调用，那么就必须将从 m 到 release 的调用全部用锁保护起来，否则静态变量 pin 就会被其他线程改写，导致原先的内容没有被释放，反而释放了另一个线程的内容。

一种可能的解决思路是用函数指针回调加内存复制，实现的代码示例如代码清单 12-2 所示，其中的"＋"和"－"符号表示在代码清单 12-1 上发生变化的内容。第 +1 行在 C 端使用完 ret 后释放内存，但是释放的并不是 Java 端第 5 行的 array，而是由第 +2 到 +5 行的回调函数复制的 array 的内容，array 的内容依然是在第 8 行 pin 关闭后由 GC 决定何时释放的。第 +7 行调用了指向第 +2 行 cpyCallback 函数的函数指针，实现了从 CLibrary 库到 C 语言调用端的回调。此处没有展示所有的回调支持代码，关于 CLibrary 中函数指针的声明和使用规则请参考 12.3.3 节的介绍。

代码清单12-2　在CLibrary中使用引用参数作为返回值的正确示例

```
//C语言调用端
1. int* ret;
2. m(...,ret);
3. int a = ret[0];
+1.free(ret)
...
+2.void cpyCallback(void* des, void* source, unsigned size){
+3.   allocate(des, size);
+4.   memcpy(des, source, size);
+5.}

//CLibrary Java实现端
@CEntryPoint(name="m")
4. public static void m(..., CIntPointer ret){
5.    int[] array = ...
6.    try (PinnedObject pin = PinnedObject.create(array)) {
-7.       ret = pin.addressOfArrayElement(0);
+6.       CIntPointer tmp = pin.addressOfArrayElement(0);
+7.       cpyCallbackFunctionPointer.invoke(ret, tmp, array.length);
8.    }

}
```

这种在回调函数中进行内存复制的方式既解决了内存正确释放的问题，也保证了内存分配和释放的一致性，但是由于增加了内存复制行为而增大了程序的内存占用，也降低了运行时性能。

12.5　小结

本章介绍了 Substrate VM 将 Java 程序静态编译为共享库文件时需要遵循的 CLibrary 机制涉及的 3 个基本概念：isolate、WordBase 系统和注解系统。

❑ isolate 提供了进程内函数级别的隔离。每个 isolate 都有自己的运行时 heap，相互之间不可见。每个 CLibrary API 函数必须提供 isolate 作为入参，因此每个函数都可以在不同的隔离环境中独立工作。

❑ WordBase 系统用 Java 语言定义了对 C 数据类型的映射表达，为 Java 提供了表达 C 中数据结构的能力。

❑ 注解系统则与 WordBase 系统相配合，丰富了用 Java 表达 C 语言的能力和灵活性。

这 3 个概念是 CLibrary 机制的基石，读者在掌握它们之后就能更加全面、系统地认识 CLibrary，进而具备了自主开发 CLibrary 共享库应用的理论基础。本章中的概念比较多，初次阅读可能难以全部理解，读者在使用到相关内容时再来阅读，可能会有更深入的理解。

第三部分 *Part 3*

静态编译实战

第三部分作为实践篇，主要向读者介绍 Java 静态编译的实际应用案例和使用静态编译后的程序所必须面对的调试问题，为读者提供实践参考。

这部分会先介绍两个实践案例。

一是以静态编译后的 greeting-service 应用在阿里云函数计算平台上部署和运行为例，介绍如何把将静态编译后的应用部署到云服务平台，并展示相关的性能数据。

二是以 GraalVM 项目中内置的 native-image-agent 工具为例，介绍在 Substrate VM 框架下用 Java 语言开发 JVMTI Agent 的具体方法，以及如何用静态编译技术开发共享库文件。

当 Java 应用被静态编译为本地代码后，遇到的一个重要问题就是代码调试。原先基于 JVMTI 的 Java 调试方式已不再适用，只能通过 GDB 调试。我们在这一部分会详细介绍 Substrate VM 框架对调试的支持，以及普通用户应该怎么使用 GDB 调试静态编译的程序。

本部分的各个章节之间没有逻辑关联关系，没有特定阅读顺序。

Chapter 13 第 13 章

静态编译 Serverless 应用到
阿里云函数计算平台

我们在 1.3.2 节里介绍过在阿里云函数计算平台上执行静态编译前后的 Serverless 应用的启动性能对比数据，本章会介绍如何静态编译一个 Serverless 应用并将其部署到阿里云的函数计算平台上。

我们在这个实验中会用到 micronaut-spring 项目的官方样例 greeting-service 和阿里云函数计算平台，使用阿里云函数计算平台需要拥有阿里云的账号，可能会产生一些费用。阅读完本章，读者能够掌握将 native image 版本的 Serverless 应用部署上云的方法。

13.1　阿里云函数计算平台

阿里云函数计算平台是一个函数即服务（Function as a Service，FaaS）平台，是一个事件驱动的全托管 Serverless 计算服务。用户无须管理服务器等基础设施，只需编写代码并上传，函数计算会为用户准备好计算资源，并以弹性、可靠的方式运行用户的代码。

函数计算平台有一种较为灵活的运行时部署方式 Custom Runtime，它支持部署用任意语言编译的应用。使用 Custom Runtime 部署的应用需要符合三点要求：

❏ 监听 9000 端口；

❏ 函数可以在 15s 内启动（最大支持 25s，通常留有 10s 的缓冲时间）；

❏ 保持连接，请求超时应设置为 15 分钟以上。

在这种部署方式下，平台对应用是透明的，在应用的业务代码中不需要有任何对平台的依赖，部署的应用在首次（或间隔很久）调用时存在冷启动问题。这两个特点非常适合使用静态编译，因为不依赖于平台就可以将静态编译的范围限制在应用本身，而不必担心是否使用到云计算平台的中间件；冷启动也正是我们希望通过静态编译解决的问题。关于 Custom Runtime 的更多信息可以参考阿里云的官方文档：https://help.aliyun.com/document_detail/146732.html。

13.2　静态编译基于 Micronaut 的 Spring-Boot 示例项目

本实验选用第 1 章曾经提到的 Micronaut 官方的 demo 应用 greeting-service，因为它的项目中已经提供了使用 Substrate VM 进行静态编译的基础，我们不需要做太多改动就可以将它运行起来。greeting-service 是一个简单的 Spring-Boot 应用，在应用拉起后接受用户发送来的 greeting 请求，返回一条信息作为回应。

Micronaut 提出了一种通过消除 Spring 框架中的反射行为，从而让 Spring 应用提速的技术。因为 Spring 应用会在启动时扫描代码中的 bean，然后用反射的方式注册 bean，这种做法的耗时与应用的代码量成正比，所以启动性能会很差。Micronaut 在 javac 编译时为所有的 bean 生成了将反射转换为直接调用的动态类，在启动时从这些动态类中就可以完成 bean 的注册，由此扫描初始化 bean 的耗时，由正比于代码规模转为常量时间，大幅提高了 Spring 应用的启动性能。又因为 Micronaut 消除了框架的反射，所以又适合结合静态编译技术做进一步加速。greeting-service 就是为了展示 Micronaut 特性的一个样例。我们在这里并不探讨 Micronaut 的功能特性，只是使用这个样例程序，比较它在静态编译前后的启动性能状况。

笔者已经将做好适配的项目放在了自己 fork 的仓库[⊖]里，在这个仓库里有 3 个分支。

❑ Master：使用了 Micronaut 特性。

❑ SpringOnly：只使用 Spring-Boot，没有使用 Micronaut 的特性。

❑ Graal-native-image：可以被 GraalVM 静态编译的版本。

每个分支的具体修改可以在 GitHub 的提交信息中看到，在此不再详述。在这些修改中有 3 点需要说明。

❑ 为了适配阿里云函数计算平台的要求，将服务的监听端口从默认的 8080 改到了 9000。

❑ 因为本实验在阿里云函数计算平台上没有自定义域名，使用了平台默认赋予的域名和路径，所以需要在应用的源码里为服务加上路径前缀 "2016-8-15/proxy/FaaSDemo.LATEST/svm_hello"。

❑ 删除 native-image-agent 生成的 resource-config.json 文件，里面的配置是多余的。

在 graal-native-image 分支的 exmaples/greeting-service 目录下执行如下命令就可以编译该项目：

⊖　参见 https://github.com/ziyilin/micronaut-spring/tree/master/examples/greeting-service。

```
./gradlew assemble
./svm.sh
```

等待编译完成后会得到名为 bootstrap 的可执行文件，运行该文件即可启动在 9000 端口监听的应用服务。

13.3 部署到阿里云

阿里云提供了名为 Fun 的工具[⊖]，可以利用该工具进行项目模板创建、管理和部署等，我们在本实验中可以通过它实现项目的一键部署。Fun 是一个命令行工具，支持 Linux、Mac 和 Windows 三个平台，本次实验是基于 Linux 系统进行的。

我们可以在 Fun 的 GitHub 主页上下载它的二进制发布文件，先运行 Fun config，并按照提示配置好阿里云的账户信息。接下来按照如下结构创建文件目录：

```
Project_root/
|--|demo/
|  |--bootstrap
|--template.yml
```

Project_root 是当前项目的根目录，里面有一个 demo 目录和 template.yml 文件。demo 目录里是 13.2 节静态编译出的 native image 文件 bootstrap。template.yml 文件是 Fun 部署的模板配置文件，里面定义了项目的服务、函数、部署路径、HTTP 触发器等多个元素，本实验的模板文件位于 https://github.com/ziyilin/micronaut-spring/blob/master/examples/greeting-service/template.yml，可以下载使用。

按以上结构布置好项目文件后，在 project_root 下执行 Fun deploy，Fun 工具就会自动开始部署。部署完成后，在阿里云函数计算的控制台上就可以看到刚刚部署的 FaasDemo/svm_hello，然后在控制台下方的"调试 HTTP 触发器"部分的"路径"里填入 greeting，点击"执行"按钮即可向部署的应用发送 greeting 请求了。

在第一次执行请求时，函数计算平台会拉起 greeting-service 服务，然后响应请求，这就是冷启动。随后的请求会得到正在运行的 greeting-service 服务的响应，反应时间要比第一次快非常多。如果在一段时间内一直没有请求进入，函数计算平台会释放掉 greeting-service 服务，之后首次进入的请求又会经历服务的冷启动。在"调试 HTTP 触发器"部分还有执行日志，从中可以看到执行时长、消耗的内存和计费时长等信息。我们在接下来的对比中使用的数据都来自执行日志。

13.4 性能比较

我们将 springOnly 分支中用传统 JDK 方式运行的 greeting-service 也以 Custom Runtime

---

⊖ 参见 https://github.com/alibaba/funcraft。

的形式部署到函数计算平台，将函数命名为 springboot_hello。在部署时要注意，此时在 demo 目录下就需要有 greeting-service 的 jar 包文件 greeting-service.jar，bootstrap 可执行文件就是一个属性为 +x 的 shell 脚本，其中只需执行一行命令 java -jar greeting-service.jar 即可将 greeting-service 拉起。实际上 bootstrap 就是计算函数平台拉起应用服务的启动入口，在静态编译场景下因为 native image 本身已经是可执行文件，所以可以不用额外的脚本来启动，直接将其保存为 bootstrap 即可。

　　将 JDK 版本的 greeting-service 部署到函数计算平台后，我们就可以比较静态编译版本和 JDK 版本的冷启动性能了。我们分别在控制台上执行一次静态编译的函数 svm_hello 和传统 JDK 的函数 springboot_hello，然后整理控制台提供的执行日志可以得到静态编译与传统 JDK 下运行的 Serverless 应用的冷启动性能对比数据，如图 13-1 所示。从控制台日志中可以得到函数执行过程中的 3 项数据：最大内存消耗（max memory used）、函数执行时间（duration）和计费时间（billed duration）。前两项比较容易理解，计费时间是以 100ms 为单位对函数执行时间向上取整得到的，这是阿里云向客户收费的依据。图中的斜线条柱代表传统 JDK 下执行的性能数据，实心条柱代表 native image 执行的数据。

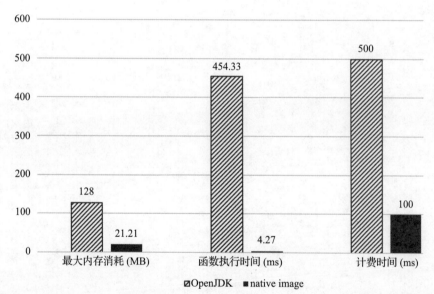

图 13-1　传统 JDK 版本与 native image 版本的 greeting-service 在阿里云函数计算平台的冷启动性能比较

　　从图 13-1 中可以看到传统 JDK 版本最大用到了 128MB 的内存，而 native image 只用了 21MB，是传统 JDK 的 1/6。传统 JDK 版本的执行时间是 454ms，是 native image 4.27ms 的 100 倍。计费方面由于平台的最小计费单元是 100ms，虽然 native image 只执行了 4ms，但是仍然要按 100ms 计费，是传统 JDK 的 1/5。以上的性能对比可以总结为：静态编译的程序消耗了更少的内存，提供了百倍的启动性能，还花了更少的钱。读者在进行测试时，每次冷启动的数据可能会有变化，但是总体的趋势不变。

13.5　小结

本章为读者介绍了将一个静态编译的应用程序 greeting-service 以 Custom Runtime 的方式部署到阿里云函数计算平台上的过程，并对比了静态编译前后的应用在云上的第一次调用的执行性能差异。

读者在阅读完本章内容后可以仿照样例过程，将自己的 Serverless 应用静态编译后部署到云上，体验静态编译带来的性能提升效果。

第 14 章 *Chapter 14*

native-image-agent 的实现

Substrate VM 静态编译可以将 Java 代码编译为可执行文件和动态共享库文件两种形式。我们在第 13 章介绍了编译并部署前者的实例，本章将以 native-image-agent 为例，介绍后者的实际案例。阅读本章需要有第 11 章和第 12 章的基础。

本章将向读者介绍 GraalVM 是如何通过 CLibrary 机制用 Java 开发 JVMTI Agent 程序，再将其编译为动态共享库的。

14.1 native-image-agent 与 JVMTI[⊖]

native-image-agent 是基于 JVMTI（JVM Tool Interface）开发的 Agent 程序，作为 GraalVM 的组件之一发布，用于在 Java 程序运行时记录对动态特性的访问，并生成动态特性配置文件。JVMTI 是 C 语言接口，传统的 JVMTI Agent 都是用 C 语言开发的。

用 Java 开发本地库具有以下优点。

❏ 开发效率更高。

❏ 垃圾回收更方便。Java 有自动垃圾回收机制，不易发生内存泄漏。

❏ 内存访问更安全。Java 程序一般不会直接对内存进行操作，因此会更安全。JVMTI Agent 常常因为内存分配和回收的问题造成宿主 Java 程序的崩溃。用 Java 开发 Agent 可以避免这个问题。

❏ 省去了相同功能在不同语言版本间的重复开发和同步问题，用 Java 开发本地库可以只维护一个语言的版本。

⊖ 本节是基于 Oracle 关于 JVMTI 的官方文档所总结的简介，读者如果有进一步的问题可以参阅原始文档：https://docs.oracle.com/javase/8/docs/platform/jvmti/jvmti.html。

与由 C 语言开发编译而来的库文件相比，native image 指令数较多，运行时的性能不及 C 程序。

JVMTI 是一个用于开发和监控的 C/C++ 编程接口，它既支持观测在 JVM 上运行时的程序的状态，也支持控制该程序的执行过程。在 JVMTI 的帮助下，人们可以开发出能够全面控制 Java 虚拟机状态的工具，实现如程序画像、调试、监控、线程分析以及覆盖率分析等功能。

JVMTI 可以分为 VM 端和客户端两部分：VM 端根据程序在 JVM 里执行的状态触发各种事件，并且可以接受客户端回调函数的控制；客户端就是一般所说的 Agent，对各种 JVMTI 事件做出响应，从而实现对程序状态的查询和对程序的控制。Agent 同时也是一个 JNI 的静态或者动态共享库，遵循 JNI 的各种规范要求。

Agent 的入口函数是 Agent_OnLoad，JVM 会在启动伊始就调用该函数启动 Agent。在这个时间点甚至还没有任何字节码被执行，没有任何类被加载，也没有任何对象被创建。与之对应的是 Agent_OnUnload 函数，在 Agent 被卸载时调用。但是规范中并没有明确指出 Agent 的卸载机制，一般来说当遇到不可恢复的异常、VM 启动失败，或者程序执行完毕时都会调用 Agent_OnUnload 函数执行在 Agent 中定义的清理和收尾工作。

Agent 的声明周期被划分为 5 个阶段。

❑ JVMTI_PHASE_ONLOAD：在 Agent_OnLoad 函数中执行的阶段。

❑ JVMTI_PHASE_PROMORDIAL ：在 Agent_OnLoad 函数返回和 VMStart 事件发生之间。

❑ JVMTI_PHASE_START：在 VMStart 和 VMInit 事件之间。

❑ JVMTI_PHASE_LIVE：在 VMInit 和 VMDeath 事件返回之间。

❑ JVMTI_PHASE_DEAD：在 VMDeath 返回之后。

JVMTI 中一共定义了 31 个事件（Event)，除了以上几个阶段的事件外都只能在某一个阶段中有效，它们涵盖了 Java 应用程序执行的所有方面，例如以下几个事件。

❑ VMStart：代表 VM 启动。在此事件之后 Agent 可以调用任意 JNI 函数，但是只能调用在 JVMTI_PHASE_START 阶段有效的 JVMTI 函数。

❑ VMInit：代表 JVM 完成初始化。在此事件之后 Agent 既可以调用 JNI 函数，也可以调用 JVMTI 函数。

❑ Breakpoint：断点事件，当应用执行到事先用 SetBreakpoint 函数指定的断点处时触发的事件。此时程序暂停执行，由断点事件的处理函数执行。

❑ VMDeath：JVM 结束执行事件，在此之后不会再有事件被触发。

其余各项事件就不再一一列出，读者可以从官方文档中查询对所有事件的详细解释。每个事件都有一个对应的函数，开发人员可以在 Agent 中按需要在事件函数中定义该事件发生时要执行的工作。

JVMTI 提供了大量的函数用于获取 JVM 的状态和修改程序的执行过程，这些函数涵盖了内存管理、线程、线程组、栈帧、强制函数提前返回、堆管理、局部变量控制、断点设置、域访问、类管理、对象信息、函数控制等方面，可以说用户通过这些函数就可以对程序的运行时实现全面控制。这些函数以及它们所需的数据类型全部定义在 jvmti.h 头文件里。

　　开发 Agent 时需要先 #include <jvmti.h>，然后在 Agent_OnLoad 里定义 Agent 关心的事件，再在事件对应的函数中实现在该事件中要做的事情。开发完成后用 C/C++ 编译器将程序编译为动态或者静态库，然后在启动 Java 应用时用 -agentlib 选项指定要载入的 Agent 及其所需的参数。

　　总体而言，JVMTI 是 Java 应用程序监控和程序动态修改的基础工具接口，在现实生产实践中有着广泛的应用。

14.2　实现静态编译的 JVMTI Agent

　　JVMTI Agent 长期以来都只能用 C 或 C++ 开发，Substrate VM 带来一种新的开发方式：遵照 CLibrary 机制（参见第 11 章、第 12 章）用 Java 开发 Agent 代码，再将程序静态编译为动态或静态库。用 Java 语言开发 JVMTI Agent 的最大优势在于开发效率较高，有自动垃圾回收机制，并且可以减少对内存的直接操作，降低了导致 Java 程序崩溃的可能性，从而降低了 JVMTI Agent 程序的开发难度。

　　Substrate VM 的 com.oracle.svm.jvmtiagentbase 项目就是内置的用 CLibrary 实现的支持 JVMTI 的基础库。项目 com.oracle.svm.nativeimageagent 在其基础上进一步实现了 native-image-agent，主要用于记录应用程序中执行的反射、动态类载入、序列化、动态代理、JNI 回调、Resource 获取等动态行为，在程序结束时生成静态编译所需的 json 格式的配置文件的 JVMTI Agent。此外，该项目也有合并配置文件等辅助功能，我们在这里只讨论其最主要功能的实现。

　　由 14.1 节对 JVMTI 的介绍可知，JVMTI 中的所有事件、函数和数据类型都定义在 jvmti.h 头文件中，由 11.4 节对 CLibrary 库的编程规范总结可知，在 jvmtiagentbase 的支持库中必须要有一个 JVMTI 的 Directives 接口实现，用于定义映射了 jvmti.h 中各项内容的 CContext 上下文环境。图 14-1 给出了 jvmtiagentbase 中的 JVMTI CLibrary 支持接口与 jvmti.h 中各项元素的映射关系。

　　com.oracle.svm.jvmtiagentbase.jvmti.JvmtiDirectives 实现了 Directives 接口，它从系统的 java.home 中找到 jvmti.h 文件，与 com.oracle.svm.jvmtiagentbase.jvmti 包中其他定义了 JVMTI 的事件、数据结构和函数的其他接口共同组成了 JVMTI 的上下文环境。图 14-1 左边一列是 com.oracle.svm.jvmtiagentbase.jvmti 包中的接口，右边一列是它们各自对应的 jvmti.h 中用 C 语言定义的结构体和枚举等数据结构。需要注意的是，左边的接口并没有完全实现对应的 jvmti.h 的结构体里的所有内容，仅实现了足以支持两个 Substrate VM 内置

Agent（native-image-agent 和 native-image-diagnostics-agent）的内容。例如 jvmti.h 的 jvmti-EventCallbacks 结构体中定义了 34 个事件的回调函数指针，但是对应的接口 JvmtiEventCallbacks 中仅定义了其中的 8 个。

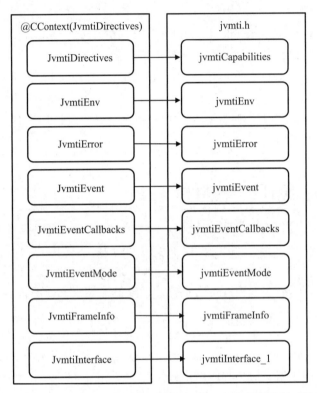

图 14-1　jvmti CLibrary 支持接口与 jvmti.h 声明内容映射（部分）

所有 JVMTI Agent 的基类都是 com.oracle.svm.jvmtiagentbase.JvmtiAgentBase 抽象类，它定义了实现 Agent 时需要遵循的基本规范，实现了事件函数最小集，即 Agent_OnLoad、Agent_onUnload、onVMStart、onVMInit、onVMDeath 和 onThreadEnd 这 6 个事件函数。它们各自调用了 JvmtiAgentBase 类中对应的抽象事件回调函数 onXXXCallback（XXX 是对应的事件名），也就是把实际工作代理给了具体的子类。Agent 实现类在继承了该基类之后，要根据自己的实际需要分别实现这些事件回调函数，另外还可以根据实际需要定义更多的事件函数。新的事件函数要遵循 JvmtiAgentBase 的事件函数规范：用 @CEntryPoint 注解标识为编译入口；函数的命名必须与 JVMTI 事件名一致；使用 @CEntryPointOptions(prologue = AgentIsolate.Prologue.class) 注解。

在 com.oracle.svm.agent 包中的 NativeImageAgent 和 BreakpointInterceptor 两个类是 native-image-agent 的核心实现类，它们主要实现的功能是记录 Java 应用程序执行的动态特性调用，然后将其打印输出到 json 格式的配置文件。这个能力是基于 JVMTI 的断点事件实现的。JVMTI 的断点事件支持通过 SetBreakpoint(jvmtiEnv* env, jmethodID method, jlocation location) 函数设置断点，这里的 method 参数为要设置断点的函数，location 是断点所在的字节码指令索引。将 location 设为 0 就可以将断点设置在函数的入口处。

native-image-agent 的实现可以分为三个主要的过程，图 14-2 展示了整体的流程示意，带箭头的线段附带的说明中的数字代表该动作执行的顺序。

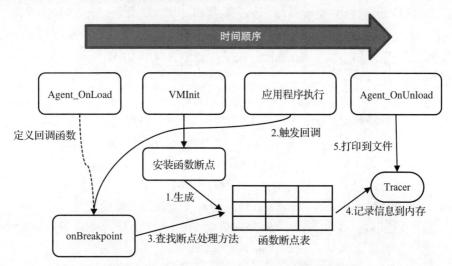

图 14-2　native-image-agent 工作流程示意图

首先在 Agent_OnLoad 的回调函数 NativeImageAgent.onLoadCallback 里添加 Agent 参数解析逻辑，然后设置指向在 jvmtiagentbase 项目中没有定义而新增的事件函数 Breakpoint-Interceptor.onBreakpoint 的函数指针，即图 14-2 中的虚线箭头，表示此处仅定义了函数指针里的内容，但是并没有执行它们。该函数指针会在应用程序运行时，当 VM 发出断点事件时被触发（图 14-2 中的事件 2），从断点表中找到与触发当前断点事件的函数相匹配的断点处理方法（图 14-2 中的事件 3）并调用，然后把断点函数中的信息写到记录器 Tracer（图 14-2 中的事件 4）中。这里设置的 onBreakpoint 回调函数是在未来才会执行的，而不是在设置的当下立即执行，回调时使用的断点表是在下个阶段才会实际设置的。

然后在 onVMInit 的回调实现函数 BreakpointInterceptor.onVMInit 里将提前在 Break-pointInterceptor 类里定义的断点加入断点表（图 14-2 中的事件 1）。BreakpointInterceptor 类用常量数组 BREAKPOINT_SPECIFICATIONS 保存了所有的预制断点，代码如下：

```
private static final BreakpointSpecification[] BREAKPOINT_SPECIFICATIONS = {
brk("java/lang/Class","forName", "(Ljava/lang/String;)Ljava/lang/Class;",
    BreakpointInterceptor::forName,
    …
```

这里仅列出了第一个断点的定义，brk 是构造断点类的静态函数，其参数分别表示断点函数的类名、函数名、函数签名和断点命中时的处理函数。从参数中可以看出这个断点是设置在 Class.forName(String) 函数上记录反射类名的，处理断点的 Lambda 函数最终会调用 BreakpointInterceptor.forName(JNIEnvironment jni, Breakpoint bp) 函数，将应用程序在运行时执行 forName 时的字符串参数指定的类名记录在内存中。

另外还有几十个断点的定义没有一一列出，它们都是设置在各个 Java 动态特性函数上，定义了对每一个函数应该记录什么内容。这些函数都依赖了第 11 章和第 12 章中的 CLibrary 基础以实现对 JNI 和 JVMTI 中的数据结构的映射和对它们的函数指针的访问。

最后，在 On_AgentUnload 的回调实现 NativeImageAgent.onUnloadCallback 函数中，把由各个断点处理函数记录在 Tracer 里的配置信息统一打印输出到 json 文件里（图 14-2 中的事件 5）。

正如前文所指出的，On_AgentUnload 事件的触发时机一般是在程序执行结束或者意外退出时，但不管是哪种情况，只有当应用程序停止后才能在磁盘上看到输出的配置文件。具体的输出路径是由 native-image-agent 的参数 config-output-dir 指定的。我们推荐将该参数设置为 [$P_ROOT]/configs/META-INF/native-image，$P_ROOT 指当前项目的根目录，这个目录结构有利于 native-image 在执行静态编译时识别。因为 native-image 会扫描 classpath 下的 META-INF/native-image 目录结构，自动识别其中的配置文件，所以只要我们将 [$P_ROOT]/configs 添加到 native-image 的 classpath 上，就可以避免为静态编译器手动指定配置的路径。

14.3 native-image-agent 的可用选项

native-image-agent 默认可以接受多个参数，对生成的配置文件结果进行定制，其参数格式和添加方式与普通的 Java Agent 完全一样。基本的使用方法为：

```
java -agentlib=native-image-agent:[参数1],[参数2] …
```

可用的参数可以分为指定输出内容、设置过滤器和指定输出时间等三种类型。

指定输出内容型参数如下。

❑ trace-output= ：输出追踪文件。native-image-agent 可以追踪动态特性函数的调用方信息，并将其输出到指定的 json 格式文件中。

❑ config-output-dir= ：指定生成动态特性配置文件的输出目录。native-image-agent 会记录所有的动态特性调用，并将它们输出到指定的目录下。该选项支持使用变量 {pid} 和 {datetime} 指定基于应用程序运行时的进程号和时间的可变的输出目录。例如该选项输出的文件名为各动态特性的默认文件名，即 [reflect|resource|jni|proxy|serialization|predefined-classes]-config.json。该选项会以覆盖模式将各配置文件输出到指定的路径下。

❑ config-merge-dir= ：指定生成动态特性配置文件的输出目录，该选项的基本用法与 config-output-dir 完全相同，只是会合并指定目录中已有的配置文件中的配置项，而不是覆盖它们。需要注意的是该选项与 config-output-dir 是互斥的，只能设置其中之一。

❑ config-to-omit=：指定需要忽略的配置文件所在目录。与 config-out-dir 或 config-merge-dir 选项配合使用，所有出现在指定忽略的配置文件中的配置项都将被 native-image-agent 在记录时忽略掉。

有时我们并不需要 native-image-agent 记录所有的动态特性调用，比如来自 Substrate VM 框架本身的、JDK 内部的，或者测试框架的等，那么就可以为 Agent 设置各种过滤器，以阻止这些内容被写入配置文件中。native-image-agent 支持两种类型的过滤：基于调用者的过滤和基于调用目标的过滤。前者是对动态特性使用方的过滤，我们将其称为 caller-filter；后者是对动态特性定义方的过滤，我们将其称为 access-filter。过滤的具体内容和规则定义在如代码清单 14-1 所示的 json 文件里。

代码清单14-1　native-image-agent过滤器文件样例

```
{ "rules": [
    {"excludeClasses": "com.oracle.svm.**"},
    {"includeClasses": "com.oracle.svm.tutorial.*"},
    {"excludeClasses": "com.oracle.svm.tutorial.HostedHelper"}
  ]
}
```

过滤设置写在 json 文件的 rules 部分中，每一项可以是 excludeClasses 或者 include-Classes。前者指需要从配置中排除的类，后者指需要在配置中加入的类。可用的通配符有 ** 和 * 两种，前者匹配类和子包，后者匹配类。过滤器中后出现的条目会覆盖先出现的条目，所以内置过滤器会最先加载，随后再加载用户自定义的过滤器，以允许用户自定义规则覆盖预制的规则。在代码清单 14-1 的例子中，第一行将 com.orcale.svm 包中的所有类都排除掉，第二行将 com.oracle.svm.tutorial 包中的类加了回来，第三行再将 com.oracle.svm.tutorial.HostedHelper 类排除掉。

具体的过滤器型参数如下。

❑ no-builtin-caller-filter：不使用 native-image-agent 内置的调用过滤器。本选项属于 caller-filter，会关闭内置的默认 caller 过滤器，仅能用于测试目的，因为可能导致静态编译失败。

❑ builtin-caller-filter=：是否使用内置调用过滤器，可以接受的值为 true 或 false。默认情况下无须设置即为 true，设为 false 则等同于 no-builtin-caller-filter 选项。

❑ no-builtin-heuristic-filter：不使用内置的启发式过滤器。内置的启发式过滤器是针对 JVM 内部的过滤器，默认是开启的，关闭会导致静态编译失败，仅用于调试目的。

❑ builtin-heuristic-filter=：是否使用内置启发式过滤器，可以接受的值为 true 或 false。默认情况下无须设置即为 true，设为 false 则等同于 no-builtin-heuristic-filter 选项。

❑ caller-filter-file=：指定自定义的 caller-filter 文件的位置，文件内容格式如代码清单 14-1 所示。所有从文件中配置的类中产生的动态特性调用都按配置的 include-Classes 或 excludeClasses 指示从记录中加入或排除。

❑ access-filter-file=：指定自定义的 access-filter 文件的位置，文件内容格式如代码清单 14-1 所示。所有到文件中配置的类中的动态特性调用都按配置的 includeClasses 或 excludeClasses 指示从记录中加入或排除。

native-image-agent 记录的信息保存在内存中，默认在 Agent 卸载事件发生时才会输出到磁盘上。如果需要每隔一段时间就写一次磁盘，可以使用以下两个选项。

❑ config-write-period-secs=：指定将配置信息写到文件中的时间间隔，单位为秒，必须为正整数。

❑ config-write-initial-delay-secs=：指定第一次将配置信息写到文件中的时间，单位为秒，必须为正整数，与 config-write-period-secs 选项配合使用。

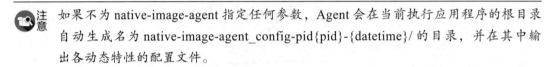

注意 如果不为 native-image-agent 指定任何参数，Agent 会在当前执行应用程序的根目录自动生成名为 native-image-agent_config-pid{pid}-{datetime}/ 的目录，并在其中输出各动态特性的配置文件。

14.4 小结

本章介绍了 Substrate VM 由 Java 开发、经过静态编译得到的内置的 JVMTI Agent 的实现原理。JVMTI Agent 是一种常用的运行时监控和代码修改手段，是由 C 代码实现的共享库文件，可以在 JVM 启动时挂载使用。

Substrate VM 可以将 Java 程序静态编译为动态共享库文件，为用 Java 开发 JVMTI Agent 提供了基本的可能性。com.oracle.svm.nativeimageagent 项目则具体实现了 Substrate VM 中的动态特性抓取工具——native-image-agent，是用 Java 实现 native 共享库的实际范例。本章提纲挈领地介绍了该 Agent 的原理、工作流程和实现要点，读者在阅读本章后就可以很容易地理解 com.oracle.svm.nativeimageagent 项目源码，进而从中深入了解在 Substrate VM 提供的能力上编写共享库文件的技巧。

调　试

因为 Substrate VM 静态编译的产物是本地代码（native code）的可执行文件或共享库文件，而不再是 Java 的字节码，所以 native image 的调试方法与传统的 Java 程序是完全不同的，需要用本地代码的调试器 GDB（GNU Debugger）进行调试。这一本质区别决定了 native image 的调试体验无法达到与传统 Java 程序的相同水平，这也是静态编译的局限性之一。

不过 Graal 社区的开发者一直在努力提升 native image 在 GDB 上的调试体验，目前已经在 GDB 中基本实现了 Java 源码与本地代码的对应，支持在 Java 源码中设置断点、查看 Java 对象结构等功能。但是 native image 毕竟是要基于 GDB 进行调试的，用户仍然需要掌握 GDB 调试的基本技能和阅读汇编代码的能力才能比较自如地进行调试。

本章将向读者介绍两部分内容：一是如何编译出 debug 版的 native image；二是调试 native image 的基本方法。我们将以 HelloWorld 程序为例，展示如何编译和调试 debug 版的应用程序。相信随着 GraalVM 的不断发展演进，native image 的调试会更加方便，体验也会越来越好。通过阅读本章，读者可以了解调试 native image 的基本方法。

15.1　编译 debug 版本的 native image

一般来说，同一个程序可以被编译为 release 版本和 debug 版本，前者是在生产环境中部署的高性能的正式版，后者是用于测试和开发的拥有全部源码信息的调试版。两者在功能性上没有任何区别，但是前者是基于提高代码质量以提高程序的运行时性能的考虑进行优化后的版本，很多代码已经无法与源码对应了，难以直接用于调试；后者则保留了全部源码信息，便于用户调试。所以在调试 native image 前，必须要编译出关闭了优化，关联了源码调试信息的 debug 版本的 native image。

编译 debug 版本时会涉及以下选项。

1）-H:Optimize（可选）：优化级别选项。一共设置了 3 个优化等级：0 级代表没有优化，1 级代表基本优化，2 级代表激进优化。默认为 2 级。但是目前并没有完全实现这三级，而只有优化或不优化两种情况，也就是 1 级和 2 级是相同的。在编译 debug 版时可以先关闭优化，设置 -H:Optimize=0。

2）-H:GenerateDebugInfo（必选）：这是生成调试信息的级别选项。在调试时需要为调试器准备调试信息，以将二进制文件中的符号和汇编代码与程序的源代码连接起来，使得我们可以在调试时看到对应的源码内容，而不仅仅是汇编代码。GenerateDebugInfo 的值为数字，代表调试信息的详细程度，其中 0 代表不生成调试信息，是编译 release 版本时的默认级别。但是在目前的实现中只会区分 0 或正数，所有的正数都会生成同样详细的调试信息。-g 就相当于 -H:GenerateDebugInfo=2，虽然将调试信息的级别设为了 2，但目前与级别 1 的效果没有差异。

3）-H:-SpawnIsolates（推荐）：该选项关闭 isolate 支持。SpawnIsolates 选项控制是否支持多 isolate，当静态编译的后端不是 LLVM 时，该选项默认为打开。但是使用 isolate 会对 Java 普通对象指针（Ordinary Object Pointer，OOP）的编码产生影响，会将 OOP 中域的地址设置为相对于 heap 起点的相对地址，而不是绝对地址。调试时需要额外手动将域的值与 heap 基地址寄存器（X86_64 中为 r14，AArch64 中为 r29）中的值相加才能获得实际地址。所以并不推荐在调试时开启 isolate 支持，建议用 -H:-SpawnIsolates 选项将其关闭。

4）-H:DebugInfoSourceSearchPath=（可选）：该选项指定调试信息所需 Java 源码的搜索路径。在生成调试信息时需要添加程序的 Java 源码，编译器会自动从几个可能的位置寻找源码，比如从当前 JDK 的根目录下的 src.zip 中寻找 Java 运行时的源码，从静态编译指定的 classpath 上寻找每个同名加"-sources.jar"后缀名的 jar 包，从中读取源码。但是这种默认做法并不能应对所有可能性，所以可以通过本选项另外设置源码的搜索位置。本选项的值用逗号分隔，可以是目录、源码的 zip 包或 jar 包，也可以重复设置任意多次。

5）-H:DebugInfoSourceCacheRoot=（可选）：该选项指定为 GDB 提供的调试信息使用的源码的根目录。默认情况下调试信息使用的 Java 源码放在与 native image 相同根目录的 sources 目录中，如果有特别的需要也可以通过本选项将它们放在其他位置。

6）-H:-DeleteLocalSymbols（可选）：该选项会保留 native image 中的局部符号。因为 Substrate VM 只编译生成 native image 的可重定向文件（Linux 中的 .o 文件），最终的编译产物是用第三方的链接器（Linux 中是 GCC）链接生成的。为了减小编译产物的大小，本选项是默认打开的，会使用 GCC 的 -Wl,-x 链接参数在链接时清除本地符号。我们可以关闭这个选项以保留更多的信息便于调试。

7）-H:+PreserveFramePointer（可选）：该选项会在编译时为每个函数的入口保留栈指针，从而可以在 native image 中看到完整的函数调用堆栈。为了减小编译产物的大小，默认会关闭此选项。但是此选项并不影响 Java 异常机制 Throwable 类中的调用栈的完整性，它们是两种不同的机制。目前 native image 调试并没有考虑栈指针的存在，如果打开本选项虽然能在程序出故障时看到完整的调用堆栈，但是会导致在设置函数断点时的位置不准。

综上，我们用代码清单 15-1 中所示的命令就可以编译出 debug 版的 HelloWorld 程序。

代码清单15-1　编译HelloWorld 程序到debug版native image的命令

```
$GRAALVM_HOME/bin/native-image -cp bin -H:-SpawnIsolates -g -H:Optimize=0 -H:Name=debug
    HelloWorld org.book.HelloWorld
```

图 15-1 显示了编译 debug 版 HelloWorld 程序的控制台输出。框线标出的部分是生成调试信息的阶段。下一节我们将介绍如何调试生成的 debug 版 HelloWorld 可执行文件。

```
ziyi@DESKTOP-54UF6M2:~/codebase/Graalbook/chapter1$ $GRAALVM_HOME/bin/native-image -cp bin -H:
-SpawnIsolates -g -H:Name=debugHelloWorld -H:Optimize=0 org.book.HelloWorld
[debugHelloWorld:2754]    classlist:   3,094.43 ms,  1.14 GB
[debugHelloWorld:2754]        (cap):   1,921.34 ms,  1.14 GB
[debugHelloWorld:2754]        setup:   3,907.46 ms,  1.61 GB
[debugHelloWorld:2754]     (clinit):     111.80 ms,  1.68 GB
[debugHelloWorld:2754]   (typeflow):   2,634.90 ms,  1.68 GB
[debugHelloWorld:2754]    (objects):   1,856.09 ms,  1.68 GB
[debugHelloWorld:2754]   (features):     156.65 ms,  1.68 GB
[debugHelloWorld:2754]     analysis:   4,883.86 ms,  1.68 GB
[debugHelloWorld:2754]     universe:     532.87 ms,  1.68 GB
[debugHelloWorld:2754]      (parse):     544.87 ms,  1.68 GB
[debugHelloWorld:2754]    (compile):   6,500.61 ms,  2.08 GB
[debugHelloWorld:2754]      compile:   7,344.01 ms,  2.08 GB
[debugHelloWorld:2754]      dbginfo:   1,795.79 ms,  2.09 GB
[debugHelloWorld:2754]        image:   2,502.04 ms,  2.09 GB
[debugHelloWorld:2754]        write:     590.02 ms,  2.09 GB
[debugHelloWorld:2754]      [total]:  23,067.13 ms,  2.09 GB
# Printing build artifacts to: /mnt/d/codebase/Graalbook/chapter1/debugHelloWorld.build_artifa
cts.txt
ziyi@DESKTOP-54UF6M2:~/codebase/Graalbook/chapter1$
```

图 15-1　编译 debug 版 HelloWorld 时的输出信息

15.2　使用 GDB 调试 native image

GDB[㊀]是在 C/C++ 和汇编语言程序中广泛使用的调试工具，native image 也需要通过 GDB 调试。

目前 native image 已经具备了在 GDB 里执行以下调试功能的能力：

- 通过指定 Java 源码的文件名加行号，或者函数名的方式设置断点；
- 在 Java 源码上的单步调试；
- 调用栈回溯；
- 打印原始类型的值；
- 结构化地按域值打印 Java 对象；
- 将对象按继承树上不同级别的类型强制转换显示；

㊀ 参见 https://www.gnu.org/software/gdb/。

❑ 可识别函数名和静态域名。

尚不支持但正在开发中的功能是识别函数参数名和函数中的局部变量名。

上述的功能清单勾画了当前 native image 调试能力的范围边界，但是读者可能还并不清楚这些文字描述究竟是什么意思。我们接下来结合 HelloWorld 的调试实例来看看具体应该如何调试。

15.2.1 启动 GDB

假设我们现在位于执行代码清单 15-1 所示命令时的目录里，而且代码清单 15-1 里的命令也成功执行了。那么我们应该已经有了 debug 版的 native image 可执行文件 debug-HelloWorld，执行以下命令即可进入 GDB 调试 debugHelloWorld 程序：

```
gdb --args ./debugHelloWorld
```

此命令会启动 GDB，并告诉 GDB 要调试的目标程序的启动方式。如果启动目标程序时还需要其他参数，可以在 ./debugHelloWorld 之后添加更多内容。因为我们要调试的程序非常简单，所以在此就没有更多的启动选项了。

在 GDB 里输入 r 或者 run 就会按 --args 后提供的命令执行、调试目标程序。在本例中，执行 r 或者 run 会运行 ./debugHelloWorld，输出"Hello World!"。图 15-2 展示了启动 GDB 和运行调试目标程序的效果。图中靠上的框里执行 r 命令，靠下的框里是程序的执行输出。其余的内容都是由 GDB 打印输出的调试辅助信息。

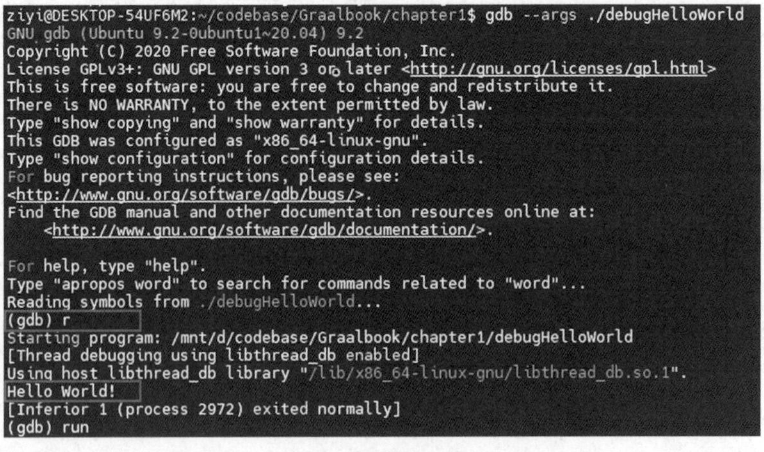

图 15-2 启动 GDB 并执行调试目标程序

15.2.2 增加函数断点

调试应用程序时需要在应用程序里添加断点。一般在 GDB 里可以设置 C/C++ 源码或者汇编代码的函数断点和行断点，native image 的调试也支持为 Java 程序源码添加函数断点和行断点。当需要设置函数断点时，需要使用 GDB 的 breakpoint，简写为 b 命令。例如，我们想在 HelloWorld 程序的 System.out.println 函数上打断点，要先在 GDB 里执行 info func ::println，查询当前 native image 中所有名为 println 的函数。图 15-3 展示了查询结果，可以看到一共在两个 Java 文件中找到了 3 个 println 函数，我们需要在靠上框中标出的函数中打断点，所以输入以下代码：

```
b java.io.PrintStream::println(java.lang.String *)
```

上述代码用于指定函数断点，从 GDB 的返回信息可以看到断点已设置成功。其实 GDB 也支持模糊匹配，如果我们输入 b println，那么会在 3 个 println 函数上都设置断点。

```
(gdb) info func ::println
All functions matching regular expression "::println":

File java/io/PrintStream.java:
        void java.io.PrintStream::println(java.lang.Object *);
        void java.io.PrintStream::println(java.lang.String *);

File java/lang/Throwable.java:
        void java.lang.Throwable$WrappedPrintStream::println(java.lang.Object *);
(gdb) b java.io.PrintStream::println(java.lang.String *)
Breakpoint 1 at 0x1d1e80: file java/io/PrintStream.java, line 805.
(gdb)
```

图 15-3　在 GDB 中查找函数并添加函数断点

如果我们不执行 info func 的操作而直接打断点，就会遇到警告：

```
Function "java.io.PrintStream::println(java.lang.String *)" not Defined.
Make breakpoint pending on future shared library load? (y or [n])
```

我们可以忽略警告，输入 y，让 GDB 先设置断点，等运行时真的执行到指定函数时再挂起程序。

 注意　GDB 的断点只能在同一次会话里重用，如果退出 GDB 再重新进入，那么先前设置的断点都会失效。如果需要保存断点，请读者自行查找 GDB 的使用方法。

15.2.3　GDB TUI 分屏界面

为了便于用户调试，GBD 还有同时显示多个内容窗口的 TUI 分屏模式。当我们设置好函数断点后执行 r，程序就会在运行到 PrintStream.java 的第 805 行时被挂起，等待用户的操作。我们可以输入 layout src 或用 Ctrl+X+A 快捷键进入如图 15-4 所示的 GDB TUI 分屏模式，屏幕的上一半是代码窗口，显示当前断点的源码；下一半是 GDB 命令窗口，用户可以在里面输入 GDB 命令，查看返回结果。

代码窗口左上角给出了当前正在执行代码所在的源码文件，高亮行代表当前正要执行的行，最左边的 B+> 指示断点位置。GDB 命令窗口顶部的高亮行显示了当前断点所在的线程和函数名，同一行中还有当前行号和 PC 寄存器的值，因为截图的原因没有全部显示出来。

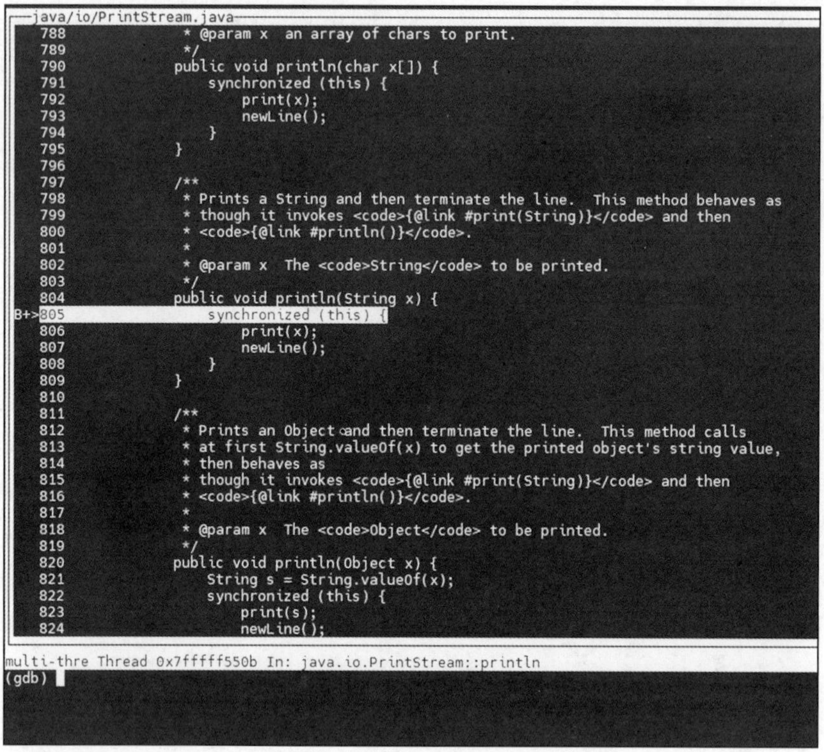

图 15-4 GDB 代码分屏模式

在 GDB 里用 layout src 命令可以让代码窗口里显示程序源码，用 layout asm 可以让代码窗口中显示汇编代码，用 layout reg 可以让代码窗口中显示各个寄存器中的值。因为目前 native image 的调试还不能直接查看 Java 变量的值，而需要从变量的内存地址中查看，所以依然有查看汇编代码和寄存器值的必要。图 15-5 展示了在分屏模式下同时显示寄存器内容、汇编代码和命令窗口的样例，该图是在图 15-4 展示的断点挂起位置执行下方 GDB 命令后的样子：

```
layout asm
layout reg
```

图 15-5 的上方部分是寄存器窗口，共列出了 x86_64 中 24 个通用寄存器的当前值。中间部分是汇编代码窗口。因为我们提供了调试信息，所以汇编代码里的函数名还是 Java 风格的，而不是传统的汇编风格。即使汇编代码的函数因为被编译器内联到了其他函数，或者打开 DeleteLocalSymbols 优化，在 native image 中删掉了函数符号，而使 debug 版本的调试信息不复存在，调试时依然能被当作一个单独的函数对待。

分屏后键盘和鼠标的行为都只能被当前"聚焦"的窗口捕获，但是字符输入和回车的动作始终由命令窗口捕获。快捷键 Ctrl+X+O 可以切换焦点窗口。

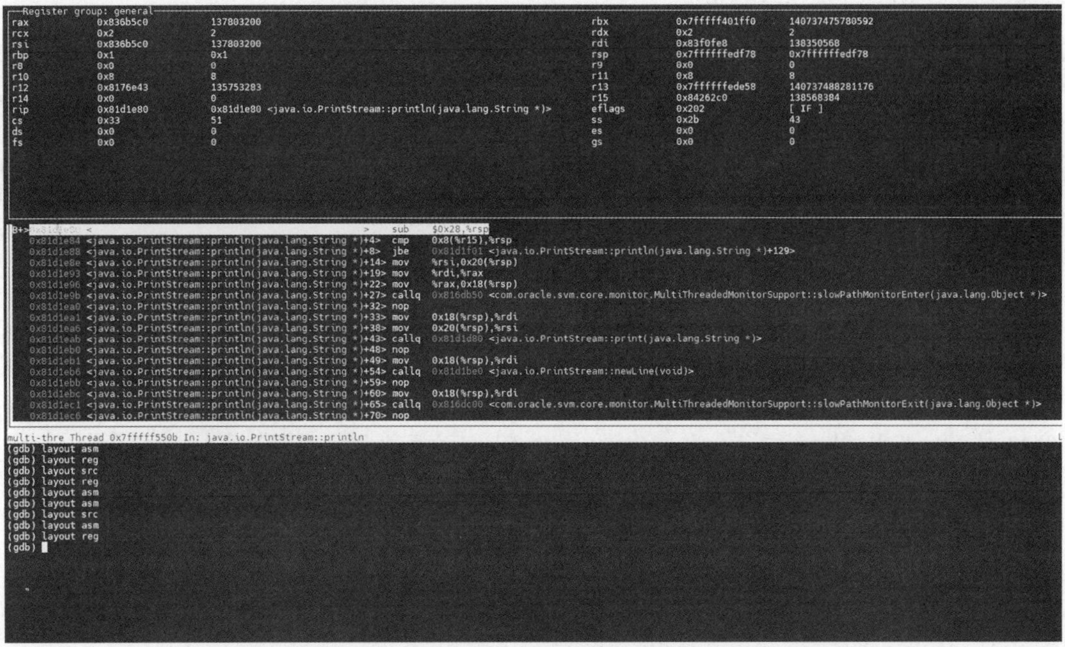

图 15-5　GDB 显示汇编代码、寄存器值和命令窗口的分屏模式

15.2.4　单步调试

GDB 的单步调试涉及以下几个命令。

1）n 或 s：这两个都是源码级别的调试命令。n 为单步执行，每次执行源码中的一行，遇见函数不进入；s 是单步步入执行，每次也执行源码中的一行，但是遇见函数会步入函数内。

2）ni 或 si：这两个都是汇编指令级别的调试命令。ni 是单步执行，每次执行一条汇编指令，遇见函数跳过；si 是单步步入，每次执行一条指令，遇见函数调用则进入。

3）fin：跳出函数命令，执行完当前函数回到调用处挂起。

4）c：继续执行程序，直到遇到下一个断点。

5）r：重新执行程序，开始新的调试。

GDB 的单步调试与 Java 常用 IDE 工具并没有大的区别，只是需要通过命令执行，有在 Java IDE 中调试经验的开发者很快就可以掌握。

15.2.5　查看 Java 对象的值

GDB 目前并不支持对 Java 程序的调试，所以 Substrate VM 在实现 native image 的调试时以等价的 C++ 数据结构为基础建立了 Java 调试模型。Java 的类、数组和接口的引用都可以被视为指针，指向的内存地址中保存着域和数组元素的值。这些引用的结构符合 C++ 的规范，但是名字依然是 Java 的。本节中提到的类和继承都是 C++ 的，而不是 Java 的。

　　native image 调试模型中的每个类都以 public 方式继承了 java.lang.Object，与 Java 的继承结构不同的是，调试模型的 Object 类还有一个名为 _objhdr 的超类。图 15-6 展示了这种类型继承结构，_objhdr 的域 hub 保存了该对象的类型指针 java.lang.Class*。在这种继承结构的支持下，对于任何一个对象，我们都可以从它的指针出发找到 hub，从中取到类型名。

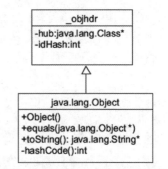

图 15-6　native image 调试模型的基本类型结构

　　我们沿着 15.2.3 节的调试继续，从 java.io.PrintStream.println(String) 函数的起始位置查看函数入参的类型和值。图 15-7 的上半部分为调试程序的 Java 源码，下半部分的命令窗口中显示了调试输入的命令和产生的结果。我们下面逐行介绍每条命令的作用。

　　1）p *('java.lang.Object'*)$rdi：打印出将第一个参数强转为 Object 的值。在 x86_64 架构中，寄存器 rdi 中存放了函数的第一个参数。因为目前 native image 的调试还不能绑定 Java 源码中的变量名，所以我们只能用寄存器来调试。println 是实例函数，它的第一个参数是隐藏的 this。我们希望从第一个参数对象实例继承的 _objhdr 的 hub 域中获取类型信息，所以将其强转为 java.lang.Object。当然这里也可以将其直接强转为 _objhdr，但是我们比较乐于遵循 Java 语言的习惯。另一个需要注意的点是，Object 类型名是被单引号包起来的，因为其中的符号 "."具有特殊意义，在单引号中时仅保留其字面意义。

　　2）x /sh $1->hub->name->value->data：打印第一个参数的类型名。$1 是 GDB 为上一步打印出的结果赋予的变量名，这一步操作是从对象的 OOP 里取出对象的 class 名称。从图 15-7 中可以看到返回值是 "java.io.PrintStream"，这正是函数的第一个参数 this 的类型。

　　3）p *('java.lang.Object'*)$rsi：打印将第二个参数强转为 Object 的值。与打印第一个参数类型名的命令相似，rsi 寄存器用于保存函数第二个参数。

　　4）x /sh $2->hub->name->value->data：打印第二参数的类型名。与打印第一个参数的类型名的命令相似，这一步的结果是 "java.lang.String"。

　　5）p *('java.lang.String'*)$rsi：将第二个参数转为 String 类型输出。虽然我们已经知道第二个参数是 String 类型，但是 GDB 依然将其视作一块内存中的二进制数据，我们要让 GDB 按照 String 的类型结构将这块内存数据展示出来。返回的结果就是对应的结果，返回的 $3 代表了 String 对象，等号之后列出了 String 中各个原始类型域的值和引用类型域的指针地址。String 对象有继承自 _objhdr 的两个域：hub 和 idHash，还有自己的两个域：int 类型的 hash 域、byte[] 类型的 value 域。从图 15-7 中可以看到它们具体的值。

　　6）x /sh $3->value->data：显示第二个参数的字符串值。String 对象的值就是其 value 域中的值，这里返回的结果是 "Hello World !"，是我们所期待的值。需要注意的是，我们用 x /sh 而不是 x /s 显示 String 的 value 域中的值，因为 Java 的 String 采用了其中一个字节为 0 的双字节编码格式。C/C++ 中表示字符串的 char 数组以 0 为终结符，x /s 在遇到 0 时会认为字符串已结束而停止继续显示，使用 x /s 只会显示出 String 的第一个字符，所以我们用 /sh 表示按双字节显示，可以完整显示出 Java 字符串的内容。

至此，我们顺利获取到了函数入参的值。在实际调试时，我们已经知道 println 函数入参的类型为 String，所以只需要使用最后两条命令就可以了。

目前不能通过名字获取参数和局部变量，但是可以获取静态变量的值。比如对于 BigInteger 类中的静态域 powerCache，我们可以用如下命令打印出它的值：

```
p 'java.math.BigInteger'::powerCache
```

```
┌─java/io/PrintStream.java────────────────────────────────────────────────────┐
│   788          * @param x   an array of chars to print.                       │
│   789          */                                                             │
│   790         public void println(char x[]) {                                 │
│   791             synchronized (this) {                                       │
│   792                 print(x);                                               │
│   793                 newLine();                                              │
│   794             }                                                           │
│   795         }                                                               │
│   796                                                                         │
│   797         /**                                                             │
│   798          * Prints a String and then terminate the line.  This method behaves as │
│   799          * though it invokes <code>{@link #print(String)}</code> and then │
│   800          * <code>{@link #println()}</code>.                             │
│   801          *                                                              │
│   802          * @param x   The <code>String</code> to be printed.            │
│   803          */                                                             │
│   804         public void println(String x) {                                 │
│B+ 805             synchronized (this) {                                       │
│   806                 print(x);                                               │
│   807                 newLine();                                              │
│   808             }                                                           │
│   809         }                                                               │
│   810                                                                         │
│   811         /**                                                             │
│   812          * Prints an Object and then terminate the line.  This method calls │
│   813          * at first String.valueOf(x) to get the printed object's string value, │
│   814          * then behaves as                                              │
│   815          * though it invokes <code>{@link #print(String)}</code> and then │
│   816          * <code>{@link #println()}</code>.                             │
│   817          *                                                              │
│   818          * @param x   The <code>Object</code> to be printed.            │
│   819          */                                                             │
│   820         public void println(Object x) {                                 │
│   821             String s = String.valueOf(x);                               │
│   822             synchronized (this) {                                       │
│   823                 print(s);                                               │
│   824                 newLine();                                              │
└──────────────────────────────────────────────────────────────────────────────┘
multi-thre Thread 0x7fffff550b In: java.io.PrintStream::println
(gdb) p *('java.lang.Object'*)$rdi
$1 = {<_objhdr> = {hub = 0x8374060, idHash = 1596430056}, <No data fields>}
(gdb) x /sh $1->hub->name->value->data
0x827eaa0:      u"java.io.PrintStream"
(gdb) p *('java.lang.Object'*)$rsi
$2 = {<_objhdr> = {hub = 0x8364260, idHash = 1951064420}, <No data fields>}
(gdb) x /sh $2->hub->name->value->data
0x8288928:      u"java.lang.String___"
(gdb) p *('java.lang.String'*)$rsi
$3 = {<java.lang.Object> = {<_objhdr> = {hub = 0x8364260, idHash = 1951064420}, <No data fields>}, hash = -969099747, value = 0x827e610}
(gdb) x /sh $3->value->data
0x827e620:      u"Hello World!___"
(gdb)
```

图 15-7   调试打印函数参数信息

15.3 小结

Substrate VM 实现了在 GDB 中调试 native image 的基本功能，可以支持源码级别的断点、单步和内容查看等功能，但是依然需要在寄存器级别查看函数中局部变量的值。

本章通过 GDB 对 native image 进行调试，主要有两个要点。

❑ 编译 native image 时需要加上 -H:-SpawnIsolates、-H:Optimize=0、-g 三个选项以编译出带有 debug 版的产物。

❑ 通过 GDB 命令对 native image 进行调试。

虽然目前的 native image 调试体验与在 IDE 中调试 Java 程序还有相当大的差距，但是 Graal 社区也在进一步完善调试能力，尽量弥补差距。然而必须要指出的是，native image 与 Java 字节码的本质区别决定了调试工具的不同，而 GDB 与 IDE 中的 Java 调试器也无法达到相同的调试体验。

掌握了本章内容后，读者就应该具备了调试 native image 程序的基本技能，可以在实践中进一步熟悉和提高。